정보전쟁

정보전쟁

제1차 세계대전부터 사이버전쟁까지, 전쟁의 승패를 가른 비밀들

초판 1쇄 인쇄 2017년 6월 10일 ＼**초판 1쇄 발행** 2017년 6월 15일
지은이 박종재 ＼**펴낸이** 이영선 ＼**편집 이사** 강영선 ＼**주간** 김선정
편집장 김문정 ＼**편집** 임경훈 김종훈 하선정 유선 ＼**디자인** 김회량 정경아
마케팅 김일신 이호석 김연수 ＼**관리** 박정래 손미경 김동욱

펴낸곳 서해문집 ＼**출판등록** 1989년 3월 16일(제406-2005-000047호)
주소 경기도 파주시 광인사길 217(파주출판도시) ＼**전화** (031)955-7470 ＼**팩스** (031)955-7469
홈페이지 www.booksea.co.kr ＼**이메일** shmj21@hanmail.net

박종재 ⓒ 2017
ISBN 978-89-7483-862-1 03390
값 15,000원

이 도서의 국립중앙도서관 출판시도서목록(CIP)은 e-CIP 홈페이지(http://www.nl.go.kr/ecip)에서
이용하실 수 있습니다.(CIP제어번호: CIP2017012527)

한국출판문화산업진흥원의 출판콘텐츠 창작자금을 지원받아 제작되었습니다.

제1차 세계대전부터 사이버전쟁까지
전쟁의 승패를 가른 비밀들

정보전쟁

박종재 지음

서해문집

정보란 적과 적국에 대한 지식의 전체를 의미하기 때문에, 전쟁에서 아군의 모든 계획과 행동의 기초를 이룬다.

- 클라우제비츠Karl von Clausewitz (1780~1831, 프로이센의 군인·《전쟁론》저자)

대통령은 조치가 필요할 때를 대비해 전 세계에서 무슨 일이 일어나고 있는지 알아야 한다. … 지적이면서 이해될 수 있는 형태로 정보가 원하는 곳에서 필요할 때 항상 활용될 수 있도록 우리는 정보를 수집해 나가야 한다. 그동안의 전쟁이 우리에게 이 교훈을 잘 가르쳐 주고 있다.

- 트루먼Harry Truman (1884~1972, 미국 제33대 대통령·CIA 설립)

정보의 중요성을 이야기한 명언은 수없이 많다. 정보가 군사력을 어떻게 운용하고 어떠한 전략·전술을 사용해야 하는지를 결정하는 데 결정적 영향을 미치기 때문이다. 수적 열세에도 불구하고 정보를 통해 중요한 전쟁에서 승리한 경우를 우리는 수없이 보아 왔다. 그래서 일반적으로 국가 지도자나 전쟁 지휘관은 정보가 손에 닿는 만큼, 그리고 그 정보를 활용할 능력이 있는 만큼 유능하다고 한다.

물론, 정보가 만능은 아니다. 정보만으로는 전쟁에서 승리할 수 없다. 적이 어떤 역량을 갖고 무엇을 하려 하는지에 대한 사전 지식 자체가 승리를 보장해 주지는 않기 때문이다. 전쟁이란 생각이 아니라 행위고, 머릿속에서 진행되는 지적 활동이 아니라 폭력이 동반되는 인간 행동 가운데 가장 치열한 형태의 물리적 충돌이기 때문이다. 하지만 정보는 승리를 위한 충분조건은 아니라도 승리를 위한 필수 불가결한 요소다. 시대를 막론하고 모든 전쟁에서 정보는 어떤 형태로든 승패를 좌우하는 핵심 역할을 수행해 왔다. 적을 알고, 적이 무엇을 하려 하며, 어떤 능력을 갖고 있는지를 안다는 것은 엄청난 이점이다. 정보는 이길 수 있는 전략·전술을 도출하고 승리로 이끌 수 있는 방책을 제공한다. 최소의 희생으로 최대의 효과를 거두기 위한 합리적 판단과 대응을 가능케 하는 지식을 제공하기 때문이다.

그동안 뛰어난 정보활동을 수행한 인물이나 특정 공작에 대한 이야기들은 많은 언론보도와 다양한 작품의 소재가 되어 왔다. 하지만 목숨을 건 스파이의 활동이나 정보기관의 노력이 정보 사용자들에 의해 얼마나 채택되고 정책에 반영되었는지, 그래서 국익을 지키는 데 얼마나 기여했는지에 대해서는 별로 논의가 없었다. 그래서 정보활동 자체에만 초점을 맞추는 것은 동전의 한 면만을 보는 것이다. 정보의 수집뿐만 아니라 그것이 정책 결정권자들에 의해 어떻게 사용되고 국가 정책에 반영되었는지를 살펴보는 일이 병행되어야 한다. 이를 감안해 이 책에서는 정보를 국가 정책의 관점에서 성공과 실패 사례로 나누고 그 속에서 정보의 수집·분석 사례들을 구체적으로 살펴봤다. 그래야만 오늘을 사는 우리가 과거에서 교훈을 찾아 미래로 나아가는 데 필요한 도움을 얻을 수 있기 때문이다.

21세기 들어 세계화·민주화·정보화가 진전되면서 안보 환경과 전쟁의 패러다임도 빠르게 변하고 있다. 국가 간 전쟁의 위험이 여전히 상존하고 있는 가운데 국제 테러 단체를 비롯한 비국가 행위자들의 도전도 점점 거세지고 있다. 핵무기를 비롯한 무기 체계의 발달로 전쟁에서의 승리가 과거와 같은 정치·경제적 이득으로 연결되지도 않는다. 그래서 전통적 의미의 전쟁에 대한 준비도 중요하지만 위험 요소를 미연에 방지하는 국가 위기관리 차원의 정보활동이 더 중요해지고 있다. 하지만 복잡해진 현대사회 특성상 적을 규명하고 그들의 능력과 의도를 평가하는 일은 무척 어렵다. 탈냉전 이후 변화하는 정보 환경이 기존의 적과 전장에 대한 개념을 더욱 복잡하게 만들고 있다. 그렇더라도 정보는 안보를 위한 필요조건이다. 적이 누구인지, 언제, 어디서, 어떻게 공격할지 예측하고 대응하는 일이 어렵지만 더 중요해진 것이다. 아무리 무장을 한다 해도 적절한 정보력이 뒷받침되지 않는다면 눈 가리고 주먹질하는 권투 선수와 같고, 아무리 펀치가 세도 잘 알지 못하고 볼 수 없는 적을 이길 수는 없기 때문이다.

엄밀한 의미에서 현대 정보전은 자신에 대한 정보와 정보 체계를 방어하면서 적의 정보와 정보 체계, 또는 컴퓨터 네트워크에 영향을 주어 정보 우위를 달성하는 것으로 정의된다. 정보통신기술의 발달과 함께 정보화 시대에서 특히 강조되는 전쟁의 양상이다. 하지만 좁은 의미

의 이런 정의는 근대의 많은 정보활동과 냉전 이후 위기관리 차원에서
전개되는 다양한 국가정보활동을 포함하지 못하는 문제가 있다. 따라서
이 책에서는 광의의 정보전쟁 개념으로 정보전이란 용어를 사용했다.
정보전쟁 패러다임의 변화를 반영해 국가 간에 전개되는 정보 분야 각
축전을 모두 포괄하는 의미로 '정보전쟁'이란 용어를 사용한 것이다.

이 책은 크게 세 부분으로 구성되었다. 1부에서는 역사를 바꾼 전쟁
속에서 정보가 어떻게 전쟁 흐름을 바꾸었는지 성공 사례를 통해 설명
했다. 2부에서는 치명적인 정보 실패가 어떻게 국운이 걸린 전쟁의 실
패로 연결됐는지를 살펴보았다. 마지막 3부에서는 전쟁과 정보활동의
상관관계 속에서 정보가 어떻게 발전해 왔고, 미래의 정보전에 대비하
기 위해 필요한 과제는 무엇인지 살펴보았다. 그리고 3부의 일부에서
는 그동안 발표한 논문의 일부를 발췌해 인용했다.

국가정보의 다양한 영역에 비해 이 책의 사례나 설명은 많이 부족

하다. 하지만 그동안 정보 관계자들의 담론에 머물러 있던 국가정보의 중요성을 일반인도 쉽게 이해할 수 있도록 친숙한 사례를 들어 가능한 재미있게 서술해 보려 노력했다. 특히, 정보활동 자체에만 초점을 맞추지 않고 정보가 수집되어 정책 결정권자들에 의해 사용되는 현상과 그 결과가 국가의 흥망성쇠에 미치는 영향까지 살펴봄으로써 국가정보활동에 대한 총체적 이해를 제고하고자 노력했다. 아무쪼록 이 책을 통해 정보전쟁 시대를 살고 있는 우리의 현주소가 어디이며 전쟁에서 승리하기 위해 필요한 과제는 무엇인지에 대한 공감대가 형성되기를 바란다.

2017년 5월
박종재

차례

성공한 정보,
승 리 의
열쇠가 되다

"여러분의 성공은 기억되지 않지만 실패는 만천하에 드러나게 될 것이다". 1961년 미국 케네디 대통령이 CIA를 방문해 행한 연설의 일부다. 너무 유명한 명언이어서 아직도 정보기관 활동의 성공과 실패를 이야기할 때 자주 회자되고 있다. 그만큼 정보기관의 성공은 외부에 잘 알려지지 않지만 실패는 여론의 뭇매를 맞는다.

여기에는 몇 가지 이유가 있다. 첫째, 정보기관 활동 자체가 갖는 비밀성 때문이다. 정보기관은 본능적으로 성공을 자랑하지 않는다. 특정 정책의 성공에서 자신들의 역할을 자랑하는 순간, 첩보 출처와 자신들의 역량이 고스란히 노출돼 버리기 때문이다. 이러한 노출은 상대방으로 하여금 대응 조치를 취하게 함으로써 결국 자기 손해로 귀결되기 때문에 자랑하고 싶어도 할 수 없는 것이다. 둘째, 공功은 서로 주장하면서 과過의 책임은 떠넘기는 관료사회 속성 때문이다. 국민적 관심이 집중된 특정 정책이 성공했을 때 고위관료들은 서로 자기 역할을 선전하기 바쁘다. 하지만 일이 잘못됐을 때는 서로 책임을 전가하는데, 이때 정보기관이 지목되기 십상이다. 모든 안보 정책 실패에는 크고 작은 정보 실패가 수반될 수밖에 없기 때문에 더욱 그렇다. 셋째, 정보의 역할만으로 정책의 성공과 실패를 구분하기 어렵기 때문이다. 안보 정책 결정 과정에서 정보는 영향력을 행사함으로써 정책에 기여한다. 하지만 그 영향력은 측정하기 어렵다. 또한, 정책 성공은 정보에만 영향을 받는 것이 아니라 수많은 복합 요인으로 이루어지기 때문에 정보의 성공만으로 이야기하기 어려운 것이다.

이런 점을 감안해 여기서는 비교적 모두 공감할 수 있는 성공 사례를 중심으로 살펴본다. 전쟁 승패에 영향을 미쳐 역사의 흐름을 바꾼 정보 성공 사례를 선별해 승리의 비결을 조망해 본다. 수많은 변수가 복합적으로 작용하는 전쟁 특성상 한쪽의 성공은 상대방의 실패를 의미하기 때문에 특정 국가 정보활동의 성패만으로 엄격하게 재단하기는 어려울 수 있다. 하지만 전쟁 승리에 정보가 기여한 괄목할 만한 사례를 통해 승리의 교훈을 되새겨 보고자 한다.

제1차 세계대전은 1914년 6월 28일 오스트리아 황태자 부부가 세르비아 청년에게 암살당한, 일명 '사라예보 사건'을 계기로 7월 28일 오스트리아가 세르비아에 선전포고를 하면서 시작되고, 1918년 11월 11일 독일이 항복함으로써 끝난 전쟁이다. 전쟁 시작과 함께 독일은 벨기에를 거쳐 프랑스를 침공해 들어가면서 전쟁을 조기에 종결시키려고 했으나 영국·프랑스·러시아의 거센 저항에 부딪치며 장기화됐다. 특히, 서부전선에서는 1915~1916년 사이 참호전이 장기간 지속됐다. 이런 팽팽한 대치 상태를 끝내고 연합국이 승리하는 계기가 된 것이 1917년 4월 6일 발표된 미국의 참전이었다.

미국은 전쟁이 시작되고 3년이 경과할 때까지 유럽 전쟁에 끼어들지 않겠다는 고립주의 원칙을 유지했다. 미국이 고립주의 노선을 깨고 참전을 선언한 데는 독일의 무제한 잠수함 작전이 많은 영향을 미쳤다고 알려져 있다. 1915년 5월 미국인 128명이 탑승한 영국 여객선 루시타니아 호가 피격돼 1198명이 사망했을 때 미국의 충격은 엄청났다. 여기에 독일이 1917년 1월 31일 무제한 잠수함 작전 재개를 공식화하자 미국은 더욱 강력히 반발했다. 하지만 이때도 미국은 여전히 참전하지 않는다는 방침을 유지했다.

이런 상황에서 미국의 참전을 결정적으로 자극한 것이 치머만 전보 사건이다. 치머만 각서로 알려진 이 문서는 독일 외무장관 치머만이 멕시코 주재 독일대사로 하여금 미국과 독일이 싸우게 되면 멕시코에 동맹을 제의하라는 내용을 담고 있다. 그런데 이 각서는 영국 해군 정보부가 독일 전문을 가로채 1917년 2월 미국에 전달한 것이었다. 반신반의하는 미국에 영국이 참전을 끈질기게 종용하고 여론을 자극함으로써 미국의 참전 선언을 이끌어 내는 데 성공한다. 적국 독일을 상대로 군사적 승리를 가능케 한 정보가 외교전에서도 전쟁 흐름을 바꾸는 데 결정적 역할을 한 셈이다.

제1차 세계대전
치머만 사건과
영국 정보전의 승리

제1차 세계대전 발발과
미국의 고립주의

1914년 6월 28일, 보스니아에서 열린 오스트리아 육군 훈련을 참관하기 위해 사라예보를 방문한 오스트리아 황태자 페르디난트 Franz Ferdinand(1863~1914) 대공 부부가 암살됐다. 범인은 범슬라브 비밀결사 조직에 속한 세르비아 청년이었다. 오스트리아는 세르비아를 응징하려 했지만 전면전쟁 시 러시아가 지원할 가능성이 명백하다고 보고 독일에 지원을 요청한다. 독일은 러시아가 참전할 경우 전면 지원하겠다는, 사실상의 백지 위임장으로 약속한다. 이에 오스트리아는 7월 23일 세르비아에 사실상 주권 소멸을 의미하는 최후통첩을 보낸다. 세르비아의 회답에 만족하지 못한 오스트리아는 7월 28일 선전포고를 하며 베오그라드에 대한 포격을 개시한다. 7월 30일 러시아가 총동원령을 발령하며 세르비아 보호를 선언하자 독일도 총동원령을 내리고 러시아에 선전포고를 한다. 이어 독일이 러시아의 동맹국 프랑스에 이

어 벨기에에도 선전포고를 하자 영국은 벨기에에 대한 중립권 침해를
이유로 독일에 선전포고를 한다. 이어 복잡한 세력균형 관계로 얽혀 있
던 유럽 각국이 연달아 전쟁에 참여한다. 독일과 오스트리아가 주축인
동맹국에는 오스만제국과 불가리아가 가담하고, 영국·프랑스·러시아
가 주축인 연합국에는 이탈리아·그리스·루마니아·일본이 차례로 가
담한다. 미국은 중립을 선언했다.

독일은 개전과 동시에 미리 작성해 놓은 '슐리펜 계획(Schlieffen
Plan)'에 따라 벨기에를 단숨에 점령하고 프랑스 파리로 공격해 들어갔
다. 서부전선에서의 전투를 6주 안에 마무리 짓고 모든 병력을 동부전
선에 투입해 러시아를 공격함으로써 대륙에서의 전쟁을 조기 종결한
다는 계획에 따른 것이었다. 하지만 러시아의 동원이 예상 외로 빠르게
진행되면서 독일은 서부전선 병력 일부를 동부전선으로 돌려야 했고,
서부전선에서의 프랑스와 영국군 저항도 만만치 않아 전쟁은 계획대
로 진행되지 않았다. 독일이 예상하고 준비했던 속전속결 계획에 차질
이 생기고 전쟁이 장기화된 것이다. 더구나 1915~1916년간 서부전선
에서는 전선 이동은 별로 없이 참호전이 장기화되면서 동맹국과 연합
국 모두 사상자가 엄청나게 늘었다. 전선의 교착상태를 해소하기 위해
탱크와 생화학무기 등 살상력이 큰 무기들을 사실상 최초로 사용했지
만 정체 상태는 해소되지 않았고, 수백만의 사상자를 내며 치열한 전투
를 전개했지만 어느 쪽도 확실한 우세를 확보하지 못했다.

이런 장기 소모전의 승리를 위해 영국은 해군력 우세를 통해 독일의
경제를 마비시키는 '기아 작전'을 전개했다. 독일의 해상을 봉쇄해 중
립국과 독일 간 교역을 통제함으로써 독일의 전쟁 수행 능력을 마비시

키고자 한 것이다. 이 작전의 여파로 독일 경제는 상당한 타격을 입게 되고, 1916년 말부터 일부 지역에서는 식량 부족으로 인한 폭동까지 발생했다. 이에 독일은 1915년 초부터 유보트U-boat 잠수함을 이용해 연합국 상선을 공격하는 잠수함 작전으로 맞대응하기 시작한다. 1916년 말부터는 보유하고 있던 134척의 잠수함을 최대한 이용해 대서양에 출몰하는 연합국 선박들을 무차별 공격했다. 이 무제한 잠수함 작전으로 당시 영국 항구를 출항하는 선박의 약 25퍼센트가 해상에서 격침당할 정도였다.

하지만 독일의 무제한 잠수함 작전은 중립을 표방하던 미국을 크게 자극하는 역효과를 낳았다. 당시 많은 미국인이 영국 선박을 이용해 대서양을 여행했기 때문에 미국은 무척 민감하게 반응할 수밖에 없었다. 또한 많은 미국 화물이 영국 선박으로 수송되었기 때문에 무제한 잠수함 작전으로 인한 미국의 피해는 갈수록 늘어만 갔다. 이런 와중인 1915년 5월 7일, 1198명이 탑승한 영국의 대형 여객선 루시타니아Lusitania 호가 독일 잠수함에 피격당해 미국인 탑승객 128명이 사망하는 사건이 발생한다. 많은 미국인이 독일의 비인도적 만행에 분개했고, 독일을 응징해야 한다는 미국 내 여론도 급증하기 시작했다.

하지만 흥분은 거기까지였다. 독일 정부가 미국에 사과하고 다시는 이런 일이 재발되지 않도록 노력하겠다는 입장을 밝힌 것이다. 이에 미국 정부도 유럽 문제에 관여하지 않는다는 고립주의 원칙을 계속 유지하고자 했다. 당시 미국 정부는 연합국에 상당한 양의 전쟁 물자를 지원했지만, 어디까지나 순수한 무역 거래라는 명목으로 이루어졌다. 미국 국민들도 유럽 전쟁에 별 관심이 없었고, 유럽 땅에서 벌어지는 전

루시타니아 호를 격침시킨 'U-boat SM U-20'을 그린 독일 우표

쟁에 개입해 자신의 아들·딸 들이 피를 흘려야 할 명분도 없다고 생각했다. 이런 여론을 반영해 윌슨Thomas Woodrow Wilson(1856~1924) 대통령은 1916년 대통령 선거에서 '그가 우리를 전쟁에서 구했어요(He kept us out of war)'라는 구호를 내걸었다. 재선될 경우에도 참전하지 않겠다는 점을 분명히 한 것이다. 그리고 이 구호 덕분에 여러 인기 없는 정책에도 불구하고 가까스로 재선에 성공했다. 이런 분위기와 자신의 약속을 감안해 그는 독일의 계속된 도발에도 불구하고 유럽 전쟁에는 개입하지 않겠다는 입장을 고집스럽게 견지해 나갔다. 어느 한쪽에 관여했다가 패전하면 미국으로서도 엄청난 손해를 감당해야 하고, 또 전쟁 후

에도 당사국 간 적대감이 오랫동안 사라지지 않을 것이라 판단하고 가능한 협상을 통해 전쟁을 종결시키려는 모양새를 취했다. 이에 따라 취임 후 첫 의회 연설에서도 윌슨은 '승리 없는 평화'를 외치며 전쟁의 조속한 종결을 촉구하는 공허한 주장만 계속했다.

그 반면, 유럽에서는 전쟁이 장기화되면서 중립국이나 상대 진영에 있는 국가를 자기 진영으로 끌어들이려는 외교전이 치열하게 전개됐다. 1915년 4월 이탈리아가 영국·프랑스와 밀약을 맺고 오스트리아에 선전포고를 했다. 독일과 오스트리아는 전후 영토 보상을 약속하며 1915년 10월 불가리아를 동맹국으로 끌어들인 데 이어 루마니아도 끌어들이려고 노력했다. 하지만 루마니아는 중립의 대가가 성에 차지 않는다며 1916년 8월 연합국 가담을 선언한다. 독일과 오스트리아는 여기서 포기하지 않고 연합국 편에 서 있지만 레닌Nikolai Lenin(1870~1924)의 볼셰비키 혁명운동으로 혼란스럽던 러시아의 국내 사정을 유리하게 이용해 보려고 노력했다. 한발 더 나아가 독일은 미국의 참전을 최대한 막기 위해 노력하되, 불가피하게 참전을 막지 못할 경우에는 멕시코와 일본을 끌어들여 불리한 역학 관계를 만회해 보려고 했다. 이런 상황에서 미국의 여론을 결정적으로 움직이는 '치머만 전보(Zimmermann Note) 사건'이 발생한다.

미국을 분노케 한
치머만의 전보

1917년 2월 22일 추운 겨울날, 런던 주재 미국대사 페이지 Walter Hines Page(1855~1918)는 전달할 메시지가 있다는 벨푸어Arthur Balfour(1848~1930) 영국 외무장관의 연락을 받고 그의 사무실을 방문 한다. 그런데 사무실에 들어서자마자 벨푸어 장관은 페이지 대사 앞 탁자에 문서 하나를 올려놓는다. 독일 외무장관 치머만Arthur Zimmer-mann(1864~1940)이 멕시코 주재 독일대사에게 보내는 외교전문으로, 1917년 1월 19일 자 암호전문을 해독한 것이었다.

하지만 페이지 대사는 전문의 내용이 너무 충격적이어서 믿을 수 없을 지경이었다. 그 내용은 다음과 같았다.

멕시코 주재 독일대사 폰 에크하르트 귀하

우리는 (1917년) 2월 1일부터 무제한 잠수함 작전을 재개하고자 함. 그 럼에도 불구하고 우리는 미국이 중립을 지키도록 노력해야 함. 이것이 성공하지 못할 경우 다음과 같은 조건으로 멕시코에 동맹을 제의할 것. 우리는 전쟁을 함께 수행해 평화를 이루도록 노력하고, 멕시코에 넉넉 한 재정적 지원을 제공할 것이며, 멕시코가 텍사스·뉴멕시코·애리조나 주의 잃어버린 영토를 회복하는 것에 대해 양해할 것임. 협상을 위한 세 부 내용은 대사가 알아서 할 것.

대사는 미국과의 전쟁이 확실해지면 상기 내용을 즉시 멕시코 대통령에 게 극비리에 통보하고, 그가 재량권을 발휘해 이 계획에 대한 일본의 즉각적 지지를 이끌어 내면서 일본과 독일 간의 중재 역할을 수행해 주도록 제안할 것.

우리의 무제한 잠수함 작전이 이제 몇 달 안에 영국으로 하여금 평화협상에 나서도록 할 것이라는 점을 멕시코 대통령에게 각별히 강조할 것.

독일제국 외무장관 아르투어 치머만

당시 독일이 무제한 잠수함 작전을 통해 상선까지 공격할 것이라는 점은 충분히 예상한 일이었다. 그동안 독일의 무제한 잠수함 작전으로 많은 피해가 있었고, 불과 얼마 전인 1월 31일 독일이 영국·프랑스 수역에서 모든 교전국 및 중립국 선박도 사전 경고 없이 공격하겠다는 무제한 잠수함 작전을 발표한 바도 있었다. 독일의 잠수함 작전에 맞서 미국 의회도 상선을 무장시켜 항행토록 하는 법안을 검토하던 참이었다.

그런데 충격적인 내용은 멕시코와 일본을 끌어들인 것이었다. 미국이 중립을 지키도록 유도하되, 성공하지 못할 경우 멕시코 및 일본과 동맹을 맺고 미군이 함부로 본토를 떠나지 못하게 한다는 내용이었다. 그 대가로 멕시코가 과거 미국에 빼앗긴 뉴멕시코·애리조나·텍사스 주 일대를 멕시코에 되돌려 준다는 것이었다. 당시 미국과 멕시코 간의 관계가 극히 악화돼 있는 상황을 독일이 이용하고자 한 셈이다. 또한, 당시 미국 서부의 주 정부들이 일본인의 토지 구입을 제한하는 법안을 발의하면서 미·일 관계가 악화되고, 일본이 라틴아메리카 대륙에 해군 기지를 건설하기 위해 멕시코에 접근하는 것을 미국이 반대하는 상황을 역이용하려 한 것이다.

이에 미국대사 페이지는 전문 내용 자체가 미국에 대한 선전포고와

WESTERN UNION TELEGRAM

WESTERN UNION

NEWCOMB CARLTON, PRESIDENT

Send the following telegram, subject to the terms
on back hereof, which are hereby agreed to

via Galveston

JAN 19 1917

GERMAN LEGATION

    MEXICO CITY

130	13042	13401	8501	115	3528	416	17214	6491	11310
18147	18222	21560	10247	11518	23677	13605	3494	14936	
98092	5905	11311	10392	10371	0302	21290	5161	39695	
23571	17504	11269	18276	18101	0317	0228	17694	4473	
22284	22200	19452	21589	67893	5569	13918	8958	12137	
1333	4725	4458	5905	17166	13851	4458	17149	14471	6706
13850	12224	6929	14991	7382	15857	67893	14218	36477	
5870	17553	67893	5870	5454	16102	15217	22801	17138	
21001	17388	7446	23638	18222	6719	14331	15021	23845	
3156	23552	22096	21604	4797	9497	22464	20855	4377	
23610	18140	22260	5905	13347	20420	39689	13732	20667	
6929	5275	18507	52262	1340	22049	13339	11265	22295	
10439	14814	4178	6992	8784	7632	7357	6926	52262	11267
21100	21272	9346	9559	22464	15874	18502	18500	15857	
2188	5376	7381	98092	16127	13486	9350	9220	76036	14219
5144	2831	17920	11347	17142	11264	7667	7762	15099	9110
10482	97556	3569	3670						

             BERNSTORFF.

Charge German Embassy.

해독되기 전 상태의 치머만 전보와 치머만

다름없다고 판단해 자신의 평가와 의견을 덧붙여 워싱턴에 신속히 보고한다.

영국대사의 전문 내용을 보고받은 윌슨 대통령은 독일의 이중적 행태에 매우 분노했다. 외교적으로는 평화 제스처를 취하면서도 미국의 영토 문제까지 멕시코와 흥정하려는 독일을 더 이상 좌시할 수 없었다. 그렇잖아도 전임 루스벨트Theodore Roosevelt(1858~1919) 대통령을 비롯한 반대 진영에서 미국의 참전을 주장하며 자신을 겁쟁이라고 강력 비난해 오고 있던 것이 부담스런 상황이기도 했다. 하지만 영국이 전문의 출처 보안을 강력히 요청하는 바람에, 독일의 전문 하나만 갖고 의회와 국민을 설득하는 일은 어려웠다. 이에 윌슨 대통령은 정보 전문가들을 영국에 보내 치머만 전보의 사실 여부와 상세 입수 경위를 재확인하라고 지시했다. 당시 영국은 처음엔 구체적 내용을 밝히지 않으려 했지만, 이내 엄격한 출처 보안을 전제로 제한적 사실들을 미국에 확인해 주었다. 이에 윌슨 대통령은 1917년 2월 27일 치머만 전보를 〈AP통신〉을 통해 언론에 공개한다. 출처에 대해서는 미국이 자체적으로 입수했다고 언급하면서도 입수에 도움을 준 첩보원의 안전을 위해 자세한 입수 경위는 밝힐 수 없다고 강조했다.

극비 전문이 언론에 공개되자 반대 진영에서는 영국이나 프랑스가 미국 여론을 움직이기 위해 조작한 메시지를 정부에 제공했고 순진한 윌슨 대통령이 속아 넘어가고 있다고 비난했다. 이에 윌슨 대통령은 미국 주재 독일대사관이 멕시코 주재 독일대사관으로 중계해 전송한 원본 메시지를 입수해 추가 공개함으로써 논란을 불식시키려고 노력했다. 국무장관도 의회에 출석해 치머만 전보는 진짜가 확실하다며 의원들을 최대한 설득했다. 하지만 의회 내 고립주의자와 친독일 언론을 중심으로 진위 여부에 대한 조직적 문제 제기는 계속되었다.

이런 상황에서 전혀 기대하지 않던 지원군이 튀어나왔다. 전보 작성 당사자인 독일 외무장관 치머만이 독일 언론과의 인터뷰에서 자신이 직접 전문을 보냈다고 확인해 준 것이다. 당시 치머만은 월슨 대통령을 도와주려는 의사가 전혀 없었지만, 영국과 프랑스가 곧 확인하게 될 내용을 굳이 부인할 필요도 없다고 판단했다. 이왕 전문이 공개된 마당에 멕시코와 일본에 공식적으로 협조를 요청하는 것이 효율적일 수 있다는 의도도 함께 작용했다. 하지만 멕시코와 일본이 그의 공개 제안을 연달아 거부함으로써 그의 언급은 결국 월슨 대통령의 입지를 강화시켜 주는 효과만 낳았다.

당사자인 치머만의 언급 내용이 추가 보도되자 그 전까지 전쟁에 무관심하거나 반대하던 미국인들도 분개하기 시작했다. 전체 미국인의 75퍼센트 정도까지 '독일은 우리의 적'이라는 사실에 동의했다. 여론의 변화를 확인한 월슨 대통령은 의회를 설득하고, 4월 2일 미국의 참전을 공식 발표한다. 미국을 우군으로 참전시키기 위해 끈질기게 전개해 온 영국의 노력이 성공하는 순간이었다.

정보기관의 끈질긴 노력과
예상치 못한 수확

영국은 전쟁 발발과 동시에 독일에 대한 정보 수집 활동을 대폭 강화했다. 특히, 대서양에 설치된 독일의 해저통신 케이블을 찾아내 절단하는 노력을 적극적으로 전개했다. 독일이 중립국이나 해저 케이블을 통해 서방 각국으로 보내는 유선통신망을 절단함으로써 독일이 무선망에 의존할 수밖에 없도록 상황을 조성하려 한 것이다. 하지만 망망대해인 대서양에서 독일의 해저 케이블을 찾아내 절단하는 일은 생각보다 훨씬 어려웠다.

1914년 8월 5일, 끈질긴 수색 끝에 드디어 통신선 알러트 호CS Alert 가 네덜란드 국경 근처의 독일 도시 엠덴Emden 앞바다에서 해저에 부설된 케이블 다발을 발견한다(당시 케이블을 절단한 선박이 CS Telconia라는 일부 주장도 있음). 몇 시간 동안의 분류 작업을 거쳐 독일의 해저 케이블로 확인되는 다섯 가닥을 건져 올리는 데 성공한 영국은 이를 가차 없이 절단해 버렸다. 며칠 후에는 현장을 다시 방문해 독일이 케이블을 복구하지 않았음을 확인하고, 대서양 쪽으로 연결된 남은 다섯 가닥을 들어 올려 1000여 미터를 추가로 절단해 버렸다. 독일이 복구해 사용하지 못하도록 확실한 조치를 취한 것이다. 이 케이블은 독일이 프랑스·스페인·아일랜드·뉴욕 등으로 각종 지시와 정보를 송신하던 통신선이었다. 이 케이블이 절단됨에 따라 독일은 대서양을 통해 정보를 전송할 수 있는 유선통신 라인을 잃어버렸다. 이제 모든 외교·군사적 지시를 베를린 외곽 나우엔Nauen의 통신기지에서 해외 목표 지역까지 직접 무선으로 전송하거나 중간에 있는 중립국들을 경유지 삼아 복잡하게 전달해야 했다. 컴퓨터가 없고 암호 기술도 초보적 수준이던 당시 상황에서 군사·외교적 중요 지시를 위험을 감내하면서 전송해야 하는 상황이 된 셈이다.

그 반면, 독일의 각종 지시전문이 무선으로 발신되거나 중립국을 경유해 발신되자, 영국은 이를 좀 더 쉽게 수집해 해독할 수 있었다. 독일의 암호전문 입수가 늘어나자 영국은 이를 해독하는 전문 부서를 별도로 설립하고 인원도 대폭 확충했다. 해군성 건물 40호실에 위치한 이 부서는 사무실 이름을 따 '40호실(Room 40)'이라고 불렸다. 암호 해독과 통신 전문가들로 구성된 약 50명이 24시간 교대로 근무하면서 독일의 전문을 수집해 해독하는 데 적극적으로 노력했다. 그러는 과정에서 영국은 운 좋게도 러시아가 발트 해에서 획득한 독일 해군의 암호서를 전달받아 독일군의 암호체계를 이해하는 데 큰 진전을 얻기도 했다. 거의 2년에 걸쳐 이러한 노력을 전개한 끝에 영국은 1916년 후반 독일 해군의 함대 운용에 대한 암호를 거의 대부분 해독할 수 있는 수준으로 발전했다. 그리고 1917년 1월 17일, 전혀 예상치 못한 월척을 낚아 올리게 된다.

1월 17일 오전, 40호실은 독일 치머만 외무장관이 미국 주재 독일대사인 베른슈토르프Johann Heinrich von Bernstorff(1862~1939)에게 보내는 암호전문을 입수하는 데 성공한다. 40호실은 이 전문을 두 경로를 통해 입수했다. 하나는 당시 중립국이지만 독일 편에 가까웠던 스웨덴이 독일을 대신해 영국을 경유했다가 남미로 보내는 전문을 포착한 것이다. 치머만은 아르헨티나 주재 독일대사가 전문을 받아 당시 전문 수발신이 여의치 않던 미국 주재 독일대사에게 전달하도록 보냈고, 40호실이 이 전문을 중간에서 절취하는 데 성공한 것이다.

다른 한 경로는 미국과 직접 통신망을 갖지 못한 독일이 무척 대담한 방식으로 미국으로 보낸 하나의 전문을 40호실이 포착한 것이다.

치머만 장관이 독일 주재 미국대사로 하여금 전문을 워싱턴에 보내게 하고 워싱턴의 미국 국무부가 이를 인편으로 독일대사에게 전달해 주도록 부탁한 것이다. 독일 전문이 내용을 전혀 알 수 없는 암호숫자로 이루어졌기 때문에 미국이 해독할 수 없다는 자신감도 이 경로를 이용하는 데 작용했다. 이는 그동안 독일이 미국 윌슨 대통령에게 요청해 온 평화 제스처의 연장선상에서 이루어졌다. 당시 전쟁 당사국 간 중재를 위해 노력하던 윌슨 대통령에게 독일은 베를린과 워싱턴 자국 대사관 간의 비밀통신 수단이 없는 점을 누차 항의해 왔는

'40호실'에서 해독한 치머만 전보

데, 윌슨 대통령이 독일 외교전문 중개 의사를 밝혔기 때문이다. 치머만의 부탁을 받은 베를린의 미국대사는 이 전문을 코펜하겐과 런던을 차례로 경유하는 미국 외교 통신망을 이용해 워싱턴으로 송신했다. 전문 모두에는 미국 주재 독일대사가 수신해서 멕시코 주재 독일대사에게 선달하라는 시시가 포함돼 있었나. 그런네 당시 미국의 전문도 감청하던 40호실이 이 전문도 중간에서 포착해 입수한 것이다.

영국의 완벽한
승리

　영국은 처음 이 두 전문을 가로채는 데는 성공했지만 전문 내용을 완벽하게 해독할 수는 없었다. 전문에 과거 해독에 성공했던 '0075암호'가 사용되기는 했지만 전체 맥락을 이해하기 위해서는 두 버전의 암호숫자를 몇 번씩 대조하고 분석해야만 했다. 대부분의 분석과 해독을 기계의 도움 없이 수작업으로 해야 했기 때문에 시간도 무척 많이 걸렸다. 40호실 책임자인 홀William Reginald Hall(1870~1943) 제독은 전문 내용이 완전히 해독될 때까지 다른 부처에 일체 알리지 말고 철저히 비밀을 유지하도록 지시했다. 그러면서 0075암호를 사용한 다른 전문들과 비교·분석을 계속해 전문 내용을 완전한 수준까지 해독하는 데 마침내 성공했다. 전문을 수신한 지 20여 일이 경과한 1917년 2월 5일, 홀 제독은 전문 내용을 외무성과 공유하고 활용하는 방안을 협의하기 시작했다.

　영국 외무성은 해군성으로부터 전달받은 전문 내용을 보고 무척 환호했다. 전쟁 기간 동안 영국의 오랜 숙원이던 미국의 참전을 이끌어 내는 결정적 소재가 될 수 있었기 때문이다. 하지만 전문을 미국에 전달하기 위해서는 먼저 해결해야 할 어려운 문제들이 남아 있었다. 첫번째, 전문 공개로 인해 독일에 노출될 수밖에 없는 40호실의 존재를 어떻게 숨기느냐 하는 문제였다. 전쟁이 지속되는 상황에서 극비인 40호실의 존재를 절대 노출시킬 수는 없었다. 두 번째 문제는, 영국이 미국의 전문도 감청해 왔다는 사실을 미국이 눈치채지 못하도록 해야만

했다. 당시 중립국인 미국의 전문을 영국이 감청해 온 사실이 알려지면 미국이 참전한다고 해도 연합국 편에 가담해 적극적으로 싸우려고 하지 않을 것이라 예상했기 때문이다. 세 번째 문제는, 전문 해독에 여전히 완전하지 않은 부분이 있어 미국이 신빙성에 의문을 제기할 수도 있었다. 전문의 폭발력이 큰 만큼 부작용도 커서 이를 우선적으로 해결해야만 했는데, 마땅한 묘책이 떠오르지 않았던 것이다.

정부 부처 간에 이러한 문제에 대한 논의가 지속되는 과정에서 40호실 책임자인 홀 제독이 기발한 생각을 하나 제시했다. 워싱턴의 독일대사관에서 멕시코의 독일대사관으로 전송한 전문을 당시 멕시코 소재 영국 전문사무소가 획득한 적이 있는데 이를 활용하자는 생각이었다. 당시 멕시코 주재 독일대사관은 신형 암호인 0075를 소지하고 있지 않아서 워싱턴에서 발송된 전문은 구형 '13040암호'로 작성됐는데, 영국이 이를 이용할 경우 적절한 구실을 만드는 데 편리했던 것이다. 멕시코 소재 사무소의 활동 사실을 부각하면 40호실의 활동이 노출되는 문제나 미국의 반발을 불러일으키는 문제도 상당 부분 해소할 수 있었다. 게다가 구형 13040암호는 신형 0075암호보다 훨씬 덜 복잡한 데다 익숙한 형태였기 때문에 40호실은 그동안 해독하지 못한 치머만 전보의 나머지 부분도 완전하게 해독할 수 있었다.

그런데도 영국은 되도록 이 전문을 공개하지 않고 미국의 참전을 유도해 보려고 노력했다. 바로 며칠 전인 1917년 1월 31일, 독일이 영국·프랑스 수역에서 중립국 선박을 포함한 모든 선박을 사전 경고 없이 격침시킬 것이라는 무제한 잠수함 작전을 공식 발표했기 때문이다. 독일의 노골적 위협에 미국은 2월 3일 독일과의 외교 관계 단절을 선언하며 반발했다. 하지만 미국의 반발은 거기까지였다. 영국이 기대했던 참전 선언으로 연결될 기미가 전혀 없었다.

설상가상으로 유럽에서 동부전선을 담당하던 러시아의 내정 상황이 갈수록 악화되었다. 볼셰비키의 3월혁명으로 연결된 소요 사태가 점차 확산되면서 동부전선이 무너지기 시작한 것이다. 독일이 동부전선에서 병력을 빼내 서부전선에 집중할 경우 연합국의 상황은 더욱 어려워질 것이 분명해 보였다. 이에 영국 외무성은 더 이상 기다릴 수 없다고 판단했고, 2월 22일 영국 주재 미국대사를 불러 치머만 전문을 전달한 것이다.

하지만 미국에 전문을 전달하면서도 영국은 상세 내용 공개를 기본적으로 반대했다. 불가피할 경우 영국이 출처라는 점만은 절대 노출시키지 말아 달라고 신신당부했다. 영국이 미국의 전문을 감청해 왔다는 사실은 당연히 숨기고 멕시코의 영국 전문사무소를 통해 원본을 입수했다는 점만을 특별히 강조했다. 미국대사는 영국의 요청을 수용하고, 2월 24일 독일의 전쟁 의도에 대한 분석과 함께 전문 내용을 워싱턴에 보고했다.

미국대사가 전문을 국무성에 보고한 이후 영국은 워싱턴이 전문을 어떻게 평가하고 대응하는지 불안한 마음으로 지켜보았다. 그리고 윌슨 대통령이 1917년 4월 2일 상하원 합동 연설에서 마침내 참전을 공식 요청하고 4월 6일 독일에 선전포고하자 영국 고위 관계자들은 소리 없이 자축했다. 자신들의 노력으로 역사의 전환점이 마련됐다는 안도감도 대단했지만 모두가 그동안의 활동 내용을 외부에 발설해서는 안 된다는 사실을 너무나 잘 알고 있었기 때문이다. 영국의 이러한 보안

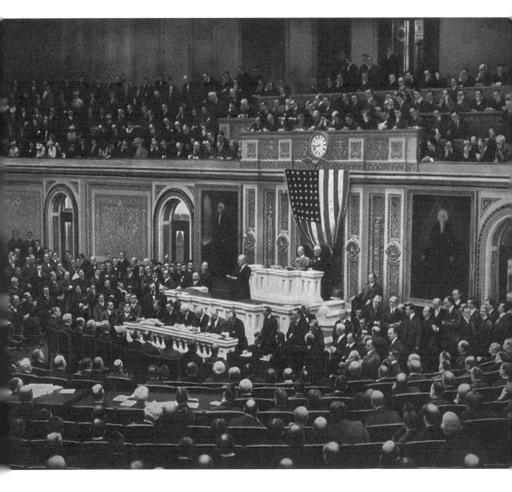

1917년 4월 2일 상하원 합동 연설에서 참전을 요청하는 윌슨 대통령

조치는 워낙 철저해서 제1차 세계대전에 참전한 미국마저 자신들의 전문이 영국에 의해 감청돼 해독되고 있다는 사실을 까맣게 모를 지경이었다. 미국은 1930년대에 이르러서야 자신들의 전문이 감청되고 있다

는 사실을 눈치채고 대응 조치를 취할 수 있었다.

치머만 전문이 미국 언론에 보도된 직후 독일도 특급비밀인 외교전문이 미국 정부에 어떻게 넘어갔는지를 두고 철저한 진상조사에 착수했다. 베를린에서 중간 교신 기지를 거쳐 멕시코 주재 독일대사에게 전달되기까지의 모든 경로를 추적해 관련된 인물과 송수신 시간, 사용 암호 자재의 종류 등을 일일이 대조하며 조사했다. 베를린에서 지시된 원문과 미국에서 영어로 번역돼 공개된 문장을 상세히 비교하면서 미세한 차이가 있는지 여부도 검토했다. 특히, 미국이 독일 암호의 일부를 입수해 알고 있다가 전문 원문을 입수해 해독했을 가능성, 그리고 전문의 수발신 과정에서 역모자가 미국에 고의로 누설했을 가능성 등도 중점 조사했다.

그러나 아무리 조사해도 분명한 원인을 찾을 수 없었다. 이런 과정에서 미국 국무장관이 의회에서 "치머만 전문은 진짜가 확실하지만 제보자의 생명을 위태롭게 할 소지가 있어 입수 경위를 구체적으로 밝힐 수 없다"라고 언급한 내용에 주목했다. 그리고 암호가 누설된 것이 아니라 누군가 반역에 의해 전문을 고의로 누출했다고 결론을 내린다. 자신들의 외교전문 수발신 시스템이나 정교한 암호체계에 대한 확신이 너무 강한 탓도 있었다. 외교전문이 누군가에 의해 감청돼 해독된다는 가능성은 감히 상상할 수 없었고 인정할 수도 없었던 것이다. 이렇게 독일이 사후 조사에서까지 엉뚱한 결론에 도달하도록 따돌린 것은 영국 정보기관의 완벽한 승리를 의미했다.

1917년 초 미국의 참전이 없었다면 제1차 세계대전은 연합국에 무척 불리하게 전개됐을 것이 틀림없었다. 1917년 3월 패전을 거듭하던 러시아에서 마침내 혁명이 발생해 동부전선이 무너지기 시작했기 때문이다. 11월에는 레닌이 이끈 볼셰비키가 공산혁명을 통해 정권을 장악하고, 1918년 3월 3일 브레스트리토프스크조약을 독일과 체결해 연합국 대열에서 완전히 이탈해 버린 것이다. 이에 독일은 동부전선 병력을 서부전선으로 집중시키면서 연합국에 대한 대공세를 전개했다. 그러나 천만다행으로 연합국은 이제 미국 원정군의 지원을 받으면서 독일의 공세를 거뜬히 막아 낼 수 있었다. 몇 차례의 추가 공세가 실패하고 주방어선마저 무너지자 독일군 지휘부는 전쟁 승리가 불가능하다는 사실을 인정해야 했다. 이에 독일 군부는 마침내 평화교섭 제의를 정부에 건의했다. 몇 개월간 계속된 평화교섭은 여러 번의 줄다리기를 거쳐, 11월 11일 11시 마침내 휴전 조약 성립으로 마무리된다. 4년 반 동안 계속된 세계대전이 드디어 막을 내린 것이다. 영국 정보전의 승리가 연합국 전체의 승리를 이끌어 낸 것이다.

신호정보 전문 기관 신설과 발전

영국은 다른 어느 나라보다 먼저 전문 정보기관을 설립해 운영한 나라다. 하지만 영국도 보어전쟁(1899~1902) 이전에는 임시 기구 형태로 몇 명이 정보 업무를 전담하며 군사 지휘관을 보좌하다 전쟁이 끝나면 해체하는 방식을 반복했다. 그러다가 남아프리카에서의 보어전쟁 기간 동안 수집과 분석으로 구분된 정보 조직을 운영하고 성과를 거두면서 전문 정보 조직의 중요성을 인식하기 시작했다. 보어전쟁 후에 대부분의 정보 조직이 종전처럼 해체됐지만 군 일부에서는 전문 정보 조직이 필요하다고 계속 주장했다. 이런 주장이 반영돼 1909년 국방부 내에 'MI-5'로 불리는 방첩 전문 기구가 신설되었다. 이어 독일을 포함한 해외정보 목표에 대한 정보활동 필요성을 재차 인식하고 1912년 'MI-6'로 불리는 해외정보 전문 기구도 발족시킨다. 이 두 기구는 SS(보안부, Security Service) 및 SIS(비밀정보부, Secret Intelligence Service)로 개명돼 오늘날까지 이어지고 있는데, 주로 사람을 이용한 인간정보(HUMINT, human intelligence)활동에 집중한다. 하지만 제1차 세계대전은 인간정보 이외에 과학기술정보(TECHINT, technical Intelligence), 특히 통신을 주요 매체로 한 신호정보(SIGINT, signal intelligence)기관이 발전하는 획기적인 계기가 됐다.

제1차 세계대전이 발발하고 각국이 군대 운용 및 작전 수행에 유무선 통신을 적극 활용하자 적의 동태를 파악하기 위한 통신정보활동이 중요하게 요구되었다. 전쟁 초기에는 통신 보안에 대한 인식이 없었고 암호체계 자체도 무척 초기 형태인 관계로 통신정보만 잘 활용해도 상당한 전과를 올릴 수 있었다. 더구나 전쟁이 참호전으로 장기화되면서는 기존의 인간정보활동으로 전황을 파악하기 어렵고 적의 움직임을 확인하기도 무척 어려웠다. 이에 항공기를 이용한 공중정찰이 일반화되기 시작했고, 동시에 적 통신정보를 수집해 적을 분석하는 방식이 유용한 정보 수집 수단으로 등장했다. 특히 신호정보는 적이 발신한 전파를 중간에서 탐지해 발신 지점과 빈도 등을 측정함으로써 적의 동태를 파악하는 데 무척 유용했다. 육상 부대의 동향은 물론이고 항공기와 함정의 움직임을 확인하는 데도 무척 유용했다. 당시 함정과 잠수함 대부분이 무선통신을 이용했고, 이제 전쟁에 막 활용되기 시작한 초기 모델의 항공기도 대부분 무선통신을 사용했기 때문이다. 그리고 이런 신호정보활동을 통해 이루어 낸 최대의 성과가 바로 치머만 전보 입수와 해독이었다.

하지만 전쟁 종결 후 신호정보활동 목표가 대부분 소멸되면서 영국의 관련 조직들도 해체되거나 인원을 대폭 감축했다. 치머만 전보를 입수함으로써 전쟁 승리에 결정적으로 기여한 40호실도 인원을 대폭 줄여야 했다. 이런 상황에서 처칠과 같은 유력 정치인들이 신호정보 전문 기관의 노하우를 계속 발전시켜 나가야 한다고 적극 주장했다. 이런 주장이 반영돼 마침내 해군성에 정부암호학교(GC&CS, UK Government Code and Cypher School)가 설립됐다. 보안을 고려해 기관 명칭에 '학교'라는 용어가 포함되도록 했지만, 약 30여 명의 암호 전문가와 행정·지원 인력을 포함시켜 정부의 암호체계 운영 전반을 담당하도록 했다. 암호와 통신 분야에 근무하는 장교들에 대한 암호와 통신 보안 교육도 담당했다.

이후 전문성을 발전시키면서 정부암호학교는 1922년 해군성에서 외무성으로 소속이 변경돼 해외정보를 수집하는 MI-6(현재 SIS)와 더욱 긴밀하게 협력하는 체제로 변경된다. 이어 1935년 이탈리아의 에티오피아 침공 및 1936년 스페인 내전 등 중요한 전기가 발생할 때마다 광범위한 신호정보 수집 활동을 통해 영국의 외교 정책을 뒷받침하는 정보기관으로 성장한다. 아울러 프랑스·폴란드 등 우방국 신호정보기관과 협력하면서 신호정보 전문 기관으로서의 능력을 더욱 발전시켜 나

'도넛'이라는 별명이 붙은 정부통신본부 건물

갔다. 그리고 이러한 전문성과 우방국과의 긴밀한 협력은 제2차 세계
대전이 발발했을 때 독일군의 '에니그마Enigma암호'를 해독하는 데 또
다시 결정적 기여를 한다. 1차 대전에 이어 2차 대전까지, 결정적 전쟁
승리의 견인차 역할을 신호정보가 담당한 것이다.

영국의 정부암호학교는 2차 대전이 끝난 후인 1946년, 임무와 기능이 대폭 확대돼 정부통신본부(GCHQ, Government Communications Head-quarters)로 개편되어 오늘에 이른다. 그리고 오늘날엔 미국 국가안보국 (NSA, National Security Agency) 등과 긴밀히 협력하면서 '에셜론Echelon' 으로 알려진 국제 통신정보 수집 네트워크까지 운영하고 있다. 2013년 미국 CIA 직원 에드워드 스노든의 폭로를 통해, 에셜론 프로그램이 아이폰 감청 기술을 이용해 적과 우방을 가리지 않고 광범위한 무선통신정보를 수집해 해독하는 것으로 재차 확인됐다. 정보력이 곧 국력이라는 점을 경험한 영국은 약육강식의 국제 정치에서 정보 우위가 갖는 중요성을 너무나 잘 알기 때문에 정보 역량을 계속 발전시켜 나가고 있는 것이다.

미드웨이해전은 1942년 6월 5일부터 7일까지 미드웨이 북방 해역에서 미·일 양국이 대규모 함대를 동원해 싸우면서도 수상함이 아닌 항공기로 승부를 가른 전투다. 6개월 전 일본의 진주만 기습에서 자존심에 상처를 입은 미국이 둘리틀 특공대를 이용해 도쿄를 공습하자 일본이 태평양 미군을 섬멸하기 위해 선제공격을 감행하면서 시작됐다. 하지만 미국은 일본 해군의 작전 계획을 사전에 파악하고 유리한 방어작전을 전개함으로써 전력의 열세에도 불구하고 승리했다. 항공모함 1척을 잃는 등 손실도 있었지만 일본 주력 항공모함 4척을 격침시키는 등 심각한 타격을 입히고 미드웨이를 지켜 낸 것이다.

미드웨이해전은 태평양전쟁 전체의 판도를 바꾸는 중요한 전환점이 됐다. 이를 계기로 태평양과 인도양에서 공세적 작전을 전개해 온 일본은 제해권을 미국에 넘겨주고 수세로 전환해야 했다. 미국은 6개월 전 진주만과 필리핀에서 상처 입은 자존심을 회복하고, 연합국의 사기를 고양시킴으로써 전쟁의 흐름을 반전시키는 결정적 계기를 마련했다. 그 반면, 일본은 메이지 유신 이후 근대식 해군으로 싸운 전투에서 최초로 패배했다는 불명예를 안아야 했다. 이는 청일전쟁과 러일전쟁을 승리로 이끌며 '욱일승천'하던 제국 해군이 도저히 인정하고 싶지 않은 패배였다. 그만큼 패전의 상처와 의미는 심각했다.

이런 중요한 의미를 갖는 해전의 승패를 좌우한 것은 정보전이었다. 미국은 병력 열세에도 불구하고 정보력 우위를 바탕으로 승리했다. 일본 해군의 무선통신을 감청해 해독하는 데 성공함으로써 일본 함대의 움직임과 작전 계획을 사전에 구체적으로 파악한 덕분이다. 이를 통해 적의 가장 취약한 부분에 병력을 집중해 공략함으로써 전력의 열세를 극복했다.

태평양전쟁
미드웨이해전을 승리로 이끈
미국의 정보력

전쟁의 시작과 일본의
일방적 독주

1939년 9월 1일, 독일의 폴란드 침략으로 제2차 세계대전이 시작됐다. 열강의 관심이 온통 유럽에 집중된 사이, 일본은 태평양에서의 패권 강화를 위해 전쟁을 활용하고자 했다. 일본은 1931년 만주사변과 1937년 중일전쟁에 이어 중국 본토로의 침략을 본격화해 나갔으며, 동남아의 프랑스령 인도차이나(베트남·라오스·캄보디아 등), 네덜란드령 인도네시아, 영국령 말레이반도에 특히 눈독을 들였다. 1940년 9월 독일·이탈리아와 삼국동맹을 체결한 데 이어 1941년 4월 소련과 일·소 중립조약을 체결함으로써 북방 위협을 제거하자마자, 7월 24일 인도차이나에 군대를 진주시키기 시작했다.

7월 25일 미국이 자국 내 일본 자산의 동결을 선언하고 모든 재정과 수출입 거래를 통제하면서 철군을 압박했지만, 일본은 물러서지 않았다. 오히려 8월 1일 동아시아 전체를 아우르는 '대동아공영권'을 선언

1940년 9월 베트남을 점령하고 사이공에 입성하는 일본군

하는 것으로 응수했다. 북쪽의 만주·중국에서부터 동남아 전체, 남쪽의 오스트레일리아·뉴질랜드·태평양 도서 지역 전체, 그리고 서쪽의 인도까지 사실상 아시아 전역을 자신들의 생활권으로 만드는 제국주의 정책을 국가 목표로 선언한 것이다.

서유럽 대륙을 평정한 독일이 파죽지세로 소련을 공략해 들어가던 1941년 후반까지만 해도 추축국의 승리는 거의 확실해 보였다. 유럽 대륙은 독일 천하고, 소련의 항복도 거의 시간상의 문제로만 보였다. 이때 소련의 서쪽을 공격해 들어가는 독일과 합세해 일본이 소련의 동쪽을 협공해 들어갔다면 소련의 항복은 거의 불가피한 상황이었다. 세계사의 흐름이 바뀔 수 있는 중요한 시기였다. 하지만 이 절체절명의 시기에 일본은 북방 진출을 포기하는 대신, 남쪽인 동남아와 동쪽 태평양으로 진출하기로 결정했다. 전쟁에 필요한 석유와 원자재를 안정적으로 공급하기 위해 동남아에 대한 확실한 지배가 우선적으로 필요하다고 판단한 것이다. 그리고 동남아 지배를 위해서는 남방 진출에 사사건건 간섭하고 저지하는 미국을 일단 태평양에서 몰아내는 것이 필수라고 판단했다. 태평양 교두보를 상실한 미국이 재무장해 다시 태평양으로 진출할 즈음에는 튼튼해진 '대동아공영권'을 기반으로 문제없이 미국을 격퇴할 수 있다고 판단했다. 이런 전략적 판단 아래 일본은 치밀하게 준비를 거쳐 1941년 12월 7일 새벽, 진주만을 기습 공격하는 데 성공했다(진주만 기습의 상세 내용은 2부를 참고). 동시에 필리핀, 태국, 말레이반도 등 동남아시아에 대한 군사 진출도 본격적으로 전개했다.

그런데 일본의 진주만 공격은 미국에 엄청난 충격을 안겨 주었다. 우선, 물리적 피해가 엄청났다. 선전포고도 없는 일요일 새벽의 기습 공격으로 하와이 진주만에 정박한 전함 8척이 피격되어 4척이 완전 침몰됐으며, 주력 함정 18척도 힘 한 번 제대로 못 써 보고 부두에서 격침됐다. 하와이 주둔 미군 항공기 402대 중 188대가 완파되고 159대가 부분 파손됐다. 인명 피해는 더 충격적이었다. 총 2403명이 전사하고 1178명이 부상당했다. 일본 항공기 29대가 작전 중 피격되고 65명이 사망한 것과 비교하면 실로 엄청난 피해였다.

미국의 정신적 충격 또한 엄청났다. 우선, 역사상 최초로 미국 영토가 외국에 의해 공격당했다는 사실이 충격적이었고, 특히 자신들보다 훨씬 열등하다고 생각해 온 아시아 국가 일본에게 당했다는 사실 자체를 받아들이기 힘들었다. 이에 루스벨트Franklin Delano Roosevelt(1882~1945) 대통령은 진주만이 공격당한 1941년 12월 7일을 '불명예를 안고 살아야 하는 치욕의 날'로 선언하고, 바로 다음 날 일본에 선전포고를 했다. 제2차 세계대전이 시작된 후에도 1년 3개월 동안 계속 유지해 온 중립을 포기하고, 연합국의 일원으로 공식 참전을 선언한 것이다.

진주만 기습을 계기로 미국은 전쟁에 뛰어들었지만, 당시 미국은 전쟁 준비가 거의 되어 있지 않았다. 특히, 태평양에 배치해 둔 전력은 일본에 비해 무척 열세였다. 그나마 진주만 기습으로 주력 전투함 대부분이 손상된 관계로 실제 가용한 전력은 무척 부족했다. 침몰된 함정을 인양해 수리하고 신규 함정 건조도 적극 추진했지만, 상당한 시간이 걸릴 수밖에 없었다. 아무리 속상해도 당장 동원해 활용할 수 있는 함정 자체가 너무 제한적이라는 사실을 인정해야 했다.

게다가 미국은 당시 연합군 세력과의 협력도 별로 기대할 수 없었다. 태평양의 미국(America), 영국(British), 네덜란드(Dutch), 오스트레일리아·뉴질랜드(Anzac)를 통상 'ABDA' 연합국이라고 불렀다. 하지만 이들 나라를 포함한 대부분이 별 도움이 되지 못했다. 영국은 본토가 독일에 의해 공격당한 데다 유럽 전쟁에 사활을 걸어야 하는 관계로 아시아 지역에 병력을 보낼 여유가 없었고, 네덜란드는 이미 독일에 점령당한 상황이었다.

그 반면, 일본은 중일전쟁에서 쌓은 실전 경험을 토대로 필리핀과 인도차이나 국가들을 차례로 정복하면서 연합국을 강하게 밀어붙였다. 미국은 항공모함 위주의 함대를 재편해 남태평양 산호해(Coral Sea)해전에서 일본의 기동부대와 대결하는 등 고군분투했지만 가시적 성과를 올리지는 못하던 상황이었다.

도쿄 공습으로
충격에 빠진 일본

태평양 전장의 이런 상황과는 별개로 루스벨트 대통령은 뭔가 가시적 성과를 우선 보고 싶어 했다. 진주만 기습으로 상할 대로 상한 자존심을 어떻게든 회복하고 일본의 기고만장한 콧대를 좀 꺾어 놓고 싶었다. 그래서 1941년 12월 21일 루스벨트 대통령은 백악관에서 합참의장에게 일본에 대한 조속한 보복 계획을 수립하라고 지시했다. 이에 따라 공중전 전문가인 둘리틀James Doolittle(1896~1993)을 중심으로 항공모함을 이용한 구체적 작전 계획을 수립하게 됐다. 항공모함에 적재 가능한 장거리 폭격기로 B-25를 선정하고, 이 비행기의 항속거리 연장을 위해 방어용 무장까지 제거하면서 보조 연료통을 장착하는 등 준비를 했다. 이렇게 특별한 목적으로 개조된 항공기 16대를 탑재한 항공모함 호넷USS Hornet이 1942년 4월 2일, 미국 서부 앨러미다Alameda 해군 기지를 출발해 일본으로 항해를 시작했다.

하지만 일본 동부 해상으로 접근하던 호넷은 목표 해역에 도착하기도 전에 일본 순시선에 발각되고 말았다. 4월 18일 이른 아침이었다. 호넷은 일본 순시선을 곧바로 격침시킬 수 있었지만, 일본 순시선이 적 항공모함을 발견했다는 사실을 이미 도쿄로 타전한 이후였다. 또한 공격 목표인 도쿄로부터 1200킬로미터나 떨어진 먼 곳이었고, 당초 예정했던 항공기 출격 지점까지는 310킬로미터를 더 가야만 하는 상황이었다. 만약, 그곳에서 항공기를 출격시킬 경우 작전 중 연료가 떨어져 목표 지점으로 회항하지 못하는 위험을 감수해야 했다. 그렇다고 일본 본토 쪽으로 더 접근하다가는 일본 주력부대와 교전하게 돼 항공모함 자체가 살아 돌아갈 수 없는 위험을 감수해야 했다. 여기까지 와서 작전을 포기하고 돌아가는 것은 더욱 받아들이기 힘들었다. 진퇴양난의 상황에서 미국은 예정보다 빠르지만, 항공기를 발진시켜 예정된 일본 본토 공습을 감행하기로 결정했다. 호위 부대 없이 단독으로 작전을 수행하는 항공모함 자체의 안전까지 위험에 빠뜨릴 수는 없었기 때문이다.

1942년 4월 18일 8시 30분, 폭격기 16대가 호넷에서 일본 본토를 향해 출격했다. 그리고 이른 오후, 도쿄·오사카·고베·나고야 등 일본 주요 도시 상공에 도착해 사전 할당된 목표물에 적재한 폭탄을 모두 투하하고 중국 쪽으로 이탈했다. 하지만 폭격기들의 공격은 당초 의도했던 군사·전략 시설을 파괴하지 못하고 대부분 공장이나 학교 등 일반 시설에 피상적 피해만 입혔다. 게다가 항공기 대부분이 연료 부족과 관제 비협조 때문에 당초 계획했던 중국 본토의 비행장에 착륙하지 못하고 중국 해안가 농경지 등에 불시착해야 했다. 이로 인해 미국은 작전에 참여한 항공기 16대 중에서 1대도 회수하지 못했다. 승무원 대부분은 실종되거나 부상당해 홀로 생환해야 하는 아픔을 겪어야 했다. 2차 대전 후반에 전개된 B-29 폭격기의 도쿄 공습과는 비교할 수 없을 정도로 형편없는 실패였다.

항공모함 호넷에서 이륙하는 둘리틀 특공대의 B-25 폭격기

하지만 둘리틀 특공대의 도쿄 공습으로 인한 심리적 효과는 엄청났다. 진주만의 울분을 되갚아 준 카운터펀치를 날렸다는 점에서 미국의 사기를 크게 고양시켰고, 일본을 충격의 도가니로 몰아넣었다. 연전연승하며 승리에 도취돼 있던 일본은 갑작스럽게 본토가 공격당했다는 사실을 알고 엄청난 충격에 빠졌다. 역사상 한 번도 공격당한 적 없는

본토는 물론이고 황궁이 있는 수도 중심부까지 공격당했다는 사실에 군 지휘부는 그야말로 좌불안석이었다. 하마터면 천황의 안위까지 위험에 빠질 수 있었기 때문이다.

미국 항공모함이 본토 근처까지 접근해 공습했다는 사실이 알려지면서 해상 경계에 실패한 일본 해군은 엄청난 비난을 감수해야 했다. 특히, 경쟁 관계에 있던 육군 장교들의 비난과 조롱을 받아야 했다. 이에 일본 해군은 인도양에서 활동하던 남방함대의 일부를 철수해 본토 방어에 배치하는 등 공격 일변도의 전략을 수정했다. 그리고 실추된 명예를 회복하고 본토가 공격받는 일을 방지하기 위해서라도 태평양에 전개된 미국 함대에 대한 추가 공격이 불가피하다고 판단하기에 이르렀다.

당시 일본 연합함대의 사령관 야마모토 이소로쿠山本五十六(1884~1943) 제독은 1941년 12월 7일 진주만 공습 때 미국 태평양함대의 주요 시설과 항공모함을 타격하지 못한 것이 큰 실책이었다면서 추가 공격을 주장해 오던 참이었다. 그는 남방 작전이 종료되는 대로 미드웨이와 알래스카 남방의 알류샨열도를 공격함으로써 미국 태평양함대를 끌어내 격멸해야 한다고 주장했다. 태평양함대의 항공모함을 격멸하지 못하면 태평양 지역 전체에서 일본의 군사작전이 방해받을 수밖에 없다는 논지였다. 하지만 일본 해군 지휘부는 그럴 경우 작전 영역이 너무 넓어져서 위험한 데다가 실익도 별로 없다는 점을 들어 반대했다. 차기 작전 계획에 대한 이런 의견 대립은 1942년 4월까지 계속되었다.

하지만 미국 둘리틀 특공대의 도쿄 공습으로 일본 대본영은 야마모토 사령관의 계획을 보다 적극적으로 검토하기 시작했다. 그리고 마침내 야마모토 사령관의 계획을 승인할 뿐만 아니라 육군 정예 병력까지 미드웨이 상륙작전부대로 제공하면서 미국 태평양함대를 확실히 격멸하라고 지시한다. 진주만 공습에 이어 일본의 재반격이 6개월 만에 다시 시작된 것이다.

미드웨이해전과 태평양 전황의 역전

야마모토 사령관은 미 태평양함대에 대한 1차 공격 목표로 미드웨이를 선정했다. 진주만을 재차 공격하는 방안도 검토했지만 하와이를 재공격할 경우, 완전한 기습이 쉽지 않은 데다 육상에 배치된 미국 항공기들로 인해 일본 함대의 피해가 클 수 있어 위험하다고 판단했다. 그 대신 미드웨이는 하와이로부터 2100킬로미터 떨어진 작은 섬에 불과하면서도 전략적으로 최전방 중요 거점인 관계로 미국이 적극적으로 방어에 나설 것이므로 상당한 타격을 줄 수 있다고 판단했다. 더구나 미국 해군이 동원할 수 있는 병력이 많지 않기 때문에 어렵지 않게 성공할 수 있다고 보았다. 또 당시 태평양함대가 동원할 수 있는 항공모함 엔터프라이즈USS Enterprise와 호넷, 2척밖에 안 된다고 판단한 것이다. 한 달 전 남태평양 산호해해전에서 미국의 항공모함 렉싱턴USS Lexington이 침몰하고 요크타운USS Yorktown도 심각한 손상을 입었기 때문이다. 게다가 연패를 계속하는 미국 해군의 사기도 형편없을 것으로 판단했다. 그래서 야마모토 사령관은 미드웨이를 장악해 하와이를 공략하고, 이어 미국 본토까지 노릴 수 있는 거점으로 활용한다는 원대한 청사진까지 그려 놓았다.

야마모토 사령관은 이를 위해 우세한 함대 전력으로 미군을 해상으로 유인해 격멸하는 계획을 추진했다. 미드웨이 해역에 은밀히 접근해 미국의 방어 전력을 최대한 끌어내고, 해상에서 항공기와 함포로 적을 격멸한다는 계획이었다. 6개월 전 진주만 기습에서 당한 피해로 태평양의 미국 해군은 일본의 절반도 되지 않았기 때문에, 미군이 대규모 전투를 피하면서 미드웨이를 중심으로 한 소극적 방어작전으로 나올 수밖에 없으리라고 판단했다.

이런 전략적 고려에서 수립된 일본 해군의 'MI 작전 계획'은 다음과 같은 원대한 목표를 담고 있었다. 첫째, 알류샨열도의 애투Attu 섬과 키스카Kiska 섬을 점령함으로써 북방으로부터의 위협을 제거할 뿐만 아니라 미국 태평양함대의 주의를 분산시킨다. 이를 위해 미드웨이를 공격하기 전 알류샨열도를 공격하는 양동작전을 실시한다. 둘째, 미드웨이를 점령함으로써 하와이와 미국 본토를 공격하는 주요 거점으로 삼는다. 셋째, 진주만 공습 시 파괴하지 못한 미국 항공모함을 잡고 태평양함대를 격멸함으로써 태평양에서 일본에 대한 위협을 제거한다. 미드웨이를 점령한 후에는, 기동함대를 남태평양으로 보내 뉴칼레도니아 New Caledonia 섬과 피지를 점령하고 오스트레일리아의 시드니와 멜버른까지 폭격한 다음, 8월에는 하와이를 점령한다. 야마모토는 이렇게 계획대로 되면 미국은 일본이 요구하는 협상안에 서명할 수밖에 없다고 판단했다.

야마모토 사령관의 판단대로 당시 미국은 전력의 열세로 인해 활용할 수 있는 전략적 카드가 극히 제한되었다. 진주만 기습으로 태평양함대가 심각한 타격을 입었는데도, 넓은 해역을 대상으로 작전해야 하는 상황은 조금도 변함이 없었고, 동맹국들의 지원 요청으로 인한 작전 수요는 계속 증가했다. 이런 상황에서 당시 미국의 전략은 일본에 공격적으로 맞서기보다 방어적 전쟁을 전개하고, 병력과 장비의 열세에도 하와이와 오스트레일리아·뉴질랜드 간의 병참선을 반드시 지켜 낸다는 것 등이었다.

하지만 당시 태평양에서 미국의 전력 열세는 심각했다. 일본이 세계 최대 전함 야마토大和를 비롯해 전함 11척과 항공모함 4척, 경항모 2척을 보유한 반면, 미국은 전함이 1척도 없을 뿐만 아니라 최대 동원 가능한 항공모함도 3척밖에 되지 않았다. 그나마 항공모함 요크타운은 3주 전 산호해전투에서 심각하게 파손된 상태였다. 함정 숫자에서 3대 1의 열세인 관계로 함포전이 전개될 경우, 미국은 전멸할 수도 있는 위험을 감수해야 했다. 이런 열세를 극복하기 위해 미국은 함포전을 최대한 피하고, 일본 함대를 먼저 발견해 함재기로 기습하는 작전에 모험을 걸어야 했다.

야마모토 사령관이 이끄는 일본 연합함대는 1942년 5월 27일부터 함대별로 출항해 6월 3일에는 작전 해역인 미드웨이 서북방 460킬로미터 지점에 도착했다. 정규 항공모함 4척에 경항모 2척, 전함 2척, 순양함 및 구축함 15척, 잠수함 및 지원함 등 150여 척의 대규모 함대였다. 항공기 264대를 탑재하고 미드웨이 상륙작전을 전개할 성예병력 5800명까지 별도로 탑승했다.

하지만 기습작전을 위한 무선 침묵에도 불구하고 일본 해군의 미드웨이 접근은 미군 측에 발각되고 말았다. 일본의 움직임을 간파하고 있던 미군이 정찰기를 띄워 일본 함대를 먼저 발견하고, 미드웨이 동북방 500킬로미터 해역에서 대기 중이던 미국 함대가 먼저 공격 준비에 들어간 것이다. 그 반면, 목표 해역에 먼저 도착해 정찰 임무를 수행하던 일본 잠수함들은 미국의 구축함들로 인해 미국 항공모함의 위치를 제대로 파악하지 못했다. 일본이 미국 항공모함의 위치도 파악하지 못한 상황에서 미군은 적을 먼저 발견하고 유리하게 대응해 나갈 수 있었다. 미국은 미드웨이에 대한 공격이 있기 전인 6월 3일 오전, 일본이 알래스카 남방의 알류산열도를 공격해 애투 섬과 키스카 섬에 대한 상륙작전을 전개할 때도 일본의 의도에 말려들지 않았다. 미드웨이 공격을 위한 양동작전 일환으로 일본이 미국의 병력 분산을 유도한다고 판단해 주력 함대를 파견하지 않고 소극적으로만 대응했다. 일본 함대의 주공격 목표가 미드웨이임을 미리 알았기 때문이다.

본격적인 전투는 6월 4일 새벽부터 전개되었다. 일본은 항공모함 4척에서 108대의 항공기로 구성된 1차 공격부대를 출격시켜 미드웨이를 본격적으로 폭격했다. 하지만 미국은 이들을 먼저 발견하고 섬에서 대기하고 있던 항공기를 출격시킨 데다 인근 항공모함에서 발진한 항공기와 합세해 일본군을 공격하며 대응했다. 미국의 방어망을 가까스로 뚫고 일본 항공기들이 미드웨이 섬을 일부 폭격하기도 했지만 대부분은 피상적 수준에 그쳤다. 오히려 공격부대들이 미군의 방어망에 막혀 상당한 피해를 감수해야만 했다.

그런 반면, 미국은 대기 중이던 항공모함 2척에서 119대의 항공기를 발진시키고 잠수함에서 어뢰로 공격하는 등 일본 함대의 본진을 공격했다. 미군 조종사들의 기능 미숙으로 공격이 성공적으로 전개되지는 못했지만 일본 함대의 작전 운용에 심각한 차질을 야기했다. 이에 일본 항공모함들은 방어 항공기의 추가 출격을 서둘러야 했다. 1차 공격에서 귀환한 항공기들의 착함을 준비하면서 추가 출격을 준비하는 어수선한 상황을 맞게 된 것이다. 비좁은 비행갑판 한쪽에서 여러 대의 항공기가 폭탄 재장착과 연료 보급 등을 어수선하게 진행했다. 미국 폭격기들이 일본 항공모함에 접근할 수만 있다면 폭탄 하나로도 의외의 큰 효과를 거둘 수 있는 상황이었다. 이런 와중인 오전 10시 30분, 미군 폭격기 일부 편대가 일본 항공모함에 접근해 폭격에 성공함으로써 일본의 주력 항공모함 2척이 심각한 연쇄 폭발로 침몰했다.

하지만 야마모토 사령관은 후퇴하지 않고 남은 항공모함 2척을 중심으로 2차 공격을 전개하라고 지시했다. 일본의 2차 공격으로 첫 번째 희생양이 된 것이 항공모함 요크타운이었다. 교전 초반에도 성능이 완전하진 않았지만, 일본 항공기들의 연쇄 공격으로 기동이 불가능할 정도로 심각한 피해를 입었다. 이에 인근 함정들의 호위를 받으며 저속으로 후퇴하던 중 일본 항공기들의 연쇄 폭격과 어뢰 공격을 받아 급기야 기동이 완전 불가능한 상태에 빠진 것이다.

미국 항공모함들도 공격기를 대규모로 발진시키며 일본 항공모함을 집중 공격했다. 실전 경험이 부족한 조종사들의 실수와 지휘 혼란으로 공격의 실효성은 크게 떨어졌지만, 지속된 공격으로 마침내 일본 항공모함 히류飛龍를 침몰시키는 데 성공한다. 이어 일본의 전함과 순양함 등을 추가로 침몰시켰다. 하지만 미국은 야간작전이 시작되면 전투에서 무척 불리해질 것으로 판단하고 항공모함들을 급히 후퇴시키는 결

일본의 공격으로 피격되는 요크타운

미군의 공습으로 침몰되기 직전의 히류

정을 내렸다. 수상함 세력이 절대적으로 약세인 데다가 야간에는 함재기 운용이 사실상 어렵기 때문에 작전이 가능한 새벽까지 후퇴하기로 결정한 것이다.

그 반면, 주력 항공모함 4척을 잃고 분기탱천한 야마모토 사령관은 알류샨열도에서 작전 중인 북방함대까지 합류하도록 지시하고 후퇴하는 미국 함대를 추격하라고 지시했다. 하지만 북방함대는 너무 멀리 떨어져 있었고 미국 함대는 한참 멀리서 달아나고 있었다. 이에 야마모토 사령관은 6월 5일 자정, 미국 함대에 대한 추격을 중단하고 미드웨이 공격도 중단한다고 선언할 수밖에 없었다. 그 대신, 북방함대가 예정했던 애투와 키스카 섬 상륙을 실시해 미드웨이해전의 패전을 가리기 위한 명분을 마련했다. 다음 날, 날이 밝자 미국 함재기들이 다시 날아와 일본 함대를 일부 공격하며 산발적 전투가 이어졌다. 하지만 일본 주력부대가 이미 퇴각한 상황이었기 때문에 실제 전투는 거의 없었다. 일본도 가까스로 예인되어 가고 있던 미국 항공모함 요크타운을 어뢰로 완전 수장시킴으로써 패전의 울분을 어느 정도 달랬다.

6월 7일까지 이어진 미드웨이해전에서 일본은 항공모함 4척(아카기赤城, 히류, 소류蒼龍, 가가加賀) 및 순양함 1척(미쿠마三隈) 침몰, 항공기 248대 피격, 총 3057명 전사라는 엄청난 피해를 입었다. 미국은 항공모함 1척(요크타운)과 구축함 1척(함만Hammann)이 침몰하고, 항공기 147대 피격, 총 307명이 전사하는 피해를 입었다. 미국은 적은 희생으로 미드웨이를 지켜 냈을 뿐만 아니라 수상함 간 포격전 없이 항모에 탑재한 항공기만으로 일본의 대공세를 막아 냈다. 게다가 일본의 주력 항공모함 4척을 완전히 격침시킴으로써 태평양의 제해권을 장악하고 전세를 역전시킬 수 있는 중요한 계기를 마련했다. 미드웨이를 거점으로 과달카날Guadalcanal 섬이나 솔로몬Solomon제도에 대한 공격도 전개할 수 있게 된 것이다. 게다가 일본을 상대로 한 대규모 해전에서 다른 연합국의 도움 없이도 최초로 승리함으로써 연합국 전체의 사기를 크게 고양시킬 수 있었다.

하지만 일본은 근대식 해군으로 싸워 패배한 최초의 전투라는 불명예를 떠안아야 했다. 청일전쟁(1894~1895)과 러일전쟁(1904~1905)의 승리를 견인하며 연전연승하던 제국 해군 입장에서 처음으로 중요한 전투에서 씻을 수 없는 패배를 맛본 것이다. 더구나 태평양의 제해권을 미국에 내주게 되면서 그동안 공세적으로 전개하던 전략을 점차 방어적으로 전환해야 했다.

미국 해군의 이유 있는 승리

압도적 전력의 우세에도 불구하고 일본이 패배한 배경에는 여러 가지가 있다. 역사가들은 진주만 기습 성공에 도취되어 있던 일본 해군의 안이한 태도, 공격 일변도의 전략과 융통성 없는 작전 운용, 지나치게 복잡한 부대 편성, 적에 대한 과소평가와 부실한 보안 의식, 적을 탐지해 내는 레이다의 부재, 기습에 집착하는 공격 행태 등을 그 배경으로 꼽는다. 각자의 관점에 따라 실패의 원인을 지적했지만, 거의 대부분이 동의하는 실패의 이유는 미드웨이해전에 임한 일본 해군의 전략적 사고의 한계다.

1905년 러일전쟁에서 러시아의 발트 함대를 상대로 벌인 쓰시마해전 승리 이후 유지해 오던 전략적 사고에 너무 집착했다는 것이다. 즉, 결정적인 해전 한 번으로 전쟁을 끝낼 수 있고, 이를 위해서는 적절한 시간과 장소를 선정해 많은 연구와 준비를 하는 쪽이 절대적으로 유리하다는 생각이었다. 그리고 병력과 화력을 집중해 공격하는 쪽이 절대적으로 유리하다는 판단이었다. 이러한 전략적 사고는 1941년 12월 진주만 기습 성공으로 다시 입증되었다. 하지만 미드웨이해전처럼 드넓은 태평양에서 원하는 시간과 장소를 마음대로 선택해 싸우는 일은 현실적으로 쉽지 않았다. 전투의 승패는 수많은 변수와 우연 들이 복합적으로 조합되어 결과로 나타나는데, 미드웨이해전의 패배에는 융통성 없는 전략·전술이 커다란 원인이 된 것이다.

그 반면, 미국은 일본의 취약점을 이용해 전략·전술을 효율적으로 적용한 데다 장병들의 과감한 공격 정신과 우수한 레이다, 정보의 우세, 뛰어난 함정 보수 능력 등의 요인으로 승리했다고 평가받는다. 그중에서도 모든 역사가가 동의하는 결정적 승리 요인이 바로 정보의 우세였다. 미국은 전력 열세를 극복하기 위해 꼭 필요한 시기에, 꼭 필요한 지역에만 병력을 사용할 수밖에 없었는데, 정보의 우위를 통해 이를 효율적으로 실현했다는 것이다.

사실 2차 대전 이전부터 미국은 일본의 외교 암호를 상당 부분 해독했다. 미국 해군의 특수통신단(CSU)과 육군 신호정보단(SIS)이 일본 외무성과 해외 주재 대사관이 주고받는 전문을 감청해 해독해 온 것이다. 이런 감청정보는 '매직MAGIC정보'로 불리면서 고위층에서만 극비리에 회람되고 활용되었다. 특히 미국은 1923년 일본 해군의 암호책자를 입수해 'RED암호'를 해독하고, 1930년대에 신형 'BLUE암호'도 해독했다. 또한 일본이 1939년 독일 에니그마 프로그램의 도움을 받아 사용하던 고난도의 'PURPLE암호'까지 어느 정도 해독했다. 하지만 일본 해군에서 사용하던 암호는 거의 해독하지 못했다. 일본 해군이 PURPLE암호를 사용하지 않고 'JN-25'라는 별도 암호체계를 사용했기 때문이다. 이것이 1941년 12월 진주만 기습을 탐지해 내지 못한 결정적 원인 중 하나였다. 하지만 그 후 미국은 일본 해군의 암호체계 해독을 위해 각별히 노력했다.

일본 해군의 암호체계 해독을 위해 미국이 설치한 미군 최초의 조직이 1922년 해군 참모총장 산하의 'OP-20-G'이다. 소위 '해군 통신실 제20과 통신보안 G반'으로 불리는 암호 해독 부대다. 이 부대는 2차대전 직전에 일본 해군의 암호를 어느 정도 해독할 수 있는 수준까지 발전했지만, 진주만 기습 당시에는 해독 능력이 완전한 수준에 미치지 못했다. 하지만 진주만 기습 직후 조직을 대폭 정비하고 역량을 강화해 나갔다.

이런 각고의 노력 끝에 미국은 1942년 2월 일본 해군의 JN-25를 해독하는 데 성공한다. 이런 해독정보는 당장 미군이 1942년 5월 남태평양 산호해해전에서 오스트레일리아 해군과 연합해 일본의 공세를 저지하는 데 커다란 도움을 주었다. 당시 항공기를 이용한 정찰정보도 전투를 지휘하는 데 많은 도움을 주었지만 광활한 태평양을 모두 항공기로 커버할 수는 없었다. 태평양에서 만큼은 다른 어떤 정보보다도 통신정보가 확실한 도움이 된 것이다.

당시 태평양함대의 암호 해독 업무는 하와이 진주만에 위치한 'HYPO' 수신소에서 담당했다. 로쉬포르James Rochefort 중령 지휘하의 HYPO 수신소는 일본군 통신망을 주로 감청하고, 필리핀에 별도 설치한 'CAST' 수신소와 긴밀 협력하는 체제로 운영됐다. 필리핀이 1942년 4월 일본에 함락된 이후에는 CAST 수신소를 오스트레일리아 멜버른으로 옮겨 감청 업무를 계속했다. 이들 수신소는 워싱턴에 위치한 'NEGAT' 수신소와 함께 일본 무선통신을 감청해 신호정보의 양과 발신지를 분석하고 전문의 암호를 해독하는 역할을 담당했다. 이 세 수신소는 서로 독립 부대로 활동했지만 하와이의 HYPO 수신소가 중심 역할을 수행하며 서로 긴밀히 협력했다. 당시 일본 해군의 통신을 수신해도 메시지의 상당 부분을 해독하지 못했기 때문에 상호 협조는 무척 중요했다. 당시 미국은 일본 해군 통신문의 약 60퍼센트만을 감청하고 감청된 분량의 약 40퍼센트만을 해독하는 상황이었다. 해독 못 한 메시지 대부분은 일본어 및 일본 정세를 잘 아는 분석관들에게 전달해 합동 분석 자료로 활용하거나 더 완전한 정보로 만드는 데 활용했다.

진주만 기습을 당한 직후 태평양함대 사령관으로 부임한 니미츠 Chester William Nimitz(1885~1966) 제독은 HYPO 암호반의 통신정보를 무척 중요하게 생각했다. HYPO 보고서를 토대로 미드웨이가 일본의 차기 공격 목표가 될 가능성이 크다고 판단한 그는 통신정보 담당 장교들에게 신속·정확한 보고를 늘 강조했다. 정보장교들의 보고를 정례화하고 '일본군 움직임을 정확히 보고하는 것이 귀관들의 임무고, 상황을 판단해 적절한 대응책을 취하는 것은 나의 몫'이라며 특히 강조했다. 미드웨이해전 직전에는 다음과 같이 지시할 정도였다.

귀관들은 내 참모진 속에 있는 나구모 제독(일본 해군 제1항공함대 사령관)이 돼야 한다. 나구모 제독이 취할 사고와 행동을 나에게 보여 줘야 한다. 일본군 입장에서 전쟁 목표와 작전 운용 관련 사항을 판단하고 그들이 무엇을 생각하고 어떤 목적으로 무슨 행동을 취할 것인지 조언해야 한다. 귀관들이 그렇게 하는 것이 바로 이 전쟁에서 승리하는 정보를 나에게 제공하는 방법이다.

니미츠 사령관은 HYPO 암호반의 보고서를 토대로 5월 중순 미드웨이가 일본의 주공격 목표가 될 것으로 추정했다. 미드웨이 공격에 앞서 미군의 주의를 끌기 위한 양동작전으로 알류산열도에 대한 공격도 있을 것으로 예상했다. HYPO 암호반을 통해 일본 해군의 암호를 더 세부적으로 분석한 후 이런 판단은 더욱 확고해졌다. '일본군이 6월 3일 알류산열도를 공격한 다음 6월 4일 미드웨이 서북방 175마일 지점에서 06:00경 미드웨이를 공격할 것'이라고 HYPO 암호반이 보고한 것이다. 이에 따라 그는 알류산열도를 방어하는 작전에는 항공모함 없이 순양함과 구축함만으로 기동부대를 편성해 파견했다. 어차피 알류산열도는 양동작전에 가까운 조공이었으므로 그 정도로도 충분하다고 판단한 것이다.

당시 워싱턴 수뇌부는 알류산열도가 주공격 목표일지 모른다는 의견을 제시하며 좀 더 많은 병력을 파견해야 한다고 주장했다. 하지만 니미츠 사령관은 주공격 목표를 미드웨이라고 확신하면서 계획을 밀어붙였다. 물론 니미츠 사령관도 판단이 틀릴 수 있다는 불안감을 갖고 있었다. 특히, 일본이 일부러 허위정보를 흘려 자신의 판단을 엉뚱한 곳으로 돌릴 가능성을 우려했다. 가용한 전력 자체가 심각한 열세였기 때문에 엉뚱한 지역에 대한 병력 배치는 사실상 자살 행위와 마찬가지임도 너무나 잘 알았다. 하지만 그는 미국이 암호를 해독하고 있다는 사실을 일본이 전혀 눈치채지 못한다고 확신한 상태에서 계획을 끝까지 밀어붙였다.

또한, 그는 미드웨이 방어에 필요한 병력을 최대한으로 동원하려고 노력했다. 인도양에서 작전 중인 영국 해군까지 동원하려는 그의 생각은 영국 측 반대로 실현되지 못했지만, 육군 항공대를 포함한 가용 전력을 최대한 동원했다. 훈련이 부족하고 해상 전투에 익숙하지 않은 조종사들이 많았지만, 최대의 병력을 확보해 최악의 상황에 대응하는 체제를 갖추는 것은 무엇보다 중요했다. 산호해해전에서 심각한 피해를 입고 5월 27일 귀환해 최소 세 달은 수리해야 한다는 항공모함 요크타운도 3일 내에 최소한의 수리만 하게 하고 떠밀다시피 출항시켰다. 수리가 덜 된 부분은 작전을 수행하면서 수리하도록 보수 요원까지 승선시켜 작전 지역으로 내보냈다. 이번이 아니면 다음은 의미가 없고, 태평양에서는 더 이상 물러설 곳도 없다고 판단했기 때문이다.

천만다행으로 일본 해군은 HYPO 암호반이 보고한 일정대로 움직였다. 6월 3일 일본의 알류샨열도 공격은 예상대로 시작되었다. 이어 미드웨이에서 발진한 정찰기가 일본군 함대의 본진을 발견했다는 사실을 보고해 왔다. 이제 니미츠 사령관은 일본 함대의 약점을 이용하는 방향으로 사전에 준비한 작전을 더욱 자신 있게 실행할 수 있게 된 것이다. HYPO 정보가 니미츠 사령관의 효율적 부대 운영과 성공적 작전 수행에 결정적으로 기여했다.

좌표 'AF'의 위치를
확인하라

니미츠 사령관의 작전 성공에 결정적으로 기여한 것은 일본 해군의 암호문에서 해독하지 못했던 부분을 끝까지 추적해 낸 HYPO 암호반의 역할이었다. 1942년 5월 20일, 미국은 일본의 야마모토 사령관이 예하부대에 하달한 미드웨이 작전 계획 내용을 감청했다. 일본 해군이 대규모 연합함대를 구성해 'AF'에 대한 상륙작전을 전개할 것이라는 요지였다. 알류샨열도에 대한 공격이 6월 3일, AF에 대한 공격이 6월 4일 개시될 것이라는 일정 계획도 포함되어 있었다.

하지만 이를 감청한 미국은 일본이 언급한 AF가 도대체 어디인지 알 수 없었다. 6개월 전 진주만 기습을 당했을 때에도 일본이 모종의 군사행동을 할 개연성이 무척 높다는 것은 알았지만 완벽한 정보를 기다리다가 경보에 실패한 적이 있었다. 그 때문에 미국 암호 해독반은 어떻게 해서든 AF의 의미를 확인하고자 했다. 하지만 아무리 분석해도 추정은 할 수 있을지언정 확신을 할 수가 없었다. 일본 해군이 사용하는 좌표의 부호를 알 수 없었기 때문에 완전한 해독에는 한계가 있었다.

공격 목표 AF가 어디냐에 대한 의견은 미군 지휘부 내에서도 분분했다. HYPO 암호반은 AF가 미드웨이라고 판단했지만, 일부 지휘관은 하와이의 오아후Oahu일 가능성이 높다고 보았고, 육군에서는 샌프란시스코라고 주장하기도 했다. 워싱턴 암호반에서는 AF가 통신부호로서 특정한 위치를 나타내는 것이 아니기 때문에 일본 수신소가 없는 미드웨이는 절대 AF가 될 리 없다고 주장했다. 게다가 다른 수신소에서 상반된 첩보도 몇 차례 수신되던 관계로 판단은 더욱 혼란스러울 수밖에 없었다.

이런 상황에서 HYPO 수신소의 책임자인 로쉬포르 중령이 기가 막힌 아이디어를 냈다. 일본군 스스로 정확한 AF의 위치를 실토하도록 유도하자는 것이었다. 이에 로쉬포르 중령은 니미츠 사령관의 허락을 받아 하와이와 미드웨이 간 해저 유선통신망을 통해서 미드웨이 기지장에게 다음과 같은 전문을 평문으로 보냈다. "…제14해군 통신대로 '담수 장치 고장으로 식수가 필요하니 조속히 보급해 주기 바람'이란 메시지를 평문으로 발송"하도록 지시한 것이다. 이에 미드웨이 기지장이 하와이로 이 같은 내용의 무선 전문을 평문으로 발송하자 HYPO 암호반도 평문으로 "식수 선박을 최단 시간 내에 보낼 예정이니 참고 바람"이라고 타전했다.

이 메시지를 보낸 후 태평양의 미군 수신소들은 일본 해군의 통신을 집중적으로 감청하기 시작했다. 그러던 중에 오스트레일리아 멜버른의 수신소가 드디어 월척을 낚아 올렸다. 남태평양의 일본 해군 통신부대가 "AF에 식수가 부족하다 함"이란 메시지를 도쿄의 해군 본부에 보고한 내용을 감청한 것이다. 일본의 공격 목표인 AF가 미드웨이임을 일본 해군 스스로 실토하도록 하고 이를 확인한 순간이었다.

당시 일본은 보안을 이유로 암호표를 수시로 변경해서 활용했다. 미국이 AF의 위치를 확인한 시기에도 정상적으로는 암호를 변경해야 했으나 일본은 웬일인지 신형 암호표 활용을 미루었다. 미국이 신형 암호표를 아직 해독하지 못했기 때문에 일본이 조금만 더 일찍 교체

했다면 미국은 해독할 수 없거나 해독했더라도 시간이 한참 걸릴 수밖에 없었다. 하지만 일본은 미국이 AF의 위치를 확인하고 난 이후인 5월 28일에야 비로소 암호표를 변경했다. 미국 입장에서는 천만다행이었다.

그뿐만 아니라 당시 일본 통신부대의 누군가가 '미국이 왜 갑자기 이런 내용을 평문으로 전송하지?'라는 의문을 제기했다면 상황은 완전히 달라졌을 것이다. 통신 실무자부터 고위급까지 보고 과정 중 어느 누구라도 이런 문제를 제기했다면 미드웨이해전은 물론이고 태평양전쟁 전체의 흐름도 상당히 다른 방향으로 바뀌었을 수 있다. 왜냐하면 미국은 미드웨이해전에서 거의 완벽한 정보를 갖고 있으면서도 일본 해군을 가까스로 격퇴했기 때문이다. 하지만 미국 입장에서는 천만다행으로, 일본 해군에서 이런 의문을 제기하는 사람은 없었다. 미국이 기획해서 던져 준, 독이 든 사과를 일본 해군이 아무 의심 없이 넙죽 받아먹은 셈이다.

AF의 위치를 확인한 니미츠 사령관은 미국의 장점을 살리면서도 일본의 취약점을 공략할 수 있는 방향으로 작전을 계획했다. 일본 야마모토 사령관이 이끄는 연합함대의 구성, 주요 항로, 공격 목표 등을 이미 알고 있었기 때문에 불확실성을 최대한 배제한 채 작전 계획을 세울 수 있었다.

그의 작전 준비에서 첫 번째 조치는 미드웨이를 완전무장시키는 것이었다. 원래 미드웨이는 최전방 요충지인 관계로 어느 정도 무기가 배치되어 있었다. 하지만 이제 일본의 공격 목표로 명확히 확인된 만큼 더욱 견고한 방어 기지로의 전환이 필요했다. 이에 그는 미드웨이 주둔 해군과 해병대 지휘관에게 기지 방어에 필요한 요청 목록을 상세히 보고하도록 지시하고 그들이 요청한 품목 이상의 장비까지 지원하며 방어 역량을 대폭 보강했다. 기지 지휘관의 계급도 중령에서 대령으로 임시 승진시켰다. 육군 항공기를 포함해 동원 가능한 항공기도 최대한 배치했다. 섬 전체의 4분의 1을 차지하는 비행장에 각종 항공기 124대를 요소요소에 포진시킨 것이다. 일본에 비해 열세인 항공모함 전력을 커버하기 위해서는 미드웨이 기지를 불침 항모로 변환시킬 필요가 있었기 때문이다.

두 번째 조치는 일본 함대를 공략할 최적의 위치로 미드웨이 동북방 해역을 선택해 항공모함 3대를 사전 배치하는 것이었다. 니미츠는 일본이 수적인 우위를 이용해 4개의 기동함대로 나누어 공격할 것임을 알고 있었다. 그래서 태평양함대 항공모함 3대가 일본의 기동함대를 하나씩 담당해 상대하고, 나머지 하나는 미드웨이 섬에서 발진한 항공 전력으로 커버하도록 했다. 미국 항공모함이 일본 항공모함보다 항공기를 많이 적재할 수 있다는 이점도 최대한 활용해, 전력 열세를 만회하도록 했다. 일본의 기동함대가 서로 떨어져 작전하는 관계로 협조가 원활하지 못한 약점도 최대한 파고들도록 했다. HYPO 암호반의 사전 정보가 이처럼 상세한 작전 계획이 가능하도록 한 것이다. 그동안 미국의 어떤 해전에서도 이처럼 완벽한 사전 정보를 바탕으로 작전을 기획하고 추진한 적이 없을 정도였다.

엇갈린 미드웨이의
교훈

미드웨이해전의 승리는 미국에 엄청나게 큰 의미가 있었다. 1941년 12월 진주만 기습을 당하고 필리핀에서 일본에 항복하는 등 패전을 거듭하다가 대규모 전투에서 일본을 상대로 싸워 최초로 승리했기 때문이다. 그리고 미국은 승리의 이면에 정보의 역할이 결정적이었다는 점을 결코 경시하지 않았다. 미드웨이해전 교훈을 아래와 같이 평가하고, 이어지는 전쟁에 최대한 반영하도록 노력했다.

첫째, 실전에서 효율적인 정보 지원을 받기 위해서는 평상시 수집·처리·분석·배포의 전 과정을 효율적으로 수행하도록 훈련되어 있어야 한다. 미드웨이해전 이전에 HYPO 암호반이 일본의 무선통신을 감청·해독하는 능력을 갖추지 못했다면 미드웨이해전은 아마 반대의 결과로 나타날 수도 있었다. 일본어에 능통한 분석관들이 암호 해독과 분석 작업에서 역량을 발휘하지 못했다면 중요 정보의 상당 부분도 사장되거나 활용되지 못했을 것이다.

둘째, 지휘관들도 정보가 작전에 기여할 수 있도록 배려하고 노력해야 한다. 니미츠 사령관이 정보장교들로부터 주기적으로 보고받으며 적의 능력과 의도를 정확히 평가한 선례를 이어가야 한다는 것이다. 아무리 좋은 정보라도 지휘관이 활용하지 않고 외면하면 무용지물이 되기 때문이다.

셋째, 전략정보와 작전정보, 단순 상황정보가 통합적으로 분석되고 고찰될 때 승리를 뒷받침할 수 있다. 적의 의도에 대한 사전 정보가 있더라도 현장 지휘관은 중요한 순간에 판단이 흔들릴 수밖에 없다. 특히, 예정된 시간과 장소에 적이 나타나지 않을 때는 불안한 나머지 잘못된 판단을 하기 쉽다. 니미츠 사령관도 알류샨열도 공격이 적의 양동 작전임을 알았지만 공격이 임박한 시점에는 지휘부의 문제 제기에 불안함을 느낄 수밖에 없었던 이유다.

미드웨이의 교훈을 살려 나가려는 미국과 달리 일본의 태도는 너무나 이상했다. 실패의 교훈을 찾으려는 노력보다는 미드웨이해전 패배를 철저히 은폐하고 알류샨열도의 전과만을 부각시켰다. 정부나 군 내부는 물론이고 언론에도 패전 사실을 철저히 숨겼다. 그래서 1942년 6월 11일,《아사히 신문》이 〈동태평양 적 근거지 강습〉이란 제목의 기사에서 아래와 같이 보도할 지경이었다.

> 10일 오후 3시 30분 대본영에서 발표한 자료에 따르면, 동태평양 해역에서 작전 중인 제국 해군 부대는 6월 4일 알류샨열도의 적 거점 더치하버를 비롯한 열도 일대를 급습해 4일과 5일 이틀간에 걸쳐 반복적인 공격을 펼쳤다. 한편, 5일에는 태평양의 적 근거지 미드웨이에 맹렬한 공습을 감행했고 지원하러 온 미국 함대에도 맹공을 퍼부어 적 항공모함과 주요 군사시설에 엄청난 타격을 입혔다.

이어 신문은 "태평양의 전황이 이번 전투로 결판났다고 할 정도로 엄청난 전과를 거두었다"고 강조했다. 같은 날짜《요미우리 신문》은 "우리 제국의 방위 수역을 미합중국 서안까지 연장했다는 의미"라며 "전쟁사에 길이 남을 큰 전과"라고까지 극찬했다.

또한, 일본은 패전을 은폐하기 위해 미드웨이해전 참가 장병들을 격리시키고 일부는 사지로까지 내몰았다. 살아서 귀환한 조종사와 승조원 들을 연금시키고 외부와 접촉을 못 하도록 했다. 작전을 지휘한 지휘관들을 문책하지는 않았지만 중간 이하 간부들을 모두 연금시켜 버렸다. 부상을 입지 않아 장기 연금이 곤란한 장병들은 동남아 전선으로 배치해 패전 사실이 일체 외부에 누설되지 않도록 조치했다. 이런 보안 조치는 워낙 철저해서 정부 다른 부처는 물론이고 군부 내 육군 간부들조차 패전 사실을 인지하지 못할 정도였다. 이런 상황이었기 때문에 실패의 교훈을 찾아 상황을 개선해 보려는 노력은 찾아볼 수가 없었다. 이런 은폐는 적의 능력이나 전장 현실을 제대로 파악하지 못하게 만들었고, 이어진 과달카날전투 등에서도 패전하는 원인이 됐다.

좋은 정보를 가졌더라도 전투에서 승리가 보장되지 않는다는 말은 익히 알려진 금언이다. 수많은 힘이 한꺼번에 부딪쳐 치열하게 싸우는 전투에서는 결국 정보가 아니라 물리적 힘의 총합이 결과를 좌우하기 때문이다. 그런 면에서 미드웨이해전의 승리에서도 정보 이외의 다른 원인을 함께 고려할 필요가 있다. 하지만 분명한 점은 정보의 우세가 없었다면, 미국은 일본의 노림수에 걸려 엄청난 희생을 치르거나 고전을 면치 못했을 것이다. 일본의 양동작전에 속아 우왕좌왕했을 수도 있고 일본 함대를 대응하는 데 병력을 집중하지 못했을 것이다. 아마 해전의 결과가 달라졌을 수도 있다. 정보의 우세가 있은 덕분에 니미츠 사령관이 '신중한 결단, 병력의 집중, 과감한 공격'이라는 클라우제비츠의 전투 3요소를 실천해 승리를 쟁취할 수 있었다. 적에 대한 정확한 정보가 미드웨이해전에서 만큼은 결정적 승리의 원동력이 된 것이다.

니미츠 제독 스스로도 전쟁 후 '미드웨이해전 승리의 최대 공로는 통신 정보였다'고 인정할 정도였다.

미드웨이해전 후 미군 지휘관들은 암호 해독이나 정보를 그동안 별로 중요시하지 않던 자세에서 벗어나 정보를 군사작전의 중요한 요소로 간주하기 시작했다. 니미츠 제독이 미드웨이해전을 통해 좋은 선례를 남김으로써 정보에 대한 관심이 더욱 높아진 것이다. 이런 교훈과 경험을 바탕으로 미국은 이어진 전투에서 승리함으로써 2차 대전을 승리로 장식하고 마침내 세계의 지도국으로 도약할 수 있었다.

제2차 세계대전은 1939년부터 유럽·아시아·북아프리카·태평양 등지에서 독일·이탈리아·일본 중심의 추축국과 연합국이 싸운 전쟁이다. 독일은 1939년 9월 1일 폴란드 침공을 시작으로 파죽지세로 유럽 전역을 정복했다. 2주 만에 폴란드를 장악하고 1940년 6월에는 파리를 점령함으로써 1942년 중반까지 유럽 본토 전체를 지배했다. 일본의 진주만 공격으로 미국이 1941년 12월 참전했지만 미·영 연합군의 반격은 북아프리카와 이탈리아 남부에서 저지당했다. 연합군은 1944년 6월에야 겨우 로마를 해방시켰지만 유럽 본토 수복을 위한 진격은 독일의 완강한 저항에 막혀 진전이 없었다.

그중 서부전선 전쟁의 흐름을 바꾼 것이 1944년 6월 6일 아이젠하워 장군이 이끈 노르망디상륙작전이었다. 상륙작전 직후를 포함해 무려 133만 명이란 병력을 동원해 독일 주력부대가 방어하는 유럽 중심부를 직접 파고드는 지상 최대의 모험이었지만 치밀한 정보전과 양동작전 덕분에 성공할 수 있었다. 작전 성공으로 연합군은 8월에 파리를 해방시킨 데 이어 독일 본토로 빠르게 진격해 들어갔다.

노르망디상륙작전이 성공한 것은 무엇보다 보디가드 작전으로 불린 기만작전의 성공에 기인한다. 이를 통해 독일 주력군의 경계심을 완전히 엉뚱한 시간과 장소로 돌릴 수 있었기 때문이다. 히틀러가 상륙 지역을 노르망디가 아닌 칼레 북부라고 오판해 엉뚱한 곳에, 그것도 엉뚱한 시간에 주력 방어부대를 배치하도록 한 것이다.

이런 기만작전의 성공에는 영국의 압도적 정보력이 바탕이 됐다. 영국은 더블크로스 시스템으로 불린 이중첩자 공작을 통해 독일군 지휘부에 기만정보를 흘려서 이를 믿도록 했다. 그리고 독일군의 지휘 통신을 감청한 울트라정보를 통해 독일이 실제 기만정보를 얼마나 신뢰하고 어떻게 움직이는지 끝까지 확인했다. 정보력 우세를 바탕으로 독일군 지휘부를 완전히 농락한 셈이다.

제2차 세계대전
보디가드 작전과
더블크로스 시스템

2차 대전과
노르망디상륙작전

1939년 9월 1일, 독일이 폴란드를 침공함으로써 2차 대전은 공식 시작되었다. 하지만 그 전에 독일은 이미 오스트리아를 합병(1938년 3월)하고 체코슬로바키아를 해체해 보호령(1939년 3월)으로 만들었다. 전쟁이 시작된 후에는 공군과 기계화부대를 앞세운 전격전(Blitzkrieg)을 통해 2주 만에 폴란드를 점령하고 1940년 6월 파리를 점령해 숙적 프랑스의 항복을 받아 냈다. 1941년 초에는 섬나라 영국을 제외한 유럽 대륙 전역을 석권했다. 북아프리카에서 이탈리아가 영국군에 고전하자 로멜Erwin Rommel(1891~1944)이 이끄는 기계화 정예부대를 파견해 전세를 역전시킴으로써 지중해 전역까지도 사실상 장악했다. 1941년 6월 22일에는 바르바로사Barbarossa 작전을 감행하며 소련을 공격했다. 9월에는 모스크바와 레닌그라드 근방까지 파죽지세로 밀어붙였고, 10월에는 우크라이나를 점령했다. 대서양 건너 미국이 고립주의를 유지하며 유럽 전쟁에 거리를 두고 있을 때 서유럽에서는 영국만이 홀로 막강한 독일에 맞서는 상황이었다.

1941년 12월 7일, 일본의 진주만 공격으로 미국이 참전하면서 전쟁은 새로운 국면을 맞는다. 미국은 1942년 5월 산호해해전에서 일본 해군의 진격을 저지한 데 이어 6월 미드웨이해전에서 승리함으로써 태평양전쟁을 수세에서 공세로 전환했다. 11월에는 아이젠하워Dwight David Eisenhower(1890~1969) 장군이 이끄는 미·영 연합군이 북아프리카 튀니지에 상륙해 독일·이탈리아 동맹군을 밀어붙이기 시작했다. 동부전선에서는 1943년 2월 소련군이 스탈린그라드 전투에서 독일군에 결정적 승리를 거두어 전쟁의 흐름을 서서히 역전시켜 나가기 시작했다.

하지만 서부전선에서 미·영 연합군의 진격 속도는 독일군의 완강한 저항에 막혀 느려졌다. 전쟁이 공식 시작된 지 5년째가 되는 1944년 6월, 연합군은 이탈리아 로마를 겨우 해방시키고 북진을 계속했다. 하지만 이탈리아 북부 산악 지대에 진을 친 독일군 주력부대의 완강한 저항에 막혀 진격 속도는 느려지고 연합군 사상자 수는 기하급수적으로 늘어 갔다. 이런 상황에서 1944년 6월 6일, '대군주(Overlord) 작전'으로 명명된 노르망디상륙작전이 개시된다.

노르망디상륙작전은 루스벨트·처칠·스탈린이 1943년 5월 워싱턴회의에서 최초로 논의했다. 이후 11월 카이로회담에서 관련 내용을 추가로 논의하고 테헤란에서 재차 만나 프랑스 해안에 제2전선을 열기로 합의하면서 구체적으로 계획을 세우기 시작했다. 사실 제2전선 형성은 동부전선에서 독일군의 공세를 혼자 감당하기 어렵던 스탈린이 1942년부터 미국과 영국에 줄기차게 요청해 온 사안이었다. 미국이나 영국도 스탈린의 요구를 들어주지 않으면 소련이 독일에 패하거나 히틀러와 또 다시 평화협상을 체결할 가능성이 있다면서 우려했다. 더 이상 미룰 수 없는 문제라고 판단한 것이다.

하지만 독일군이 철옹성을 이루고 있는 유럽 본토를 상륙작전으로 들어가 제2전선을 형성하는 것은 너무나 큰 모험이었다. 상륙작전은 미국과 영국군 이외에도 캐나다·프랑스·오스트레일리아·폴란드·노르웨이 등 8개국에서 동원된 15만 6000명이라는 사상 최대 규모의 인원이 참여하는 것으로 계획됐다. 당시 주변 지역을 제외하고 노르망디 해역만을 방어하는 독일군 규모는 약 1만 명 정도에 불과했다. 하지만 연합군은 완전히 노출된 상태로 해안에 접안했다가 진지에 매복한 적을 제압해야 했기 때문에 엄청난 희생을 감수해야만 했다. 해안에 상륙하더라도 확실한 교두보를 구축하기 전까지 후방에 산재한 독일군에게 대대적 반격을 받게 될 경우 상륙군 전체가 몰살당할 위험성도 있었다. 더군다나 당시 해안 지역은 독일군 전격전의 대명사이자 '사막의 여우'로 불리던 로멜 원수가 지휘했다. 노르망디 후방의 프랑스 지역은 폴란드와 프랑스 침공을 성공적으로 이끈 룬트슈테트Karl Rudolf Gerd von Rundstedt(1875~1953) 원수가 지휘했다. 이런 위험성을 극복하고 작전을 성공시키기 위해 연합군은 영국군 모건Frederick Edgworth Morgan(1894~1967) 중장의 지휘하에 6개월이 넘도록 치밀하게 작전을 준비했다.

육·해·공군을 망라한 입체 작전으로 기획된 상륙작전은 1944년 6월 6일 두 단계로 나누어 진행됐다. 먼저 6월 5일 자정부터 1133대의 항공기가 셰르부르Cherbourg와 센Seine 강 사이 해안에 5900여 톤을 투하해 폭격하고, 6일 새벽을 즈음해 2만 4000여 명에 달하는 공수부대를 해안 지역에 투하했다. 상륙 지역에 주둔하는 적의 방어부대를 무력화시킴으로써 곧이어 진행될 상륙작전의 희생을 최소화하고자 한 것이다. 이어 날이 밝자마자 약 5000여 선박에서 보병과 기갑부대로 구성된 대규모 상륙부대가 7개 권역으로 구분된 해안에 차례로 상륙했다. 악천후 속에서도 약 1200여 대의 항공기를 출격시켜 해안과 인접한 독일군 비행장 및 유류 저장고, 군사시설 등을 타격하고 노르망디로 연결된 도로·철도 등을 집중 타격함으로써 독일군 후방 부대의 증원도 차단했다. 상륙작전 개시 후 교두보를 마련하는 과정에서 독일군의 저항이 만만치 않았지만 연합군은 6월 말 프랑스 남서 해안에 확고한 교두보를 구축하는 데 성공했다.

상륙작전 성공에는 나쁜 날씨가 오히려 도움이 됐다. 디데이D-day 이틀 전인 6월 4일부터 작전 해역에선 강풍과 높은 파도로 상륙정을 발진시킬 수 없었고, 안개가 자욱해 항공기의 활동도 거의 불가능했다. 상식적으로는 작전을 취소하고 해상에 대기 중인 함선을 모두 항구로 회항시켜야만 했다. 하지만 엄청난 인원과 장비가 바다에 떠 있는 상황이고, 만조 시기를 맞춰 다음 상륙작전을 감행하기까지는 적어도 한 달을 또 기다려야 했기 때문에 이조차도 쉽지 않았다.

이에 6월 5일, 연합군 총사령부 회의실에서 최종 검토회의가 열렸다. 당시 아이젠하워 사령관은 일부 지휘관의 반대에도 불구하고 상륙작전을 강행하기로 결정했다. 6월 6일, 실제 작전에서 항공기를 계획대로 운용하지 못함으로써 작전에 차질이 생기고 적의 해안 진지를 파괴하는 데 많은 어려움을 겪기도 했다. 하지만 이런 악천후가 결과적으로

프랑스 서부 해안에 설치된 독일군의 대서양 방벽(Atlantic Wall)을 시찰하는 로멜

작전에 엄청난 행운을 가져다 주었다. 해안을 방어하던 독일군 병력들이 악천후로 인해 당분간 연합군의 상륙작전이 불가능할 것으로 판단하고 경계심을 완전히 풀고 있었기 때문이다.

노르망디상륙작전이 준비될 즈음 독일도 연합군의 상륙작전이 임박했다는 정보를 입수하고 해안 방어를 강화했다. 하지만 상륙작전 당일 해상의 파도가 너무 높고 안개까지 끼어 적어도 며칠간은 상륙작전이 불가능하다고 판단했다. 많은 고위 지휘관이 부대를 떠나 가족을 방문하고 일부 부대는 경계령을 일시 해제하기도 했다. 해안선 방어를 책임진 로멜 원수는 아내 생일을 이유로 독일로 귀가해 작전 현장에 있지도 않았다. 다른 많은 지휘관도 연합군의 침공에 대응하는 모의전 훈련 등을 이유로 임무 지역을 떠나 있었다.

이러한 예상 밖 행운 등으로 노르망디상륙작전을 성공시킨 연합군은 독일의 저항을 비교적 쉽게 물리치고 빠른 속도로 진격해 8월 25일 파리를 해방시켰다. 이후 진격을 계속하다 12월 중순 벨기에 아르덴Ardennes에서 독일군의 대대적 반격을 받아 고전하기도 했으나, 1945년 2월 독일군의 저항을 제압하고 다시 진격을 계속했다. 3월에는 라인Rhein 강을 건넜고 4월 25일에는 엘베Elbe 강 다리 위에서 계속 서진해 오던 소련군 선두부대와 처음으로 접촉했다. 그리고 히틀러가 스스로 목숨을 끊은 직후인 5월 7일, 독일군 대표에게 무조건적 항복을 받아 냈다. 5년 8개월에 걸친, 인류 역사상 가장 치열했던 전쟁을 마침내 승리로 마무리한 것이다.

보디가드·포티튜드 작전의
완벽한 성공

노르망디상륙작전은 치밀한 작전 기획과 날씨 덕도 있었지만, 무엇보다 '보디가드'로 명명된 기만작전이 독일군의 주의를 엉뚱한 곳으로 돌리는 데 성공한 덕분에 가능했다. 상륙작전 지역과 실행 시간을 독일군 지휘부가 엉뚱하게 인식하도록 만들고, 상륙작전이 시행된 이후에는 독일군 지원 병력 투입을 최대한 지연시키려는 목적에서 보디가드 작전은 추진됐다. 이 작전을 위해 연합군은 1943년 런던통제단(LCS, London Controlling Section)이란 조직을 구성하고 상륙작전이 실제 기획된 시간보다 훨씬 늦게, 그리고 장소도 노르망디가 아니라 도버Dover 해협의 반대편 칼레Calais, 발칸 반도, 남프랑스, 노르웨이 등 여러 곳에서 이루어질 것처럼 기만작전을 전개했다. 소련군이 불가리아 및 노르웨이 북부로 상륙해 독일로 침공해 들어가는 것도 기만작전에 포함됐다. 이러한 분야별 기만작전은 쟈엘Jael 작전, 포티튜드Fortitude 작전, 그래팸Graffham 작전, 아이언사이드Ironside 작전 등의 명칭으로 추진됐지만, 가장 중요하고 또 성공적으로 추진된 것이 포티튜드 작전이었다.

포티튜드 작전은 남 포티튜드와 북 포티튜드로 구분해 이뤄졌다. 먼저 북 포티튜드는 용병을 중심으로 가상의 부대 '영국 제4군(Fourth Army)'을 만들고 이 부대가 스코틀랜드 북부의 에든버러Edinburgh와 잉글랜드 남부에 배치돼 노르웨이 해안으로 상륙을 준비 중인 것으로 만들었다. 노르망디상륙작전이 감행된 이후에도 독일군 주력부대의 프랑스 증원을 막기 위해 기만작전은 계속됐다. 이 작전을 위해 스코틀랜드 에든버러 성에 가상의 제4군 사령부를 위치시키고 사령부 직원들의 결혼식과 축구경기 결과 등을 수시로 언론에 흘려 부대의 동향이 보도되도록 했다. 사령부가 스코틀랜드에 위치한 관계로 독일군 정찰기가 접근하기 어렵고 독일의 무선 감청 시설도 근처에 별로 없는 현실을 감안해 제4군 움직임을 독일에 알리려고 추진한 의도적인 조치였다.

1944년 봄에는 영국군 특수부대가 노르웨이 해안으로 침투해 독일군이 점령한 군사시설과 전력망을 파괴함으로써 상륙작전이 실제 준비되고 있는 것처럼 상황을 조성하기도 했다. 영국 외교관들에게는 노르웨이와 스웨덴 정부에 접근해 상륙작전 준비와 관련된 협상을 실제로 전개하도록 했다. 당시 중립을 선언한 스웨덴에는 정찰 임무를 위한 항공기의 영공 통과와 불시착 항공기의 급유 문제 등을 협상토록 지시했다. 약 25만 개에 달하는 스키 장비 구매 신청서를 직접 발송함으로써 상륙을 위한 행정 절차가 구체적으로 진행되는 것처럼 가장하기도 했다. 이런 협상은 실제로 별 진전을 이루지 못하고 지지부진하기는 했지만, 움직임이 모두 독일군 지휘부에 보고된다는 것을 고려한 조치였다. 이런 노력의 결과, 히틀러는 노르망디상륙작전이 실제 이루어지는 순간까지도 13개 주력 사단을 노르웨이에 그대로 주둔시켰다. 오지도 않을 연합군의 상륙작전에 철저히 대비하라는 엄중한 지시와 함께 말이다.

두 번째인 남 포티튜드 작전은 7월경 도버 해협 건너 칼레로 연합군 주력부대가 상륙할 것처럼 믿도록 기만하는 계획이었다. 칼레는 영국에서 프랑스까지 최단 거리이기 때문에 설득력이 있었고 독일도 실제로 가장 많은 방어 병력을 칼레에 집중 배치했다. 이를 위해 연합군은 패튼George Smith Patton(1885~1945) 장군 지휘 아래 '미 제1군(First Army Group)'을 가상으로 만들고 영국 남부 켄트Kent 지역에 주둔해 상륙작전을 준비하는 것처럼 상황을 조성했다. 이를 위해 탱크와 트럭, 비행기 등을 수없이 모형으로 만들어 해안가에 배치하고 독일군 항공기 정찰에 의도적으로 노출시켰다. 캐나다 제2군이 실제 이 지역으로 이동

1943년 10월 영국 남부에 비치된 모형 비행기(Douglas A-20 Havoc)

해 합세하는 것처럼 움직여 엄청난 상륙군이 집결하는 것으로도 상황을 조성했다.

이와 더불어 독일에서 파견된 이중간첩들을 활용해 연합군의 구체적 움직임을 독일군 지휘부에 친절히 알려 주려고도 노력했다. 가상 부대 간 무선통신을 수시로 실시하면서 독일군이 감청으로 이를 확인하게 함으로써 모종의 준비가 긴박하게 이루어지고 있는 것처럼 상황을 연출했다. 노르망디에서 상륙작전이 실제 전개되기 직전에는 항공기를 동원해 엄청난 양의 금속 포일을 도버 지역 상공에 살포함으로써 많은 항공기와 병력이 실제 동원되고 있는 것처럼 독일 레이다 관측병들이 믿게 만들었다. 실제 가상 부대의 지휘관인 패튼 장군을 노르망디상륙작전 이후까지 영국에 잔류시킴으로써 노르망디상륙작전에 이어 또 다른 주력부대가 칼레로 연이어 상륙할 것처럼 상황을 조성하기도 했다.

기만작전으로 인해 독일군 방어부대의 대부분 병력은 실제 상륙작전이 이루어지는 절체절명의 순간에도 엉뚱한 지역에서 오지도 않을 적을 기다리며 바다만 쳐다보고 있었다. 게다가 독일은 노르망디상륙작전에 참여한 병력이 연합군의 20퍼센트에 불과할 것이라고 판단해 제15군 예하 19개 사단을 노르망디 상륙 6주 후까지도 칼레 지역 방어에 묶어 두고 있었다. 독일군 지휘부가 속았다고 생각해 방어 부대를 노르망디로 이동시켰을 때는 이미 노르망디가 연합군의 수중으로 완전히 넘어가고 연합국의 교두보가 굳건해진 이후였다.

당시 독일군 지휘부가 얼마나 감쪽같이 속아 넘어갔는지는 독일 주재 일본대사가 히틀러를 만난 뒤인 1944년 6월 1일 도쿄에 보고한 전문에서도 잘 나타난다. 당시 영국이 감청해 확인한 바에 따르면 히틀러는 "연합군의 교란작전이 노르웨이, 덴마크, 프랑스 서부와 지중해 연안 등에서 일어날 것이지만, 결국 도버 해협(칼레)을 통해 공격해 올 것이다"라고 언급했다는 것이다. 독일군은 이렇게 노르망디상륙작전 이전에 연합군 주력부대가 칼레를 통해 공격해 올 것이라고 믿었을 뿐만 아니라 실제 상륙작전이 진행되고 한참 후인 9월까지도 그렇게 믿고 엉뚱한 지역에 병력을 계속 유지했다. 반대로, 독일군의 오판은 연합군이 상륙 초기에 직면해야 하는 취약성을 극복하고 노르망디 해안에 확실한 교두보를 구축하는 데 천금 같은 기회를 제공했다.

독일군 지휘부를 농락한
영국의 더블크로스 시스템

　　연합군의 기만작전이 성공할 수 있던 것은 영국의 우세한 정보력 덕분이었다. 이 정보력 우세는 '더블크로스Double-Cross 시스템'으로 불리는 이중간첩 역용을 통해 이루어졌다. 영국 국방부의 방첩기관 MI-5가 독일에서 영국으로 파견된 간첩들을 붙잡은 후, 이들을 처형하지 않고 영국을 위해 일하도록 회유해 역용한 것이다. 이 작전은 마스터만John Cecil Masterman(1891~1977) 위원장을 중심으로 'XX시스템(로마자를 20으로 읽어 Twenty 위원회로도 불림)'이라고 불리는 특수 위원회를 별도로 설립해 독일 첩자들의 파견 전 임무를 확인하고 이들을 용도에 맞게 역용하는 것이었다. 특히, 포티튜드 작전에 유능한 이중간첩을 투입시키고 작전 성공에 필요한 정보를 독일에 흘려보내 독일군 지휘부를 기만하는 데 역량을 집중했다. 독일은 자신들이 교육시켜 파견한 간첩이 해당 목표에 침투해 상륙부대의 편제와 배치 현황 등을 보고해 오자 거의 의심하지 않고 이들의 보고를 믿기 시작했다.

　전쟁 초기에 히틀러는 영국과 협상할 생각도 했기 때문에 음험하고 게르만적이지 못한 첩보망 구성에 상당히 부정적이었다. 그러나 영국과의 전쟁이 계속되자 적에 대한 정보의 필요성을 절감하고, 군 정보기관 아프베어Abwehr의 책임자인 카나리스Wilhelm Franz Canaris(1887~1945) 제독에게 영국에 대한 첩보망을 조속히 구축하도록 지시했다. 이에 카나리스 제독은 가용한 인적자원을 최대한 활용해 영국에 파견할 간첩들을 채용하고 교육시켰다. 그런데 짧은 기간에 많은 첩보망을 구축하려다 보니 첩보활동에 대한 간첩들의 능력이나 충성심을 제대로 검증하지 못하고 파견할 수밖에 없었다. 충성심도 부족하고 첩보활동 전문성도 갖추지 못한 간첩은 영국에 파견되자마자 거의 대부분 영국 방첩기관에 체포되고 말았다. 당시 독일 간첩들은 낙하산이나 잠수함으로 목표 지역에 파견돼 활동하면서 비밀서법이나 무선통신을 이용해 활동 내용을 독일로 보고했다. 그런데 방첩활동에 전문성을 가진 영국의 MI-5가 이들의 간첩활동을 너무나 쉽게 포착하고 체포해 버린 것이다.

영국 정보기관도 처음에는 이들을 붙잡아 심문하면서 독일의 의도를 파악하는 데 집중할 뿐 역용하는 일에는 소극적이었다. 특히, 아무리 사소한 정보라도 연합국의 군사활동과 관련된 정보를 독일 측에 제공해 준다는 것에 부정적이었다. 하지만 독일군 지휘부가 간첩들을 신임하는 상황을 하나둘 이용하면서, 또 암호 해독을 통해 독일군 지휘부가 간첩 보고 내용을 실제 활용하는 것을 구체적으로 확인하면서 점차 자신감을 갖게 되었다. 특히, 상륙작전 성공을 위해 기획된 포티튜드 작전에서 이중간첩의 활동이 적극 요청되면서 적극적으로 역용 공작을 추진하게 됐다.

이러한 이중간첩 중에서 가장 유명한 인물이 스페인 국적의 푸홀 Juan Pujol Garcia(1912~1988)이었다. 푸홀은 독일군 정보기관 아프베어의 간첩으로 채용되어 영국에 대한 첩보를 주로 수집해 보고했으나 실제로는 포르투갈 리스본에 거주하면서 활동하던 간첩이었다. 여행 안내서와 도서관 자료 들을 기본으로 사실관계를 만들고 자신의 상상력을 동원해 그럴 듯한 정보들을 독일에 보고해 왔다. 영국에 거주하지 않으면서도 더 사실 같은 정보를 조작해 보고함으로써 독일 정보기관의 신

임을 살 정도로 간첩활동에 남다른 감
각을 갖춘 인물이었다.

그의 이런 활동을 지켜보던 영국
MI-5는 그에게 은밀히 접근해 포섭하
는 데 성공한다. 이후 가족과 함께 그
를 영국으로 데려와 '가르보'라는 암호
명을 부여하고 본격적으로 역용하기
시작했다. 가르보는 영국에 도착해 본
격적으로 이중간첩활동을 하면서 약
27개에 이르는 가짜 하부망을 구축했

'가르보'라는 암호명으로 불린 무홀

다고 독일에 보고했다. 독일 정보기관으로부터 돈을 받아 하부망을 열
심히 구축해 실적을 거둔 것처럼 상황을 조성했지만, 실제로는 영국 정
보기관에서 받은 정보를 그럴듯하게 각색해 보고했다. 예를 들면, 동남
아 영국군 사령부에 근무하는 여군 병사를 거짓 채용했다고 보고하면
서 그녀가 제보해 온 것처럼 영국 정보기관이 전달한 정보를 베를린에
보고하는 형식이었다.

이와 동시에 영국은 독일에서 전송되는 독일군 전문의 암호를 해독
해 그가 보고한 내용이 어떻게 활용되는지를 역으로 확인했다. 독일 정
보기관이 그의 정보를 베를린의 일본대사관에 전달해 도쿄에 보고하
도록 하면, 영국 정보기관이 일본대사관 암호전문을 감청해 확인하는
방식도 활용했다. 이런 과정을 통해 영국은 그에 대한 독일 정보기관의
신임이 확실함을 확인하고 노르망디상륙작전을 기만하기 위한 정보를
독일에 수시로 전달했다. 1944년 전반기에만 거의 500여 건의 허위 첩

보를 그에게 주어 독일에 송신되도록 조종했다. 대부분이 상륙작전 장소와 시간을 기만하기 위한 허위정보였지만 사실관계가 현실과 너무 다르지 않도록 수위를 적절히 조절했다. 사실과 상당히 동떨어진 내용일 경우, 다른 이중간첩망을 통해 비슷한 내용이 추가로 보고되도록 함으로써 그의 신뢰성이 증명되도록 노력했다.

가르보 스스로가 기지를 발휘해 자신의 존재 가치를 증명해 보이는 방식도 종종 활용했다. 시간이 촉박해 사용 가치가 별무한 내용을 독일로 긴급 보고하게 하고 보고 계통 간부가 상부에 늦게 보고하면 오히려 호통을 치면서 나무랐다. 자신의 상부로부터 지휘를 받는 상황이 아니라 오히려 상부선을 쥐고 흔든 것이다. 예를 들면, 노르망디상륙작전이 개시되기 직전, 노르망디가 곧 공격당할 것으로 보인다는 첩보를 베를린에 긴급 보고했다. 사실을 액면 그대로 보고한 것이지만, 독일 정보기관이 암호를 수신해 해독하고 이를 상부에 보고할 때쯤에는 상륙작전이 이미 시작되어 사실상 필요 없게 된다는 상황을 이용한 것이다. 그런데도 그는 이를 이용해 정보기관 중간 간부들이 상부로부터 '왜 이런 중요 정보를 이렇게 늦게 보고하느냐'는 꾸지람을 받도록 만들었다. 동시에 자신은 엄청나게 중요한 내용을 보고하는 고급 간첩으로 인정받도록 만들었다. 당연히, 이런 작전도 영국 정보기관과 긴밀히 상의하면서 전개했다. 하지만 이런 과정을 통해 그는 독일 정보기관 중간 간부들도 감히 함부로 하지 못하는 거물 간첩이 되어 갔다. 그리고 자신이 보고한 정보에 상부선의 중간 간부 누구도 감히 시비를 걸지 못하는 분위기를 만들었다.

노르망디상륙작전이 성공한 이후에도 영국은 가르보를 통해 독일군 지휘부를 기만하는 정보를 계속 전송했다. 상륙작전 이틀 후인 6월 8일, "노르망디상륙작전은 다른 지역으로 상륙하기 위한 양동작전으로 평가되며, 현재 연합국이 수행 중인 벨기에 및 칼레에 대한 공습을 감안할 때 조만간 칼레로 상륙할 것이 확실해 보인다"는 내용이 보고되도록 했다. 6월 9일, 히틀러가 그 메시지를 보고받고 고민할 즈음, 또 다른 첩보망을 통해 비슷한 내용이 보고되도록 함으로써 히틀러를 더 헷갈리게 만들었다. 스웨덴 거주 독일 첩자 '요세핀' 등 다른 첩보망들로 하여금 연합군이 조만간 덴마크도 공격할 것이라는 내용을 보고하도록 한 것이다.

이런 기만정보를 보고받은 독일군 지휘부는 고심 끝에 결국 노르웨이 주둔 13개 사단에 절대 이동하지 못하도록 지시했다. 그뿐만 아니라 노르망디상륙작전이 전개된 후 두 달이 넘도록 칼레 지역에 주둔한 2개 기계화사단과 19개 보병사단을 전혀 움직이지 못하게 하면서 예상되는 연합군의 상륙작전에 철저히 대비하도록 지시했다. 가르보의 기만정보가 나라의 운명이 걸린 절체절명의 순간에도 오지 않을 연합군을 기다리며 독일의 핵심 주력부대가 멍하니 바다만 바라보고 있도록 만든 것이다.

더욱 재밌는 것은 독일군 지휘부가 2차 대전이 끝날 때까지 자신들이 영국 정보기관의 역용공작에 놀아났다는 사실을 전혀 인지하지 못했다는 점이다. 나치 친위대(SS, Schutzstaffel) 대장 힘러Heinrich Himmler(1900~1945)가 가르보에게 "지난주 보고받은 보고서는 요약 없이 전체 내용을 확인했으며, 특히 중요한 자료로 평가하고 있다"는 등 감사 메시지를 직접 보낼 정도였다. 이런 지휘부의 인정을 바탕으로 가르보는 독일 정보기관에서 슈퍼맨으로 불리기도 했다. 히틀러에게 직접 철십자훈장을 수여받기도 했다. 독일 정보기관 실무 부서가 영국의 역용공작에 놀아난 것이 아니라 히틀러를 포함한 독일군 지휘부가 사실상 완전히 농락당한 셈이었다.

영국도 가르보의 활약을 높이 평가해 2차 대전 후 그가 완전히 새로운 삶을 살도록 적극 지원했다. 가르보도 전쟁 후 나치 생존자들이 자신에게 보복할 가능성을 우려했다. 그래서 MI-5는 1949년 그가 아프리카 앙골라를 여행하던 중에 말라리아에 걸려 사망한 것으로 위장했다. 이후 완전히 새로운 명의의 여권을 만들어 베네수엘라로 보내 여생을 조용히 살도록 지원했다. 그는 베네수엘라에서 서점과 선물가게를 겸한 작은 가게를 운영하면서 새로운 가정을 이루고 이후의 여생을 편안히 지낼 수 있었다. 한편 2차 대전이 끝나고 40여 년이 지난 1984년, 그는 다시 영국을 방문했다. 이때도 영국은 그를 버킹엄 궁으로 초청해 환대하고 프랑스의 노르망디에 방문해 전몰자에 대한 헌화를 하도록 주선했다. 영국이 가르보의 활약을 얼마나 중요하게 평가했는지, 그리고 어떻게 그렇게 고급 첩보망을 장기간 성공적으로 운용할 수 있었는지를 보여 주는 상징적 장면이었다.

독일의 에니그마를 해독한 영국의 울트라첩보

영국의 기만작전이 완벽하게 성공할 수 있었던 데는 또한 영국에서 활동하는 독일 간첩들에 대한 영국의 확실한 통제가 있었다. 이런 통제가 가능할 수 있도록 했던 것은 무엇보다도 독일군 암호를 해독한 '울트라Ultra첩보', 그리고 이러한 정보를 중요하게 인식하고 유용하게 활용한 지휘부의 능력과 태도에 기인했다.

영국은 제1차 세계대전 때 독일군 암호전문을 수신해 해독하면서 신호정보활동의 중요성을 인식하고 전쟁 후 정부암호학교를 만들어 전문성을 계속 발전시켜 나갔다. 적의 외교와 군사암호를 해독하는 것이 중요 임무였지만 사안의 민감성을 감안해 위장 명칭인 '학교(school)'라는 용어를 사용했다. 이런 전문적 노력을 통해 2차 대전 이전에 이미 러시아·프랑스·이탈리아·스페인·미국·일본 등 다른 나라의 외교암호를 상당 부분 해독할 수 있었다. 하지만 까다롭기로 유명한 독일군의 암호는 해독하지 못했다.

2차 대전이 시작되자 영국은 독일군 암호를 해독하기 위한 노력에 더욱 박차를 가했다. 보안 유지 차원에서 런던에서 멀리 떨어진 버킹엄셔Buckinghamshire의 블레츨리파크Bletchley Park로 암호학교를 옮기고 조직과 인원을 대폭 확대했다. '컴퓨터 공학의 아버지'로 알려진 앨런 튜링Alan Mathison Turing(1912~1954)과 같은 천재 수학자들을 동원해 암호 해독 역량을 최대한 보강했다. 1941년 9월에는 처칠 수상이 블레츨리파크를 직접 방문해 직원들을 독려할 정도로 국가 차원에서 적극 지원했다. 이런 노력 덕분에 영국은 1940년 들어 제한적으로나마 독일군 암호를 해독할 수 있게 되었다. 1941년에는 한 달에 약 3만 건, 1943년에는 매월 약 9만 건의 암호를 해독하는 수준으로 점차 발전했다.

영국이 독일군 암호를 해독해 내는 데는 초창기 폴란드의 도움이 무

1943년 제작되어 독일군 암호 해독에 사용된 컴퓨터(Mark 2 Colossus)

척 컸다. 2차 대전이 시작되기 전 폴란드는 독일군 암호를 해독하는 데 있어 다른 어느 나라보다도 앞서 있었다. 1932년 12월 독일군 암호를 최초 해독하는 데 성공하고 독일군이 사용하는 전문 조립기를 모형으로 만들어 사용할 정도였다. 하지만 1938년 9월 독일군이 원통 형태의 복잡한 숫자암호 조립기인 에니그마를 도입해 사용하면서부터 폴란드의 해독 기술도 사실상 무용지물이 되어 버렸다. 이에 폴란드는 자체적인 해결 노력을 전개하면서도 영국 및 프랑스와 협력해 해독하는 방안을 추진했다. 이에 영국은 1939년 3월 폴란드로부터 독일 암호체계에 대한 그동안의 연구 결과를 넘겨받았다.

영국은 정부암호학교에서 폴란드의 연구 결과를 토대로 해독 작업에 박차를 가했다. 그리고 1940년 4월에는 독일군 암호의 상당 부분을 해독하는 수준으로 발전하게 됐다. 초창기에는 이런 해독정보가 완전하지 못한 데다 해독에 시간도 엄청 많이 걸려 큰 도움이 되지는 못했다. 왜냐하면 1943년만 해도 독일군이 거의 40여 종류에 달하는 암호조립기를 수시 바꿔 가며 사용했기 때문에 전문 하나를 해독하는 데 며칠씩 걸릴 정도였다. 하지만 시간이 지나면서 전문 해독 능력이 점차 숙달되고, 거의 모든 독일의 군과 외교부 전문을 해독할 수 있는 수준으로 발전했다. 독일군의 능력과 의도를 정확히 파악하고 가장 바람직한 대응 방안을 강구할 수 있는 정보의 우세를 확보한 것이다.

독일군의 암호를 해독한 영국의 정보는 울트라정보로 불렸다. 처음에는 암호를 해독한 정보가 아니라 인간정보활동에서 얻은 정보로 위장하기 위해 베를린 소재 첩보망의 이름을 따 '보니페이스Boniface'라고 불리다가 1941년 6월부터 울트라정보로 불리기 시작했다. 다른 어떤 정보보다도 중요하게 간주되어야 하고, 또 그에 걸맞은 비밀 유지가 필요한 초특급 비밀이라는 의미도 했다. 처칠 수상은 울트라정보를 매일 아침 담황색 박스에 담아 보고하도록 하고, 주요 지휘관과의 전략 회의 등에 긴요하게 활용했다. 울트라정보를 스스로 '황금 달걀'이라고 부를 정도로 하루하루 보고되는 울트라정보를 중요하게 여기면서 전쟁 지휘에 적극 활용한 것이다.

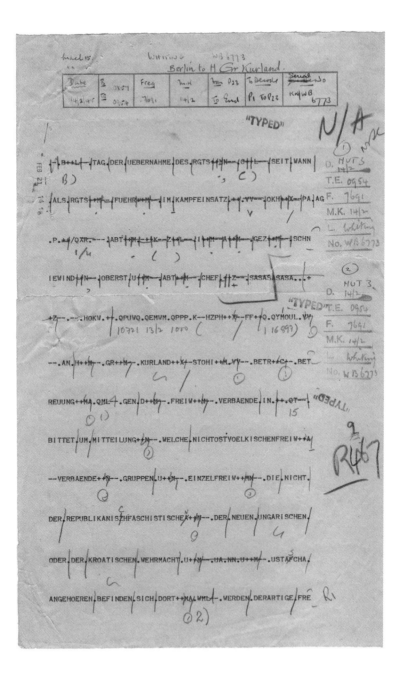

브레츨리파크의 독일군 전보 해독 결과 샘플

울트라정보를 통해 독일군의 작전 능력과 의도를 알아내더라도 실제 전투 현장에서 이런 정보가 모두 승리로 연결되지는 않았다. 암호 해독에 상당히 시간이 걸리고, 해독하더라도 야전부대에서 바로 활용하는 데는 보안상의 제약이 많았기 때문이다. 당시 대부분의 울트라정보는 사령부 이상의 지휘부에서만 사용되고 야전부대에는 무척 제한적으로 배포됐다. 배포된다고 해도 일반 지휘 라인으로는 절대 배포하지 않고 별도의 연락장교를 지정해 접수와 관리를 담당하게 했다. 담당 연락장교는 울트라정보를 해당 지휘관에게 가지고 가서 열람시킬 때 옆에서 계속 앉아 기다렸다가 지휘관이 다 읽고 나면 회수해 파기하는 원칙을 유지했다. 영국의 이런 고지식한 울트라정보 배포 체계는 가끔 미군 지휘관들의 불만을 유발했다. 하지만 영국은 독일군 지휘부에 울트라정보 해독 사실이 알려질 경우 모든 정보 출처가 사라져 버릴 것으로 우려하고 보안만큼은 절대 타협하지 않았다.

이러한 노력의 결과, 독일은 1945년 전쟁이 끝날 때까지도 자신들의 암호가 영국에서 거의 하루 이틀 간격으로 해독된다는 사실을 전혀 눈치채지 못했다. 영국은 2차 대전이 끝나고도 거의 30년 동안 울트라정보 자체를 외부에 공개하지 않을 정도로 철저히 보안을 유지했다. 울트라정보는 1974년이 돼서야 일부 관계자의 회고록과 언론을 통해 서서히 일반에 알려지게 되었다.

울트라정보가 연합군의 전쟁 지휘에 얼마나 큰 도움이 됐는지는 전쟁을 지휘한 지휘관들의 언급에서도 잘 나타난다. 처칠 수상은 2차 대전 직후 국왕 조지 6세에게 "우리가 전쟁에서 이긴 것은 울트라 덕분이었습니다"라고 언급했다. 연합군 최고사령관 아이젠하워 장군도 울트라정보가 연합군 승리에 '결정적(decisive)'이었다고 평가했다. 2차 대전 시 암호 분석가로 활동하다 전쟁 후 역사학자로 활동하며 케임브리지 대학 부총장을 역임한 힌슬리Harry Hinsley(1918~1998) 경은 "울트라정보로 인해 전쟁을 최소 2년, 아마 4년 정도는 빨리 끝낼 수 있었다"라고 평가했고, "반대로 울트라정보가 없었다면 전쟁 결과 자체를 장담하기 어려웠을 것"이라고 언급했다. 정보의 우위가 패전 직전의 국가를 살려 내고 인류 역사상 가장 치열했던 전쟁을 승리로 이끄는 데 결정적 기여를 한 것이다.

제3차 중동전쟁은 1967년 6월 5일부터 10일까지 아랍연맹과 이스라엘이 6일 동안 벌인 전쟁이다. 전쟁 전 이스라엘 타도를 명분으로 힘을 합친 이집트·시리아·요르단·레바논·이라크의 아랍연맹은 신생국 이스라엘보다 각종 전력 면에서 압도적으로 우세했다. 아랍의 맹주임을 자처하는 이집트가 대놓고 이스라엘을 위협할 만큼 아랍은 군사적으로 자신 있었다. 하지만 실제 뚜껑을 열었을 때 상황은 정반대였다.

6월 5일 아침, 이스라엘의 기습공격 3시간 만에 아랍연맹은 공군 전력 4분의 3을 잃고 전쟁 주도권을 완전히 이스라엘에 내주고 말았다. 제공권을 장악한 이스라엘은 시나이 반도 참호에 진을 친 이집트군이 예상치 못한 우회 공격로를 통해 이집트군을 무력화시키며 불과 사흘 만에 수에즈 운하를 포함한 시나이 반도 전체를 점령했다. 동부전선에서는 요르단군을 제압하고 예루살렘을 포함한 요르단 강 서안을 점령했으며, 시리아로부터 전략적 요충지 골란 고원까지 빼앗는 성과를 거두었다. 유엔 안보리의 정전결의안을 수용함으로써 전쟁을 6일 만에 끝내면서도 본래 영토의 6배에 달하는 땅을 획득함으로써 향후 전개될 협상에서 절대적으로 유리한 고지를 점령했다.

이스라엘의 승리는 전광석화 같은 효율적 기습과 지휘관의 우수한 작전 능력 등이 복합적으로 작용한 결과였다. 그리고 이는 정보전에서 압도적 우세가 있었기에 가능했다. 군 정보기관 AMAN과 해외정보기관 모사드는 전쟁 전 적의 역량과 의도를 정확히 파악해 정부의 합리적 정책 추진을 뒷받침했고, 전쟁에서는 적의 강약점을 이용해 전쟁을 조기 종결시킬 수 있도록 소임을 다했다. 국가의 운명이 걸린 절체절명의 시기에 보여 준 이스라엘 정보기관의 활약상은 오늘날 이스라엘 정보기관이 세계에서 가장 뛰어난 정보기관으로 평가받는 이유다.

중동전쟁
6일전쟁과 이스라엘의
압도적 승리

거대 아랍에 맞선
이스라엘의 투쟁

넓은 의미에서 중동전쟁은 레바논내전(1970~1989)과 이란·이라크전쟁(1979~1988), 걸프전쟁(1990~1991) 등을 모두 포괄하지만, 좁은 의미에서는 아랍과 이스라엘 간의 전쟁을 말한다. 1948년 유엔은 팔레스타인 지역에 유대인 국가와 아랍인 국가의 독립을 함께 인정하는 팔레스타인 분할 결의안을 채택했다. 이를 계기로 1948년 5월 이스라엘이라는 국가가 공식적으로 출범하자 이를 인정하지 않겠다며 아랍국들이 반대하면서 전쟁이 시작됐다. 이 중동전쟁은 지금까지 4차에 걸쳐 전개됐으며 아직까지도 양 진영은 상대를 공식적으로 인정하지 않은 채 불안정한 평화를 위태롭게 지속해 나가고 있다.

제1차 중동전쟁은 1948년 5월 이집트의 선공으로 시작되어 요르단, 시리아, 레바논 등이 참전해 공동의 적 이스라엘 섬멸을 시도했으나 신생국 이스라엘의 예상 밖 반격으로 1949년 개별 휴전협정이 체결되면서 봉합됐다. 제2차 중동전쟁은 일명 수에즈전쟁으로 불리는데, 1956년 7월 이집트의 나세르Gamal Abdel Nasser(1918~1970) 대통령이 수에즈 운하를 국유화하고 이스라엘로 향하는 선박의 통항을 거부한 일을 계기로 운하 경영권을 소유한 영국·프랑스가 수에즈 운하 점령에 나서고 이스라엘이 시나이Sinai 반도를 공격하면서 시작됐다. 전쟁 발발 3개월 만에 이스라엘이 시나이 반도의 요충지 대부분을 점령하고 영국·프랑스가 수에즈 운하를 점령했으나 미국과 소련의 압력으로 11월에 정전협정이 체결됐다. 또한, 유엔 총회에서 점령군 철수를 결의함으로써 3개국이 점령지에서 철수하고 이집트의 수에즈 운하 국유화가 국제적으로 인정받게 된 전쟁이다. 이집트의 나세르 대통령은 군사적으로 패배했지만 유엔을 포함한 국제사회의 지원으로 수에즈 운하를 국유화하고 아랍 세계의 지도자로 급부상하는 계기를 만듦으로써 정치·외교적 승리를 거둔 전쟁이기도 했다. 영국·프랑스 군대가 철수한 수에즈에 유엔군이 진주하고, 소련이 이집트를 포함한 중동 국가들에 무기를 제공하며 개입을 본격화하면서 중동분쟁이 국제분쟁으로 발전하는 계기가 되기도 했다.

제3차 중동전쟁은 아랍 세계 지도국임을 자처하는 이집트가 팔레스타인 지원 차원에서 이스라엘로 향하는 티란Tiran 해협을 봉쇄한 일을 계기로 1967년 6월 시작된 전쟁이다. 이집트의 공세적인 행동에 자극받은 이스라엘의 선공으로 시작됐다가 불과 6일 만에 끝났다.

그리고 '욤 키푸르'전쟁으로 불리는 제4차 중동전쟁은 1973년 이집트·시리아가 이전에 상실했던 영토 회복을 위해 기습공격을 감행함으로써 시작됐으나 이스라엘의 반격으로 이집트가 또 다시 패하고 유엔에서 미·소 결의로 휴전된 전쟁이다. 이러한 4차에 걸친 전쟁 중 제3차인 6일전쟁은 세계 전쟁사에서 유례를 찾기 어려울 정도로 완벽히 승리한 전쟁으로 오랫동안 역사가와 전략가 들의 연구 대상이 되고 있다.

6일 만의
압도적 승리

1956년의 제2차 중동전쟁 이후 중동 정세는 이스라엘과 인근 아랍국, 특히 시리아와의 국경 충돌이 빈번해지면서 점차 위기가 고조되었다. 이스라엘이 1964년 갈릴리Galilee 호수의 물을 네게브Negev 사막으로 가져오려고 하자 시리아가 자체 관개수로 프로젝트 발표로 응수하면서 소위 '물 전쟁'으로 알려진 국경 분쟁이 증가하기 시작했다. 시리아는 이스라엘에 대한 압박 수단의 하나로 시리아 내에서 이스라엘에 대한 무장투쟁을 전개하는 팔레스타인 게릴라(Fattah)들을 지원했다. 시리아 기반의 팔레스타인 게릴라들은 요르단 영토를 통해 종종 이스라엘을 공격했으며, 이스라엘은 요르단에 대한 보복 공격으로 맞대응했다.

시리아는 1966년 10월 이집트와 군사동맹을 체결하고 강경 노선을 더욱 강화했다. 설상가상으로 이스라엘은 그동안 비무장지대로 관리해 오던 골란Golan 고원 일부 지대에 군대를 진주시키고 농작물을 경작한다는 일방적 조치를 발표했다. 두 나라의 대립이 더욱 격화되는 계기가 조성된 것이다. 이에 시리아와 요르단은 반反이스라엘 기치를 내걸고

나세르 대통령이 1967년 5월 시나이 반도 공군기지를 방문해 조종사들과 환담하는 모습

아랍 세계 지도자임을 자처하는 이집트의 개입을 적극적으로 요구하기에 이르렀다.

이에 이집트의 나세르 대통령은 시리아에 대한 이스라엘의 위협에 거의 즉각적으로 반응했다. 계엄령을 발동하고 만약 이스라엘이 시리아를 공격한다면 이스라엘을 즉각 공격할 것이라고 천명했다. 이러한 그의 자신감엔 이스라엘에 비해 압도적 우위를 갖는 아랍국들의 전력이 뒷받침됐다. 1967년 당시 아랍연맹은 이스라엘보다 군사력 2배, 탱크수 2배, 야포 수 7배, 항공기 수 3배, 함정 수 4배 등 압도적 무력을 자랑했다. 당시 이스라엘 무기의 성능이 아랍국들과 별반 차이가 없었기 때문에 이런 수적 우세는 무시할 수 없었다.

이런 와중인 1967년 5월, 이스라엘이 시리아 공격을 위한 대규모 군사작전을 준비한다는 정보를 소련이 이집트 정부에 전달했다. 후에 근거가 희박했다고 판명되긴 했지만 이 정보는 이집트를 더욱 더 자극시키기에 충분했다. 이에 이집트는 5월 18일 이스라엘과의 전쟁에 장애가 되는 시나이 반도 주둔 유엔군의 철수를 요구하고 군대를 시나이 반도에 전격적으로 진주시켰다.

동시에 이집트는 홍해에서 이스라엘의 에일라트Eilat 항으로 연결되는 티란 해협 입구의 샤름 엘-셰이크Sharm El-Sheikh 요새를 장악했다. 그동안 이스라엘은 티란 해협을 봉쇄할 경우 선전포고로 받아들이겠다고 이집트에 누차 경고했다. 홍해에서 이스라엘로 연결되는 티란 해협이 봉쇄될 경우 이스라엘은 아시아와의 유일한 교역로를 상실할 뿐만 아니라 주요 원유 수입국인 이란으로부터의 석유 수입도 불가능해지기 때문이다. 이스라엘로서는 생명선과도 다름없었기 때문에 절대 받아들일 수 없었다. 하지만 이집트의 강경한 입장은 전혀 누그러지지 않았다. 나세르 대통령은 5월 22일 티란 해협 봉쇄를 선언한 데 이어 요르단과의 방위협정을 체결하며 이스라엘을 더욱 압박했다. 이스라엘이 강력히 반발하자 나세르는 5월 27일 "우리의 목표는 이스라엘의 해체다. 아랍인들은 싸우기를 원한다. 우리는 준비되어 있다"라며 큰소리를 쳤다.

이에 이스라엘은 전시 내각을 구성해 수에즈전쟁의 영웅인 모셰 다얀Moshe Dayan(1915~1981)을 국방장관으로 임명하고, 6월 4일 내각회의에서 전쟁을 결정하기에 이른다. 그리고 6월 5일 아침 '포커스 작전(Operation Focus)'으로 명명된 대규모 기습공격을 개시한다. 이스라엘 공군의 기습으로 아랍국들은 개전 3시간 만에 보유하고 있던 비행기 4

분의 3을 출격 한 번 시키지 못하고 잃을 정도였다. 특히, 제일 큰소리를 쳤던 이집트 공군은 총 419대의 항공기 중 304대를 초반에 잃어버리고 제공권을 완전히 내주고 말았다. 아랍 전투기들이 하루 1~2회 출격하는 상황에서 이스라엘 공군은 반복 훈련을 통해 최대 4회까지 출격하는 체제를 유지함으로써 260여 대 전투기를 최대한 활용해 높은 작전 능력을 유지했다. 이스라엘 공군의 세력이 워낙 압도적이어서 이집트는 이스라엘이 미국 등 우방국 공군의 지원을 받는다고 의심할 정도였다.

지상군 공격에서도 이스라엘의 승리는 압도적이었다. 사막 지역 특성상 제공권 장악이 엄청난 도움을 주기도 했지만 이스라엘 육군은 세 갈래로 나눠 시나이 반도로 진격해 이집트군을 포위하고 섬멸했다. 그리고 불과 사흘 만에 수에즈 운하를 포함한 전 시나이 반도를 점령해버렸다. 당초 이집트는 이스라엘이 2차 중동전쟁처럼 시나이 반도의 중부와 남부 주요 접근로를 통해 공격할 것으로 예상했다. 그래서 공격 예상로에 지뢰와 지하 벙커 등 요새를 다량으로 구축해 대비했다. 시나이 반도에만 10만 명의 병력과 950여 대의 탱크, 1000여 문의 야포 등을 배치했다. 하지만 이스라엘은 이집트의 예상과 달리 중부와 북부 경로를 통해 공격하면서도 이집트의 요새를 직접 공격하지 않고 공군과 합동으로 우회함으로써 이집트 지상군을 완전히 속수무책으로 만들어버렸다.

이스라엘은 동시에 동부전선에서는 요르단군을 제압하고 예루살렘을 포함한 요르단 강 서안을 순식간에 점령했다. 남부 시나이 반도에서 승기를 확보한 이후에는 북부의 전략적 요충지 골란 고원을 공략해 시

이집트군의 파괴된 전투기(MIG-21) 잔해를 확인하는 이스라엘군

리아로부터 빼앗았다. 골란 고원 작전에 투입된 병력은 비록 소규모였
지만 오랫동안 요새화된 골란 고원을 항공기와의 합동작전을 통해 비
교적 손쉽게 점령했다. 전쟁 6일 만에 이집트의 카이로, 시리아의 다마
스쿠스, 요르단의 암만까지 밀고 들어갈 수 있는 유리한 군사적 상황을
조성한 것이다. 하지만 이스라엘은 미국의 압력과 소련의 중동전 개입
가능성 등을 감안해 휴전 제안을 수용하고 각국과 차례로 정전협정을

체결했다.

전쟁 전 큰소리치던 아랍연맹은 막상 전쟁이 시작됐을 때 작전 협조를 전혀 하지 못했다. 군대의 결속력이나 기강도 형편 없었다. 전쟁으로 인한 인적·물적 피해도 엄청났지만, 무엇보다 아랍인들의 자존심이 심각한 타격을 받았다. 그 반면, 이스라엘은 압도적 승리와 함께 새로운 점령지를 확보함으로써 이후 점령지 반환을 둘러싼 평화협상에서 압도적으로 유리한 기반을 확보할 수 있었다. 또한, 세계 전쟁사에 유례가 없는 짧은 기간 내의 완벽한 승리는 신생국 이스라엘의 사기를 크게 고무시켰을 뿐만 아니라, 전 세계 전략가들의 연구 대상이 되기에도 충분했다.

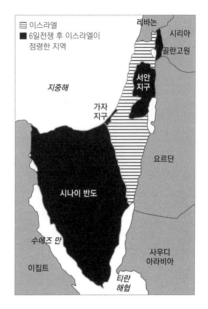

현 이스라엘 영토와 6일전쟁을 통해 이스라엘이 점령한 지역

승리의 비결,
이스라엘의 인간정보활동

이스라엘의 6일전쟁 승리 요인에는 여러 가지가 있겠지만

무엇보다 정보력의 압도적 우세가 결정적이었다. 정보력 우세는 중동 각지에 거주하는 유대인뿐 아니라 유럽과 미국에 거주하는 많은 협조자들의 자발적 협조로 가능했다. 이집트 나세르 대통령과 사다트Muhammad Anwar Sadat(1918~1981) 부통령의 안마사로 활동한 알알피Ali al-Alfi도 이스라엘 정보기관을 위해 활동한 것으로 알려질 정도였다. 이스라엘이 부인하긴 했지만 이집트가 간첩 혐의로 그를 체포해 1975년 15년형에 처한 것이 이를 뒷받침한다. 이집트에서 활동한 이스라엘 정보기관의 협조자 에프라임Anwar Ephraim은 이스라엘 공습 직전인 6월 4일 저녁, 알렉산드리아Alexandria 외곽에서 이집트 조종사들을 대상으로 대규모 파티를 열었다고 알려진 인물이다. 벨리 댄서들을 초청해 새벽까지 흥청망청하는 파티를 주선함으로써 이집트 조종사들이 다음 날 아침 이스라엘 공습에 정신없는 상태가 되도록 만들었다.

하지만 6일전쟁 승리에 가장 두드러진 활동을 한 정보원으로는 이스라엘을 위해 일한 이집트의 이중간첩 알-가말Rif'at al-Gamal과 이집트에서 활동한 모사드Mossad 정보원 볼프강 로츠Wolfgang Lotz(1921~1993), 그리고 시리아의 군사고문관으로 활동한 모사드의 엘리 코헨Eli Cohen(1924~1965) 등이 대표적이다.

이스라엘의 이중간첩 알-가말은 원래 이집트에서 정보 요원으로 훈련받고 가명(Jacques Bitton)으로 이탈리아를 거쳐 이스라엘로 침투한 이집트 정보 요원이었다. 그런데 이스라엘에서 활동하던 중 이스라엘 국내정보기관 신베트Shin Bet에 체포되어 이스라엘을 위해 활동하는 이중간첩이 됐다. 신베트는 그를 옛츠 공작(Operation Yated)의 주공작원으로 활용하면서 6일전쟁 직전까지 이집트군 지휘부를 기만하는 데 적극 활용했다.

신베트는 먼저 이집트 지휘부의 신뢰를 얻기 위해 알-가말에게 이스라엘의 공군기지 등 군사시설과 각 군의 인식표, 군인들의 회합 장소 등을 촬영해 이집트로 보내게 했다. 이스라엘이 사전 보안성을 검토해 전송하도록 허락한 것이기 때문에 대단한 비밀은 아니었으나 이집트는 이러한 것들을 받아 활용하면서 그를 중요한 정보 출처로 간주했다.

이집트가 그를 신뢰한다는 사실을 확인한 이스라엘은 자신들의 공격 계획을 기만하는 수단으로 그를 이용하기 시작했다. 이스라엘의 이집트 공격 계획을 그가 비밀리에 입수한 것처럼 상황을 조성하고, 이스라엘의 공격이 지상군 중심이 될 것이며 몇 개의 주요 공격로를 활용할 것이라고 이집트에 보고하도록 조종했다. 이는 이집트 공군의 방어 태세가 극히 부실함을 확인한 이스라엘이 공습을 기획하는 단계에서부터 의도적으로 이집트를 기만하기 위해 전달한 것이었다.

이스라엘 첩보원으로 이집트에서 활동한 또 다른 인물인 볼프강 로츠는 이집트 군부와 정계 고위인사들과 친분을 바탕으로 이집트 군사 시설과 지휘 체계에 대한 정보를 구체적으로 제보했다. 그는 유대인 어머니와 독일인 아버지 사이에서 출생해 독일어를 유창하게 구사하는 등 좋은 자질을 갖고 있었다. 모사드는 이를 높이 평가해 당시 육군 소령으로 근무하던 그를 공작관으로 채용해 이집트로 파견했다. 그는 모사드의 지원을 받으며 이집트와 비교적 사이가 좋은 독일의 사업가로 위장해 1960년 카이로로 들어갔다. 그리고 이집트 국방부 청사와 가까운 지역에서 승마 클럽을 운영하면서 고위관리들과 친분을 쌓았다. 고위관리들을 초청해 파티를 열고 승마 레슨 등을 적극적으로 주선하면서 이집트 상류사회와 군부 엘리트 들과 빠르게 친분을 쌓은 것이다.

이를 바탕으로 그는 이스라엘이 공습할 경우 공격 대상이 될 만한 이집트의 군사기지, 미사일 시설, 군수공장 등의 자료를 상세히 수집해 이스라엘로 보냈다. 이집트 나세르 내각의 일부 고위관리들은 정부의 주요 정책과 군의 전략적 결정 등을 자발적으로 그에게 제보하기까지 했다. 이런 친분 관계를 통해 그는 수에즈 운하에 주둔한 이집트 미사일 부대 등 주요 군사시설을 방문해 찍은 사진을 이스라엘로 보냈다. 이집트가 이스라엘 공군을 기만하기 위해 비행장 활주로에 배치했던 모조 비행기를 훌륭한 책략이라고 칭찬해 준 후 이를 이스라엘에 보고해 공습 때 참고하도록 했다. 비록 1965년 8월 체포되어 종신형을 선고받아 6일전쟁 직전에 활동하지 못했지만, 그가 보고한 이집트 군부의 동향과 군사시설에 대한 정보는 이스라엘군이 공격 계획을 수립하는 데 무척 큰 도움을 주었다.

시리아에 대한 정보활동에서는 모사드 공작원인 엘리 코헨의 활동이 가장 두드러졌다. 코헨은 이집트 태생으로 카이로 대학에서 공부했지만 모사드는 더 완벽한 구실을 만들기 위해 그를 아르헨티나의 부에노스아이레스로 보내 철저하게 준비시켰다. 이에 따라 그는 1961년 완전히 다른 이름(Kamel Amin Thaabet)으로 가장해 아르헨티나로 파견돼 부유한 아랍 상인으로 행세하며 시리아 교민 사회에서 좋은 평판을 쌓아 나갔다. 이를 바탕으로 그는 1962년 2월 궁극적 활동 목표인 시리아 다마스쿠스로 이주했다. 이어 시리아 육군본부 인근의 고급 아파트를 임차해 정착한 다음 수완 좋은 사업가로 활동하면서 군 엘리트 장

민간인 출입이 금지된 골란 고원을 시리아군 관리들과 함께 방문한 엘리 코헨(가운데)

교들과 빠르게 친분을 쌓았다.

　이런 친분을 바탕으로 시리아 국방부 자문관이 되고 주요 군사시설과 진지를 거의 자유롭게 드나들면서 시리아 군사시설과 장비를 수시로 촬영해 이스라엘로 보냈다. 그가 보낸 정보에는 소련의 군사고문단이 작성한 시리아의 이스라엘 공격 계획, 소련이 시리아에 제공한 각종 무기의 사진과 제원, 골란 고원 시리아군의 배치도 등이 상세하게 포함되었다. 또한, 그는 시리아군 장교의 안내로 골란 고원 주요 군사시설을 시찰할 때 상대가 눈치채지 못하게 하면서 이스라엘에 유리한 방향으로 조언하기도 했다. 예를 들면, 사막의 요새에서 고생하는 시리아 장병들을 동정하는 척하면서 모든 요새 입구에 나무를 심도록 조언했다. 뜨거운 햇볕을 가려 주고 시설을 위장하는 차원에서 많은 도움이 될 것이라는 논리였다. 이는 후에 이스라엘 공군이 사막 위에서 나무를 찾아 시리아 요새를 쉽게 공격하는 데 결정적 도움을 주었다.

코헨은 통신상의 실수로 시리아 방첩 당국에 체포되어 1965년 5월 교수형에 처해지는 바람에 6일전쟁 직전에는 이스라엘에 기여하는 데 한계가 있었다. 하지만 그의 정보는 이스라엘이 시리아에 대한 공습 계획을 수립하는 데 커다란 도움을 주었다. 그가 수감되어 있는 기간에 이스라엘이 시리

죄목이 명시된 채 1965년 5월 18일 다마스쿠스에서 공개 처형된 엘리 코헨

아 간첩 11명과 맞교환을 제의하거나 교황청 및 국제인권연맹 등을 통해 백방으로 노력했음에도 시리아가 이를 끝까지 거부할 정도였다. 시리아가 그를 끝끝내 교수형으로 처형한 것은 그의 정보활동이 이스라엘 승리에 얼마나 기여했는지를 역설적으로 증명해 준다. 이스라엘의 모셰 다얀 국방장관이 후일 "엘리 코헨이 아니었다면 골란 고원의 요새 점령은 영영 불가능했을지 모른다"라고 언급할 정도였다.

이스라엘의
통신정보활동

이스라엘은 인간정보활동뿐만 아니라 신호·통신정보를 통해서도 적의 동향을 실시간으로 파악해 군사작전에 활용했다. 주요 접경 지역에 통신 감청 기지를 운영하면서 적의 각종 유무선통신망을 감청해 해독함으로써 적의 의도와 움직임을 파악해 전쟁을 유리하게 이끈 것이다. 이런 통신정보활동이 얼마나 체계적으로 운영됐는지는 이스라엘 공군의 호드Motti Hod 사령관이 공습 직전인 6월 4일에 라빈 Yitzhak Rabin(1922~1995) 합참의장에게 보고한 내용에서도 잘 나타난다.

지난 두 주간 우리는 이집트 공군의 활동을 면밀히 관찰해 왔습니다. 이집트 공군은 아침 일찍 정찰 비행을 실시하는데 한 시간 정도 비행한 후 착륙해 아침 식사를 하는 패턴을 보이고 있습니다. 그래서 7시와 8시 사이에는 공중에 떠 있는 정찰 비행기가 한 대도 없는 상황이 됩니다. 따라서 아침 7시 45분이 우리가 공격하기에 가장 좋은 시간으로 판단됩니다.

통신정보활동의 또 다른 사례로는 개전 이틀째인 6월 6일, 군 정보기관 AMAN이 나세르 이집트 대통령과 후세인 요르단 국왕과의 전화통화를 감청한 것이다. 당시 나세르는 이집트 공군 전력의 대부분이 붕괴됐는데도 불구하고, 이를 후세인 국왕에게 알리지 않고 이집트 공군이 이스라엘에 대한 공격을 시작했다고 거짓말했다. 이어 그들은 통화에서 이스라엘 공군의 공습에 미국과 영국 전투기들도 가세한 것으로 보인다

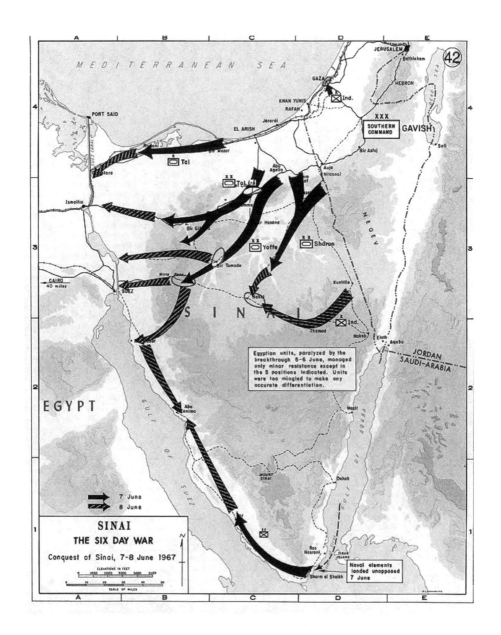

1967년 6월 7~8일 사이 이스라엘군의 시나이 반도 점령로

고 발표하기로 입을 맞췄다. 실제 이집트가 언론에 이런 의혹을 제기했을 때 이스라엘은 감청 자료를 바탕으로 이집트의 부도덕성을 집중 공격하면서 반박했다. 아랍국들이 함께 싸우지만 서로 필요에 따라 거짓말을 일삼는다는 사실과 이스라엘이 서방의 군사 지원을 받고 있지 않다는 사실을 부각시켰다. 아랍국들을 이간질하는 동시에 이스라엘에 대한 국제사회의 지지를 얻는 데 유용하게 활용한 것이다.

이스라엘의 신호정보활동은 전장에서 전략·전술을 운영하는 데에도 많은 도움을 주었다. 가장 두드러진 사례는 AMAN이 개전 이틀째인 6월 6일 오후 2시, 나세르 대통령이 시나이 반도 내 이집트군에게 수에즈 운하까지 후퇴하도록 지시하는 내용을 감청해 활용한 것이다. 이 감청을 통해 이스라엘은 이집트 전선에서 승기를 확실히 굳혔다는 사실을 확인했다. 그래서 시나이 반도에서 작전 중인 일부 병력을 빼내 북부 골란 고원으로 이동시켜 시리아를 몰아붙일 수 있었다.

또한, 이스라엘은 이집트군 암호를 해독해 이집트 육군과 공군에 엉뚱한 지시를 내림으로써 이집트 지휘 체계를 혼란시키기도 했다. 이스라엘로 향하는 이집트 공군 조종사를 지중해 상공으로 유도해 바다에 폭탄을 투하하도록 지시하기도 했다. 조종사가 무선 지시의 신뢰성을 의심하자 조종사의 구체적 가족관계까지 언급하면서 사실로 믿도록 유도할 정도였다. 이스라엘 지상군의 공격로를 방어하는 이집트 육군에는 공격로를 허위로 알려 줌으로써 엉뚱한 지역 참호에서 오지 않는 적을 기다리도록 만들었다. 그리고 이런 틈을 이용해 우회공격을 실시함으로써 이스라엘군은 수에즈 운하까지 전광석화처럼 진격했다.

6일전쟁에서 보인 이런 이스라엘의 압도적 승리에 대해 중동 전문가인 사무엘 카츠Samuel Katz는 "현대전 역사에서 유례를 찾아보기 힘들 정도로 6월 5일 전쟁 개시 당시 이스라엘군은 적의 배치와 성향, 강약점 등에 대해 상세하고 구체적인 정보를 갖고 있었다"라고 평가했다. 요르단의 후세인 국왕도 후에 "이스라엘 조종사들은 32개 아랍국 공군 기지 각각의 상세 현황을 모두 숙지하고 있어서 어떤 목표를 언제 어떻게 타격할지 정확히 알고 있었다"라고 술회했다.

그 반면, 이집트의 정보력은 그야말로 문제투성이였다. 미국 국가안전보장회의(NSC, National Security Council) 중동국장과 국방대 교수를 역임한 폴락Kenneth Pollack 교수는 "이스라엘과의 전쟁에 필요한 정보를 군 지휘관들에게 제공하는 데 있어 이집트 정보기관은 총체적으로 실패했다"라고 진단했다. 구체적으로는 아랍의 정치적 분위기에 빠져 이스라엘의 선제공격 능력과 가능성을 전혀 예측하지 못했고, 전쟁 지휘부에 대한 보고 내용이 수시로 바뀌거나 종종 상충됐으며, 이스라엘군의 전투 서열이나 전략·전술, 배치 상황 등에 대한 정보를 지휘부에 제대로 보고하지도 못했다고 진단했다. 결과적으로 전쟁 시작 전 이집트는 절대적으로 불리한 상황이었으며, 진쟁이 시작된 이후에도 적이 어디서 어떻게 움직이는지 모르는 장님과 같은 상황이었다고 평가했다.

승리의 견인차가 된 정확한 정보 판단

이스라엘이 6일전쟁에서 전례 없는 승리를 거둘 수 있던 요인으로는 적극적 공세와 효율적 기습, 지휘관들의 우수한 작전 역량, 잘 훈련된 공군력, 전술정보의 우세 등을 들 수 있다. 하지만 전쟁 지휘부에 대한 AMAN의 정확한 정보 분석과 정보 제공이 없었다면 효율적으로 전쟁을 운용하는 것은 사실상 불가능했다. 전쟁 준비와 수행 과정에서 AMAN은 정확한 정보 판단과 시의적절한 보고를 통해 지휘부가 상황을 제대로 평가해 효율적으로 대응하도록 소임을 완벽히 수행했다.

당초 AMAN은 시리아가 독자적으로 이스라엘을 대적하기 어렵다고 판단했기 때문에 이집트가 가세하지 않는 한 시리아는 전쟁을 일으킬 수 없다고 보았다. 또한 이집트도 1962년부터 요르단내전에 개입해왔고 예멘에서 반反사우디 진영을 지원해 온 관계로 새로운 전쟁을 시작할 여력이 없다고 판단했다. 더구나 이집트 국경과 접한 시나이 반도는 2차 중동전쟁 이후 유엔군이 주둔하면서 사실상 중립화되었기 때문에 긴장을 어느 정도 관리할 수 있는 상황이라고 판단했다. 그런데 1965년 아랍국들이 소위 '물 전쟁'에서 이스라엘에 대한 공동전선을 전개하면서 일부 상황이 변화할 조짐을 보였다. 하지만 당시 AMAN의 야리브Aharon Yariv(1920~1994) 부장은 이집트가 이스라엘과 전쟁을 할 수 있는 상황이 아니기 때문에 시리아와의 전면전으로 가지 않고도 물 프로젝트를 추진할 수 있다고 주장했다. 다시 말해 시리아군의 허약한 실체와 이집트의 요르단내전 개입 등을 고려했을 때 이스라엘을 상대로 전쟁까지 불사할 나라는 없는 만큼, 전면전으로 가지 않고도 시리아가 팔레스타인 게릴라에 대한 지원을 하지 못하도록 하는 등 강공책을 추진할 수 있다고 판단한 것이다.

그러나 1967년 5월 13일, 소련이 이집트에 정치적 의도를 갖고 흘려준 부정확한 정보가 상황을 완전히 바꿔 놓았다. 모스크바를 방문한 이집트 부통령 사다트에게 소련은 이스라엘이 11~13개 여단을 시리아 국경에 증강시키고 있어 조만간 시리아를 침략할 것으로 보인다는 정보를 준 것이다. 이에 자극받은 나세르 대통령은 5월 15일 시나이 반도로 군대를 진주시키고 군에 비상경계령을 발동한 다음, 국경 지대에 배치된 유엔군의 철수를 요청하기에 이른다.

이스라엘의 AMAN은 이집트의 이런 강경 입장을 이전과는 다른 새로운 상황으로 받아들였다. 그리고 그동안 유지해 오던 판단을 바꿔 이집트가 전면전으로까지 상황을 악화시킬 의사는 없더라도 국경에서 이스라엘과 대적할 의사는 충분히 있다고 판단했다. 이집트가 비행장과 핵발전소 선제공격, 또는 티란 해협 봉쇄 등을 단행하며 국지전을 일으킬 가능성이 충분한 만큼, 이집트군의 동원 태세나 움직임을 면밀히 주시해야 한다고 보고했다. 이에 따라 라빈 합참의장 등 지휘부는 5월 16일 예비군 동원령을 내리고 이집트군의 동태를 예의 주시하기 시작했다.

이런 상황에서 이집트 나세르 대통령이 5월 22일 밤 티란 해협 봉쇄를 전격적으로 선언하자 AMAN은 이를 이집트의 사실상 개전 선언으로 해석했다. 그래서 야리브 부장은 5월 23일 총리 주재 내각회의에 참석해 다음과 같이 보고하며 즉각적 군사 대응을 건의했다.

수에즈(제2차 중동전쟁) 이후의 시대는 끝났습니다. 이것은 단순한 통항 자유의 문제가 아닙니다. 만약 이스라엘이 분명하게 대응하지 않는다면 이스라엘의 억지력은 심각한 도전에 직면할 것이며, 아랍국들은 이를 자신들의 안보를 확고히 하는 데 있어 훌륭한 기회라고 해석할 것입니다.

당시 이스라엘 에슈콜Levi Eshkol(1895~1969) 총리는 시리아와의 국경을 안정적으로 관리하길 희망했지만 1967년 들어서부터는 점차 공세적 방향으로 정책을 추진했다. 1967년 4월 테러 공격에 대한 대응 차원에서 골란 고원의 시리아군에 대한 과감한 보복공격을 승인했다. 5월에는 이집트군의 심상치 않은 움직임을 보고받고 군의 경계 태세 상향과 예비군 동원령도 승인했다. 그러나 여전히 AMAN이 당초 보고했던 정보 보고의 기본 가정처럼 아랍국들이 외형적 호전성에도 불구하고 실제 전면전으로까지 확대할 의사는 없다고 믿었다. 그러나 AMAN으로부터 이집트의 호전적 태도를 보고받고 난 이후 그는 기존 인식을 바꿔 군의 전면 동원과 전쟁 준비 태세 발령을 승인했다. 서구 국가들의 중재 노력을 감안해 외교적 해법도 계속 강구해야 한다는 전제가 붙긴 했지만 AMAN의 건의를 믿고 수용한 것이다.

AMAN의 정보를 바탕으로 다얀 국방장관과 라빈 합참의장도 티란 해협 개방을 위해서는 전쟁이 불가피하다고 판단했다. 다만, 전쟁 수행 전략에서는 이집트를 비롯한 아랍국의 수적 우세를 감안했을 때 선제 기습공격만이 유일한 해결책이라고 보았다. 특히 압도적으로 많은 항공기를 보유한 아랍국들이 4개밖에 없는 이스라엘 공군기지를 선제공격할 경우 이스라엘 공군이 속수무책으로 당할 가능성을 우려했다. 이런 맥락에서 이집트를 선제공격해 시나이 반도, 특히 티란 해협의 조기 확보를 목표로 기습공격을 실행하는 계획을 상세히 준비했다.

이스라엘 내각이 6월 2일 사실상 전쟁이 불가피하다고 판단했을 때도 AMAN은 상황 변화를 설명하고 조속한 군사작전이 바람직하다고 재차 건의했다. 5월 30일 요르단의 후세인 국왕이 카이로를 방문해 이집트와 상호 방위협정을 조인하고, 이스라엘 동쪽의 요르단 전선에 이집트 장군이 임명되는 것 등을 볼 때 전쟁이 불가피하다고 판단한 것이다. 그리고 전쟁을 하려면 조기에 선제공격하는 것이 가장 바람직하다고 건의했다. 미국이 티란 해협 봉쇄 해제를 위한 외교 노력에 소극적 자세를 보이고 있는 상황에서, 소련이 이집트에 많은 무기를 지원하고 이집트군이 예멘내전에 개입한 병력을 철수시켜 세력을 보강할 경우 상황이 더욱 어려워질 것이라고 부언했다. 특히, 당시 시나이 반도 이집트군의 보급이 불충분하고 심지어 일부 부대는 군복도 제대로 갖추지 못할 정도로 어수선했기 때문에 공격은 가능한 빠를수록 좋다고 건의했다.

이스라엘이 공격 개시 시점을 저울질하고 있을 무렵, 해외정보를 담당한 모사드의 아미트Meir Amit(1921~2009) 부장이 미국 방문을 마치고 귀국했다. 그는 사전에 입수한 이집트의 이스라엘 공격 계획(작전명 Asad)을 미국 국방부와 CIA에 전달하고 설득한 끝에 이스라엘이 선제공격할 경우 미국이 이스라엘을 지지할 것이라는 암묵적 느낌을 받았다고 보고했다. 이에 이스라엘은 6월 4일 내각회의에서 전쟁을 최종적으로 결정했다. 이에 따라 군은 6월 5일 아침 전광석화 같은 선제공격을 실시, 개전 3시간 만에 이집트 공군기 419대 중 304대, 시리아 공군기 112대 중 53대, 요르단 공군기 28대 전체를 박살 냈다. 상대방이 전혀 손쓸 수 없는 사이에 전쟁의 판세를 완전히 유리한 방향으로 만든 것이다.

AMAN은 전쟁 전 시리아가 전면전을 감행할 처지가 못 된다는 판단을 바탕으로 정부의 적극적 정책 추진이 가능하도록 지원했고, 전쟁 시작 단계에서는 아랍연맹국들의 연대 미흡이나 준비 부족 등을 이용해 상황을 조기 종결시킬 수 있다고 정확히 판단했다. 최고 정책 결정권자들이 상황을 객관적으로 판단해 전략적 결정을 하도록 지원하고 군 고위지휘관들이 제한된 전력으로 거대 아랍 연합군을 효과적으로 대적할 수 있도록 정보를 제공한 것이다.

당시 군 정보기관 AMAN이 정보공동체 내 다른 어느 정보기관보다 정책 결정권자들에게 유용한 정보를 제공하며 영향력을 발휘할 수 있던 배경에는 전쟁이라는 특수한 상황, 국방부 위상이 다른 어느 부처보다 높은 이스라엘 관료체제의 특성 등이 크게 작용했다. 그러나 무엇보다 합리적인 정보 판단을 수용해 시의적절하게 정책 결정을 내린 에슈콜 총리를 비롯한 지휘부의 열린 자세도 커다란 성공 요인으로 작용했다. 동시에 AMAN 정보 분석관들의 탁월한 상황 판단과 상황 대처 능력, 야리브 부장의 전문성 등도 국운이 걸린 절체절명의 순간에 정보가 정책 결정 과정에서 소기의 역할을 다할 수 있도록 기여했다.

이스라엘의 6일전쟁 승리는 제2차 중동전쟁 이후 아랍 민족주의를 바탕으로 단합되고 강해진 거대 아랍국들을 상대로 이스라엘의 저력을 유감없이 보여 줬다는 점에서 큰 의의가 있다. 그 반면, 아랍국들에는 뼈아픈 전쟁의 실패를 다시 한 번 경험하게 함으로써 이스라엘과의 문제를 전쟁으로 해결하는 것은 사실상 불가능하다는 생각이 자리 잡도록 만들었다. 이런 아랍의 생각은 제4차 중동 전쟁을 통해 더욱 분명해져 급기야는 이스라엘 타도의 선봉에 섰던 이집트가 1979년 3월 캠

프데이비드 협정에서 이스라엘과 평화조약을 체결하도록 만들었다. 척박한 토양에 자리 잡은 작은 신생국 이스라엘이 거대 아랍국들 사이에서 제한적이나마 국가로 인정받고 불안정한 평화를 유지할 수 있는 바탕을 제3차 중동전쟁이 만들어 낸 것이다. AMAN과 모사드를 비롯한 정보기관들이 헌신적 애국심과 탁월한 전문성을 바탕으로 기적이 현실이 되도록 만들어 낸 것이다. 오늘날 이스라엘 정보기관이 세계에서 가장 뛰어난 정보기관 중 하나로 평가받는 데는 그만 한 이유가 있는 것이다.

1989년 11월 베를린 장벽이 붕괴되고 10개월 후인 1990년 9월 2차 대전 전승국들은 독일과의 화해조약을 통해 독일의 통일을 인정했다. 1945년 이후 이어져 온 냉전체제가 막을 내린 셈이다. 이런 변화는 1985년 소련공산당 서기장 고르바초프의 개혁(페레스트로이카)·개방(글라스노스트) 노선으로 시작되어, 연쇄적인 동유럽 민주화를 거쳐 1991년 12월 소련의 해체로 마무리되었다.

소련·동구권 붕괴를 촉진시킨 동인은 1980년대 초부터 일관되게 추진된 미국의 대소련 정책이었다. 전직 소련공산당 중앙위원회 간부 노비코프는 "레이건 행정부 정책이 소련 체제 붕괴의 중요 원인이었다"라고 언급했고, 소련의 전 외무장관 베스머니크도 미국의 전략방위계획(SDI)과 같은 공세적 정책들이 소련권 몰락을 부채질했다고 인정했다.

레이건 행정부의 대소련 붕괴 전략에 주도적 역할을 한 사람은 윌리엄 케이시 정보공동체 의장(DCI) 겸 CIA 부장이었다. 1981년 레이건 행정부 출범과 동시에 CIA 부장으로 취임한 그는 1987년 지병으로 퇴임할 때까지 미국 역사상 가장 강력한 CIA 부장으로 재임하며 대소련 강경 정책과 비밀공작을 주도했다. 레이건 대통령 당선의 일등 공신으로서 CIA 부장 역할을 넘어 외교·안보 정책 전반, 특히 대공산권 정책 수립과 추진에서 막강한 영향력을 행사했다. 전임 카터 행정부 시절 거의 방치되다시피 했던 CIA에 활력을 불어넣고, CIA를 대공산권 정책과 비밀공작의 선봉으로 활용했다. 인원과 예산을 획기적으로 확충하고 외교(제1옵션)와 군사적 대응(제2옵션)으로 해결하기 어려운 부분에 비밀공작(제3옵션)을 집중했다.

냉전
소련과 동구권 붕괴를
촉진시킨 CIA의 비밀공작

대對소련 강경 정책에
앞장선 CIA

미국에서 일반적으로 CIA(중앙정보부, Central Intelligence Agency) 부장은 외교·안보 정책 결정에 직접 관여하지 않는다. 합리적 정책 결정이 가능하도록 정보를 서비스하고 정책 집행 상황을 모니터링하는 역할에 한정된다. '정보'가 '정치'나 '정책'에 개입해서는 안 된다는 원칙 때문이다. 하지만 레이건Ronald Wilson Reagan(1911~2004) 행정부에서 정보공동체 의장(DCI, Director of Central Intelligence) 겸 CIA 부장으로 재임한 윌리엄 케이시William Joseph Casey(1913~1987)는 그간의 평범했던 CIA 부장들과는 많이 달랐다. 그는 행정부 관료 중 단순한 한 사람이 아니라 대통령의 정치적 동지였으며 배우 출신으로서 정치 경험이 일천한 대통령이 믿고 의지할 수 있는 측근 중의 측근이었다. 같은 아일랜드계 출신일 뿐만 아니라 대통령선거 기간 동안 선거대책본부장으로 당선에 크게 기여한, 레이건 대통령이 절대 무시하지 못할 존재였다. 게다가 두 사람은 반공사상에 기반한 민주적 세계관을 공유했기 때문에 정책적 지향점도 비슷했다.

레이건이 대통령에 당선된 직후인 1980년 말 케이시 부장은 내심으로 국무장관직을 기대했다. 하지만 국무장관 자리는 NATO(북대서양조약기구, North Atlantic Treaty Organization)군 사령관 출신의 헤이그Alexander Haig(1924~2010)에게 돌아가고 케이시는 CIA 부장 자리를 제의받는다. 케이시는 당연히 크게 실망할 수밖에 없었다. 그래서 그는 레이건에게 세 가지 조건을 들어주지 않으면 CIA 부장 자리를 수락하지 않겠다고 했다. 첫째, 고위 외교·안보 정책 협의 시 참석하는 것은 물론이고 장관급에 상응하는 대우를 해 줄 것. 둘째, 수시로 대통령 및 NSC와 협의할 수 있도록 CIA 본부 이외에 백악관에도 별도 사무실을 마련해 줄 것. 셋째, 언제든지 대통령에게 직보할 수 있도록 해 줄 것이었다. 레이건이 이를 즉석에서 수락하면서 그는 미국 역사상 가장 강력한 CIA 부장이 될 수 있는 든든한 기반을 마련하게 된다. 게다가 그는 2차 대전 때 CIA의 전신인 OSS(전략사무국, Office of Strategic Services) 유럽지부장으로 활동한 정보 전문가였으므로 소련에 대한 정보활동을 어떻게 추진해야 할지 너무 잘 알고 있었다.

레이건 행정부는 1981년 출범하자마자 외교·안보 정책 의제들을 모니터링하고 정책을 개발하기 위해 전임 카터 행정부 시절부터 유지되어 온 위원회들을 더욱 활성화시켰다. 1982년 1월 NSC 구조와 관련된 국가안보지침서(NSDD-2)를 통해 고위정책조정그룹(SIG, Senior Interagency Groups)을 결성했다. 그리고 이 고위정책그룹이 외교·국방 및 정보와 관련된 업무 전반을 총괄 관장하도록 했다. 이 중 정보 정책 분야는 관련 부처의 차관이나 차관보급 위원들로 하여금 국가정보활동에 대한 제반 사항을 NSC에 권고하거나 지원하는 역할을 담당하도록 했다.

하지만 케이시의 주장에 따라 민감한 비밀공작(covert action)과 관련된 문제는 고위정책조정그룹에 귀속시키지 않고 별도의 고위급 협의체에서 다루어지도록 했다. 소위 '국가안보기획그룹(NSPG, National Security Planning Group)'으로 명명된 별도의 고위 협의체가 그것이다. 이 협의체는 부통령, 국무장관, 국방장관, 국가안보보좌관, 정보공동체 의장, 대통령 비서실장, 합참부의장, 기타 필요 인사 등으로 구성되어 NSC 산하 위원회들의 업무에 관여했다. 특히, 이 회의체에는 레이건 대통령이 수시로 참여해 회의를 직접 주도했으며, 법무장관과 예산운영실장, 합참의장 등도 자주 참석해 관련 사항을 협의하고 정책을 결정했다. 여기서 논의된 세부 사항은 관련 부처 차석 직급으로 이루어진 정책조정그룹(PCG, Policy Coordination Group)을 산하에 두고 결정 사항에 대한 후속 조치가 이루어지도록 했다.

케이시는 이런 정책 협의체를 통해 중요 외교·안보 사안에 대한 논의가 이루어질 때마다 직·간접적으로 중요한 역할을 수행했다. 대통령과 수시 통화하고 일주일에 적어도 두 번씩은 만나 정책 의제에 대한 대통령의 인식에 영향력을 행사했다. CIA가 수집하고 분석한 소련의 강·약점 정보를 바탕으로 약점을 최대한 전략적으로 이용하도록 이끌었다. 소련 루블화 가치 하락, 공장의 부품 부족으로 인한 생산활동 침체, 생필품 부족으로 인한 배급제 위기 등을 생생한 첩보와 함께 보고함으로써 소련 경제가 심각한 위기에 직면했음을 대통령에게 인식시켰다.

1981년 1월에는 이를 국가안보기획그룹 공식 의제로 채택해 고위급에서 진지하게 협의하도록 했다. 이후 국방 예산 증가와 동유럽 지역에서 소련의 영향력을 약화시키는 데 정책의 초점이 맞춰지도록 더욱 적극적으로 유도했다. 케이시가 미국의 상대적 입지를 확장하는 것과 동시에 소련의 힘을 약화시킬 수 있는 정책을 이끈 것이다.

그의 이런 노력으로 레이건 대통령은 취임 5개월 후인 1982년 5월 국가안보지침서(NSDD-32)를 통해 동유럽 지역에서 소련의 영향력을 약화시키고 반소련 조직 활동을 지원하는 CIA의 각종 정치 선전과 비밀공작 추진을 승인했다. 이에 따라 시위와 파업 주도 세력을 지원하고, 소련·동구권의 만행을 외부 세계에 폭로하는 언론이나 학회 활동 등을 활발하게 지원했다.

1982년 9월에는 '미국의 동유럽 정책' 제하의 국가안보지침서(NSDD-54)를 추가로 승인해 동유럽에서 소련의 영향력을 약화시키고 서유럽 사회로의 편입을 궁극적 목표로 추진하도록 지시했다. 그래서 동유럽 국가들이 미국과 무역하는 데 있어 최혜국 대우를 통해 관세 특혜를 받고, 채무 상환 유예와 채권 연장, 인원 교류 활성화, 고위급 간의 과학·기술 협의회 활성화, 교육·문화·스포츠 교류 활성화 등을 적극 추진하도록 제도적 틀을 만들었다. 1982년 11월 국가안보지침서(NSDD-54), 1983년 1월 국가안보지침서(NSDD-75)를 잇달아 추가 승인함으로써 소련을 더욱 고립시키는 동시에 동유럽에 자유주의 사상을 주입하는 정책이 적극 추진되도록 했다.

CIA에 생기를 불어넣은 케이시

전임 카터 행정부 말까지 CIA는 정보의 수집·분석이란 기본 업무에만 충실할 뿐 비밀공작이나 준군사공작(para-military operation)과 같은 공세적 활동에는 별로 관심이 없었고 이를 추진할 역량도 갖추지 못했다. 대통령을 비롯한 고위관료들도 CIA 활동에 별다른 기대를 하지 않고 방치하다시피 했다. 하지만 카터 행정부가 끝날 즈음부터 CIA의 역량을 강화해야 한다는 주장이 힘을 얻기 시작했다. 우선 1979년 12월 소련이 아프가니스탄을 전격 침공하자 행정부의 분위기도 그동안의 긴장 완화에서 '새로운 냉전' 정책으로 전환되기 시작했다. 게다가 1980년 4월 이란의 미국대사관 인질 구출작전(Operation Eagle Claw)이 처참한 실패로 귀결되자 정치권에서는 해외공작 역량 강화를 주문하는 목소리가 점점 커지기 시작했다. 1981년 1월 케이시 부장이 취임하면서 이런 분위기는 더욱 고조되었다. 냉전의 방향을 바꾸는 공세적 대對소련 전략의 첨병으로 CIA가 다시 기능할 수 있도록 역량을 강화해야 한다는 공감대가 형성된 것이다.

먼저, 레이건 대통령은 CIA의 비밀공작 추진에 따른 법적·제도적 절차를 명시적으로 마련하기 위해 1985년 1월 국가안보지침서(NSDD-159)를 통해 '비밀공작 지침 및 조정 절차'를 승인했다. 이어 1987년 10월 국가안보지침서(NSDD-286)를 통해 '특수 활동의 승인 및 검토'를 추가 승인함으로써 CIA가 NSC나 타 부처들로부터 간섭받지 않고 해외에서 비밀공작을 적극 추진할 수 있도록 제도적 토대를 마련해 줬다. 이를 바탕으로 케이시 부장은 비밀공작을 위한 CIA 지휘부의 진용을 새롭게 개편하고 공작활동에 투입되는 인원과 예산을 획기적으로 확대했다.

그는 국가안보기획그룹 회의에서 CIA의 중요 비밀공작이 논의될 때마다 보안에도 각별한 주의를 기울였다. 회의 자료를 사전 배포하지 않고 현장에서 배포한 후 토의하고 회수했으며, 회의 공식 참석자 이외에는 NSC 직원이나 타 부처 간부 들이 뒷줄에 배석하지도 못하게 했다. 아프가니스탄 반군 지원이나 폴란드 자유노조 지원과 같이 민감한 사안을 논의할 경우에는 레이건 대통령을 단독으로 만나 협의하고 지침을 받아 보고하는 방식을 이용했다. 이런 개별 접촉에서 케이시는 오랜 친구인 클라크William Clark 국가안보보좌관과 함께 대통령을 설득함으로써 CIA 활동에 대한 대통령의 지원과 신뢰를 높이는 방식을 활용했다.

케이시 부장 취임 후 첫 번째 비밀공작은 소련군의 침략에 저항하는 아프가니스탄 반군을 지원하는 것이었다. 원래 아프가니스탄 무자헤딘mujahidin 반군에 대한 지원은 전임 카터 행정부에서 승인한 국가안보지침서(NSDD-166)를 근거로 시작됐다. 하지만 레이건 대통령 취임 후 케이시 부장은 '태풍공작(Operation Cyclone)'으로 명명된 비밀공작을 별도로 승인받아 기존 공작을 대폭 확대해 추진했다.

먼저, 미국의 개입을 은폐하기 위한 수단으로 이집트에서 소련제 무기를 대량 구입해 반군에 지원하는 공작을 추진했다. 이집트의 나세르 정부가 1970년대까지 소련의 우방으로 있으면서 소련제 무기를 많이 보유하고 있던 데다 이집트가 같은 무슬림인 무자헤딘 반군에 동정적이란 점을 이용한 것이다. 이를 통해 AK-47 소총이나 지뢰 등을 대대적으로 지원해 반군의 저항 능력을 대폭 향상시켰다.

1983년 아프가니스탄 무자헤딘 반군을 백악관에서 접견하는 레이건 대통령

아프가니스탄 반군에 이런 무기를 전달하고 추가 요구 사항을 들어주는 등의 일에는 CIA가 직접 나서지 않고 무자헤딘과 긴밀히 협력하며 소련과 갈등하던 파키스탄을 주로 이용했다. 1981년 9월에는 케이시 부장이 직접 파키스탄을 방문해 현지 정보기관(ISI, Inter-Services Intelligence)의 칸Akhtar Khan 부장과 만나 협력의 토대를 마련하고 실무진에서 협력할 수 있는 기틀을 마련하기도 했다.

무자헤딘에 대한 지원으로 소련에 치명타를 준 것은 아니지만, CIA는 적어도 심각한 외상을 입힐 수 있다고 판단하고 소련의 피해를 최대화할 수 있도록 노력했다. 무자헤딘에 대한 이런 지원은 1981년 1000만 달러 수준이던 것이 1985년에는 2500만 달러, 1988년에는 7

미국이 지원한 스팅어 미사일을 발사하는 당시 무자헤딘 반군(1988년)

억 달러 수준으로까지 확대됐다. 반군에 대한 무기와 병참 지원, 재정 지원 확대 등을 지속한 것이다. 특히, 후반기에 들어서는 파키스탄 정보부의 건의를 받아들여 소련군의 우세한 공군력을 무력화시킬 수 있는 고성능 장비도 지원했다. 예를 들면 견착식 스팅어Stinger 미사일이나 야포 등으로 지원을 확대한 것이다.

이런 지원에 힘입어 무자헤딘 반군은 주간에는 소련군의 이동로에 대한 매복공격을 실시하고 야간에는 소련군 주둔지를 직접 공격하는 등의 공세적인 활동으로 전환했다. 동시에 소련인 거주자와 지방의 공산당 관리 들에 대한 선별적 테러공격도 적극적으로 실시했다. 그래서 1980년대 후반에는 무자헤딘 반군이 주요 도시를 제외한 아프가니스탄 영토의 거의 80퍼센트를 사실상 통제하게 되었다.

이렇게 상황이 갈수록 악화되었기 때문에 소련은 1989년 결국 아프가니스탄에서 짐을 싸 완전히 철수한다는 결정을 내릴 수밖에 없었다. 거의 10만 명에 육박하는 엄청난 병력을 투입하고도 아무 소득 없이, 그것도 전사자 1만 5000명에 부상자 4만 명이라는 엄청난 피해를 입고 철수한 것이다. 그보다 더 중요한 것은 공산권 전체의 이익을 위해 다른 사회주의 국가에 대한 개입을 정당화하고 어떤 국가도 서방에 내주지 않겠다면서 1968년 선언한 '브레즈네프독트린Brezhnev Doctrine'을 소련 스스로 폐기하도록 만든 것이다.

이로써 미국은 소련에 대한 국제사회의 신뢰가 추락하도록 만들고 제3세계 국가들 사이에서 소련의 영향력이 심각한 타격을 받도록 하는 데 성공했다. 하지만 당시 CIA가 반군에게 지원한 무기들이 9·11테러 이후인 2001년 10월 미국이 탈레반Taleban 축출을 위해 아프가니스탄을 공격했을 때 오히려 자신들을 향해 사용되는 아이러니가 발생하기도 했다. 이런 사례들 때문에 장기적인 관점에서 비밀공작 성공 여부에 대한 평가는 종종 논란에 휩싸이기도 한다. 하지만 미국은 아프가니스탄에서 소련을 축출함으로써 냉전 승리를 위한 소련과의 각축에서 일단 확실한 기선을 잡는 데는 성공했다.

소련 경제체제 붕괴에 집중한 CIA의 경제공작

케이시는 CIA의 공작 부서뿐만 아니라 분석 부서(DI) 역량을 강화하기 위한 조치도 적극 추진했다. 그는 취임 직후 분석 부서가 소위 HYPE(Harvard, Yale, Princeton Establishment)라고 불리는 명문대 출신들로 채워져 너무 관료적인 보고를 일삼는 것을 문제라고 인식했다. 또한 분석관들이 특정 사안에 대해 분명한 결론을 내서 책임을 지는 태도를 보이기보다는, 면피성 보고를 일삼는 것도 문제라고 봤다. 그는 분석관들이 정보 사용자인 고위 정책 결정권자들에게 분명한 결론과 대안을 제시하지 못한다면 정보 보고서로서의 가치가 없다고 보았다. 특히, 가장 중요한 정보 목표인 소련에 대한 분석관들의 역량이 생각보다 부족하다는 점이 심각한 문제라고 인식하고, 대안을 찾기 위해 다각적으로 노력했다.

이에 따라 그는 분석 부서 역량을 강화할 수 있는 조치들을 과감하게 실시했다. 먼저, 전 RAND연구소 소장이자 소련 경제 전문가인 로웬Henry Rowen(1925~2015)을 국가정보위원회(NIC, National Intelligence Council) 위원장으로 임명했다. 마찬가지로 소련 경제 전문가이자 경제 전문 잡지《포천Fortune》편집장인 메이어Herb Meyer를 특별보좌관으로 채용했다. 그리고 이들로 하여금 미국이 전략적으로 활용할 수 있는 소련 경제의 취약점을 구체적으로 분석해 보고하도록 지시했다.

이런 분석을 진행하는 과정에서 소련이 1981년부터 보유 중이던 금을 국제시장에 대량 매각한 사실 등을 확인하고는 소련 경제가 어느 정도로 안 좋은지 객관적으로 평가하기 위한 여러 정보를 수집하고 분석했다. 이를 바탕으로 CIA는 1983년 소련 경제가 "산업 성장은… 1976~1982년 동안 급격하게 둔화됐다…. 특히, 생산성 부진이 심화됐다…. 1980년대 남은 기간 동안에도 상황이 개선될 가능성은 거의 없다"라고 결론을 내렸다.

그동안 CIA는 소련의 군사력 증강 실태와 막대한 금 보유, 동맹국에 대한 경제·외교적 지원 등 강점을 중심으로 정보를 수집하고 이에 대한 대응에 초점을 맞춰 정보 보고서를 작성해 왔다. 소위 미국에 대한 소련의 위협을 강조하고 이에 대한 방어책을 마련하는 데 분석의 초점을 맞춘 것이다. 이를 통해 CIA를 비롯한 군사·안보기관들은 안정적으로 예산을 확보하고 행정부 내에서의 영향력을 유지할 수 있었다. 하지만 케이시가 그동안의 분석 방향에서 벗어나 정보를 공세적인 정책 집행에 필요한 나침반으로 활용하도록 분석 방향의 전환을 요구한 것이다. 이에 따라 CIA는 소위 소련 경제의 '취약성 평가(vulnerability assessments)' 등을 보다 체계적으로 진행하기 시작했다. 미국이 공세 정책 추진에서 약점으로 활용할 수 있는 소련 경제체제의 아킬레스건을 찾는 데 역량을 집중한 것이다.

케이시 부장이 CIA 내부 개혁을 통해 역량을 과감하게 강화해 나간 또 하나의 영역은 심리전이었다. 그동안 CIA는 외국 유명 인사들의 인적 사항 수집을 통해, 또는 우연한 접촉을 통해 확인한 내용을 바탕으로 적성국 지도자에 대한 심리전을 전개해 왔다. 하지만 케이시는 이런 소극적 차원을 넘어 정책 결정권자가 좀 더 적극적 차원에서 활용할 수 있는 실질적 심리전 정보를 요구하기 시작했다. 예를 들면, 소련 지도자들이 위협을 느끼는 대상은 무엇인지, 그들이 자존심에 대한 공격을 얼마나 감당할 수 있는지, 위기로부터 얼마나 빨리 회복해 평정심을 회복할 수 있는지 등에 대한 분석을 요구했다. 그리고 이런 분석을 정책적으로 활용할 수 있는 구체적 방안들에 대한 아이디어를 적극 보고해 달라고 요구했다.

이를 통해 CIA는 아프가니스탄 반군에 대한 지원 공작 외에도 소련 체제의 약화를 촉진할 수 있는 비밀공작 목표로 다음과 같은 대상들을 선정하고 행정부 정책으로도 추진되도록 노력했다. 첫째, 폴란드 자유노조(Solidarity)에 대한 지원을 통해 소련·동구권 내에서 반체제 운동이 확산되도록 노력한다. 둘째, 사우디아라비아와의 협력을 통해 원유 가격 하락을 유도하고 소련산 가스의 서방 수출을 저지해 소련의 경화 획득을 최대한 제한한다. 셋째, 서방의 첨단기술에 대한 소련의 접근을 획기적으로 줄일 수 있도록 국제 협력을 적극적으로 전개한다. 넷째, 소련 경제를 혼란시켜 소련 지도자들의 자신감 상실을 야기할 수 있도록 적극적인 심리전 공작을 추진한다. 다섯째, 공세적 군사 정책을 통해 소련의 자원을 고갈시키고 소련 경제의 위기를 더욱 심화시킬 수 있도록 최대한 노력한다는 것 등이었다.

여기서 공세적 군사 정책은 1983년 3월 발표된 전략방위계획(SDI, Strategic Defense Initiative)으로 공식화되어 국방부가 주도했다. 이는 소련의 핵미사일에 과거와 같은 핵 보복으로만 대응하는 것이 아니라 우주 공간에서 레이저나 입자 빔과 같은 첨단 무기로 격파하는 개념을 포함했다. 흔히 언론에서는 이를 '스타워즈Star Wars' 계획으로 불렀다. 오늘날 미국의 미사일 방어 체제(MD, Missile Defense)로 발전되긴 했지만 이 계획은 당시 미국의 첨단기술력으로도 실현 가능성을 장담하기 어려웠다. 그 때문에 실현 가능성보다는 소련 국방 예산이 기존의 전력 증강 사업에서 불투명한 사업들로 전환되도록 압박하는 데 오히려 더 큰 전략적 목적이 있었다. 군비경쟁의 틀을 기존의 양적 경쟁에서 소련이 도저히 따라올 수 없는 질적 경쟁으로 변화시킴으로써 소련의 자원을 고갈시키고 위축시키는 데 초점을 맞춘 것이다. 소련이 붕괴되고 난 이후인 1993년 클린턴 행정부가 SDI의 존재 이유가 없어졌다면서 계획을 대폭 축소하기로 결정한 것은 당시 미국의 정책 목표가 어디에 있었는지를 잘 설명해 준다.

SDI를 수립하고 집행하는 과정에서 CIA는 관련 정보를 지원하면서 정책의 수립과 모니터링에 관여했다. 이 계획은 기본적으로 국방부가 NSC와 정보공동체의 지원을 받아 공식적으로 추진하는 국방 정책이었기 때문이다. 하지만 다른 사업들은 대부분 CIA가 주도적 입장에서 비밀공작으로 추진할 수 있는 것들이었다.

경제전쟁을 진두지휘한 케이시

케이시 부장은 소련 경제의 취약성에 대한 분석 결과를 대통령과 국가안보기획그룹에 보고해 정부 정책이 CIA가 제안하는 방향으로 추진되도록 견인하는 한편, CIA 자체의 비밀공작으로도 적극 추진했다. 예를 들면, 첨단기술 이전 저지를 위해 필요한 의회와의 협조를 통해 제도적 여건을 마련하고 외교 및 공작적 역량을 총동원해 실질적 효과가 나오도록 했다.

합법적 또는 비합법적 방법으로 소련에 보내지는 각종 첨단장비를 관련국이나 관계자들이 의도적으로 사보타주하거나 제품에 부실이 발생하도록 조치하는 방법도 사용했다. 예를 들면, 소련이 구입하는 서방 첨단장비의 운용·기술·수리에 대한 지침서가 부정확하게 인쇄되도록 조치하거나 여기에 사용된 컴퓨터의 핵심 장비 성능을 심각히 저하시키고 수시 하자가 발생하도록 조작했다. 해양에서 원유를 시추하는 등의 첨단장비에 대해서는 심각한 결함을 유도하는 정보를 미리 입력시키는 방법을 사용했다. 대형 가스터빈이나 화학 시설 등 중요 시설의 장비에는 결함이 있는 부품을 삽입하거나 오류 프로그램을 끼워 넣어 운전 중 심각한 오작동이 유발되도록 했다. 이런 유형의 비밀공작은 투입한 비용이나 노력에 비해 결과가 예상보다 훨씬 큰 데다가 CIA의 역할도 드러나지 않아 무리 없이 추진할 수 있다는 장점이 있었다.

또한, CIA는 10만 명 이상이라는 많은 인원을 동원해 서방 첨단기술을 수집하는 소련 군산위원회(Soviet Military Industrial Commission) 관계자들의 접근 동향을 파악하고 이들의 활동을 저지하는 데도 역량을 집중했다. 마침, 1981년 초 프랑스 국토안보부(DST)가 소련 KGB 내에 운용하던 공작원 페어웰FAREWELL로부터 KGB 1국이 작성한 산업첩보 수집 내용과 평가서 자료를 입수했다. CIA는 DST로부터 이 자료를 입수해 소련이 평가하고 있는 서방 산업기술 절취 실태를 확인할 수 있었다. KGB는 1976~1980년간 소련 항공산업부에서 요청받은 서방 기술을 불법으로 입수해 약 8억 달러 상당의 연구·개발 비용을 절감했다고 평가했다. 전반적으로 소련군산위원회가 수집을 목표로 했던 첨단기술의 약 50퍼센트까지를 서방에서 절취해 가져가고 있다고 소련 스스로 평가한 사실도 확인했다. 그래서 항공 분야뿐 아니라 KGB가 소련 산업계 전체로부터 요청받아 불법 탈취해 간 서방 기술의 전체 가치를 금액으로 환산한다면 실로 엄청난 규모가 될 것이라고 보았다. 그리고 이런 서방의 첨단기술은 스위스, 스웨덴, 오스트리아 등 소련에 대한 경계가 느슨한 유럽 국가들을 통해 주로 유출된다고 판단했다. 이를 방치할 경우 상황이 더 심각하게 전개될 것은 분명해 보였다.

케이시 부장은 1981년 6월 이런 사실을 대통령에게 보고했다. 대책으로 'COCOM(Coordinating Committee for Multilateral Export Control)'이라고 불리는 '대對공산권 수출 통제 시스템'의 통제 품목을 확대하고 감시를 강화하는 외교적 노력을 전개해야 한다고 주장했다. 이에 따라 국무부는 COCOM 규정 준수를 포함한 첨단기술 유출에 유럽 각국이 더 유의해 달라고 특별히 당부하고 이 국가들이 실제 시행해 나가는지 여부를 지속적으로 점검했다. 미국 내부적으로는 수출통제법(Export Control Act)에서 규정한 첨단기술의 대공산권 수출 통제 규정을 더욱 엄격히 적용하고 산업체의 이행 실태를 단속했다.

케이시 부장은 CIA 직원들 역량으로는 한계가 있는 비밀공작에 대해서는 직접 나서 고위 지도자들을 만나고 문제 해결을 주도했다. 예를 들면, 1981년 4월과 1982년 5월 OPEC(석유수출국기구, Organization of Petroleum Exporting Countries) 석유 생산량의 40퍼센트를 차지하던 사우디아라비아를 직접 방문해 파드Fahd(1923~2005) 국왕 등을 만나 소련이 공산권 제국을 운용하는 데 소요되는 기본 자금이 석유 수출로부터 나온다는 점을 설명하고 이를 약화시키기 위한 협력을 당부했다. 동시에 사우디아라비아 안보에 대한 미국의 약속을 재확인하고, 아프가니스탄이나 중앙아시아 무슬림들에 대한 소련의 억압 사실도 지적하면서 사우디아라비아가 적극 동참해 달라고 촉구했다.

이후 그는 사우디아라비아의 협력을 이끌어 내기 위해 이스라엘 정보기관을 설득해 그동안 이스라엘이 반대해 온 조기경보기(AWACS, Airborne Warning And Control System)의 사우디아라비아 판매가 이루어지도록 최대한 성의를 보이기도 했다. 사우디아라비아 왕가가 인근 적대국 이란을 두려워한다는 점을 감안해 사우디아라비아 주둔 미군의 인원과 장비를 대폭 보강하는 방향으로 국방부와 조율하기도 했다. 미국이 가진 각종 카드를 효율적으로 사용하면서 사우디아라비아가 국제 석유 가격 하락에 적극적 역할을 하게끔 노력했다. 소련 체제 유지의 자금줄인 석유와 가스 가격 하락을 집요하게 추진한 것이다. 실제로 1970년대 후반 급등한 국제 원유 가격은 1980년대 초에 하락했다가 1980년대 중반 대폭 하락했다. 물론, 1980년대 중반부터 1990년대까지 지속된 낮은 원유 가격이 이런 미국의 정책에만 기인했다고 볼 수는 없지만, 미국의 이런 정책이 중요한 영향을 미쳤다는 점은 부인할 수 없다.

원유 가격 하락으로 인한 재정 여건 악화로 소련은 1981년 가을 무상 지원하던 동구권 국가들에 대한 석유 수출을 10퍼센트 줄이고 이를 OECD(경제협력개발기구, Organization for Economic Cooperation and Development) 국가들에 대한 수출로 돌리겠다고 발표했다. 경제가 어렵기 때문에 동맹국에 대한 무상 지원도 줄일 수밖에 없다고 인정한 것이다. 그런데 1981~1984년 사이 사우디아라비아가 석유 생산량을 3배나 확대하자 가격은 더 하락했고 이에 따라 소련의 재정 수입도 심각한 타격을 받을 수밖에 없었다. 국내 경제가 어려워져 동맹국에 대한 지원을 더욱 줄일 수밖에 없는 상황에 직면한 것이다.

또 하나 재미있는 사례는 유럽으로 향하는 소련의 신규 가스 파이프라인 건설을 CIA가 적극 저지한 것이다. 1981년 초 CIA는 소련이 유럽의 차관과 기술을 지원받아 북시베리아에서 체코 국경에 이르는 3600마일에 걸친 가스 파이프라인 건설 계획(Urengoi-6 프로젝트)을 추진한다는 사실을 확인했다. 케이시 부장은 와인버거Caspar Willard Weinberger(1917~2006) 국방장관과 협의를 통해 이를 저지하기로 의견을 모았으나 헤이그 국무장관의 반대에 직면했다. 헤이그 장관은 소련과 유럽 국가들 간에 이미 협의가 상당 부분 진행된 마당에 중간에서 개입해 저지하는 일은 무리라고 본 것이다. 하지만 국방장관과 케이시 부장은 이를 허용할 경우 유럽에 대한 소련의 전략적 영향력을 증대시킬 뿐만 아니라 소련에 달러 창구를 제공해 주는 것이나 다름없다고 주장했다. 그래서 이를 두고 1981년 5월 레이건 대통령이 참석한 국가안보기획그룹 회의에서 상당한 격론이 벌어지기도 했다.

결국 직접적 압력보다는 간접적 설득을 통해 포기나 지연시키는 방향으로 정책을 수정해 추진하기로 조정됐다. 그리고 이런 정책은 서방 은행들이 소련에 대해 차관과 여신 제공을 자제하도록 함으로써 소련의 재정을 더욱 압박하는 수단으로 작용했다. 그뿐만 아니라 가스 파이프라인의 중간중간에 설치한 컴프레서(압축기)에서 사용되는 로터(회전자)의 축과 날개를 독점적으로 생산하는 GE사의 부품 공급이 지연되도록 하는 등의 보조 수단을 활용했다. 이런 분야는 미국 수출입은행 회장(1974~1976)을 역임한 케이시 부장의 전문 분야이기도 했다. 소련과의 '경제전쟁'에 케이시 부장이 얼마나 적극적이고 집요했는지를 알 수 있는 대목이다.

CIA의 폴란드
자유노조 지원

당시 CIA가 무척 공을 들인 비밀공작은 무엇보다도 동유럽 국가들에 자유주의 사상을 주입해 소련의 영향력에서 벗어나도록 하는 것이었다. 공식·비공식적, 정치·경제·외교적 수단을 통해 동구권 공산 정권을 약화시키면서 민주적 시민사회 단체들의 역량을 강화하는 노력을 추진한 것이다. 동유럽 국가들에 대한 재정 지원을 제공하는 데 있어 인권 보호를 위한 해당국 정부의 의지, 정치 개혁과 자유·시장경제 도입을 위한 정부의 노력 등을 연계시켜 해당국 정부가 스스로 추진하는 방식으로 유도했다. 이런 정책은 공식적 외교·경제 정책으로 추진되는 것으로 보였지만 케이시의 건의에 따라 비밀공작과 긴밀하게 연계되어 추진되었다.

이런 비밀공작 중에서 케이시 부장이 특별히 관심을 가진 것이 폴란드에 대한 공작이었다. 당시 백악관의 국가안보보좌관 브레진스키 Zbigniew Kazimierz Brzezinski(1928~)가 폴란드 출신인 관계로 이런 노력은 NSC의 든든한 지원도 받았다. 케이시 부장은 폴란드가 '소련권의 가장 약한 고리'라고 평가하고 폴란드 지하활동에 대한 지원과 비밀공작 강화에 우선순위를 두었다. 그는 '자유롭고 비공산화된 폴란드는 소비에트 제국의 심장에 비수가 될 수 있고, 만약 폴란드가 민주화된다면 다른 동구권 국가들도 따라오게 될 것'이라고 판단했다.

레이건 대통령은 케이시 부장의 이런 의견에 공감하면서 1982년 5월 승인한 국가안보지침서(NSDD-32)에서 동유럽에 대한 행정부의 정

1980년대 초 파업 중인 폴란드 레닌조선소 노동자들

책 방향을 세 가지로 지시했다. 첫째, 동유럽 공산 정권 와해를 위해 현지 지하운동을 지원하는 비밀공작을 추진한다. 둘째, 동유럽 지역에 대한 라디오 방송 등을 통해 심리전 공작을 강화한다. 셋째, 동유럽 국가들의 소련 의존도를 약화시키도록 외교·경제적 수단을 최대한 강구한다. 그리고 동시에 그는 폴란드 지하활동 지원을 위한 CIA의 비밀공작 예산 200만 달러를 별도로 승인해 주기도 했다.

케이시 부장뿐 아니라 레이건 행정부 각료들은 NATO에 대항하는 WTO(바르샤바조약기구, Warsaw Treaty Organization) 내에서 폴란드가 소련 다음으로 중요한 국가인 동시에 가장 공략해 볼 만한 나라라는 데 의견을 같이했다. 특히, WTO가 1981년 12월 폴란드 보안군을 동원해 계엄령을 선포하고 반정부 세력을 대대적으로 소탕하는 사건이 발생했을 때 레이건 대통령은 케이시 부장에게 폴란드에 대한 비밀공작 확대를 재차 강조하기도 했다. 이에 따라 폴란드 정부의 재정 적자와 식량 부족 사태 등을 지렛대로 활용해 외교·경제적 지원을 제공하면서 폴란드가 소련에서 멀어지도록 최대한 노력했다.

또한 레이건 대통령은 1982년 로마 교황청을 방문했을 때 교황 요한 바오로 2세(재위 1978~2005)를 만나 폴란드 자유노조 운동을 지원하는 미국의 노력에 교황청이 동참해 달라고 직접 요청하기도 했다. 폴란드 출신으로서 2차 대전 때 나치에 치열하게 저항하며 성장한 교황에 대한 레이건 대통령의 존경심에서 만남이 이루어진 측면이 크지만, 내심으로는 폴란드를 비롯한 동유럽에 대한 교황과 가톨릭의 영향력을 활용해 보려는 의도가 크게 작용했다.

이런 배경에서 폴란드에 대한 CIA의 비밀공작도 폴란드와 연계된 네트워크가 많은 이탈리아 로마의 CIA 지부에서 많은 부분을 담당했다. 교황청의 네트워크를 직접 이용해 비밀공작을 추진한 것은 아니지만 폴란드 내부의 움직임이나 자유노조의 동향 등에 대한 정보를 입수하는 데는 유용한 협조 경로로 활용할 수 있었기 때문이다.

물론, 가장 중요한 활동을 수행한 주체는 바르샤바 주재 CIA의 거점이었다. 특히 바르샤바 거점은 CIA와 NSA의 합동으로 폴란드 보안기관 통신을 감청해 공안 측의 움직임을 감지하고 이를 자유노조에 전달하는 역할 등을 수행했다. 이 외에도 동유럽 거주 유대인 네트워크를 운용하는 이스라엘 정보기관은 물론이고 유럽 각국의 정보기관들과도 긴밀히 협력해 분야별 비밀공작을 전개했다. 미국 내에서는 미국 노동총연맹(AFL-CIO)과 폴란드계 미국인 단체 등을 통해 자연스럽게 자유노조에 접근하고 이들의 활동을 지원하는 방식을 동원했다.

지원 내용은 무척 다양했지만, CIA는 지원 사실이 노출되지 않도록 하면서 자유노조의 활동을 활성화시키고 여타 분야로 확대하는 방향으로 노력했다. 폴란드 정부의 계엄령이나 특별법에 의해 활동이 불허되는 분야는 지하 경로를 통했다. 예를 들면, 자유노조 활동을 위한 비밀 자금과 정보 지원, 지하단체들이 서방과 비밀 연락을 유지할 수 있도록 연락 수단과 장비 제공, 동유럽 내부 정보를 서방에 전파함으로써 동조 세력이 더욱 확산되도록 이면에서 지원, 개인용 컴퓨터나 팩스 등을 폴란드 민간단체에 지원해 정보 소통을 더욱 촉진, 소식지 발행 등으로 시민단체의 영향력이 확장될 수 있도록 하는 시설과 장비 지원, 시민단체 관계자에 대한 컴퓨터 자재 공급과 홍보·교육 지원 등을 제공했다. 이런 지원 덕분에 자유노조는 폴란드 정부의 탄압에도 불구하고 지속적으로 활동하면서 공산권 내에서 자유주의 운동을 전개하는 첨병 역할을 계속했다.

이에 더해 미국은 직접 동유럽에 자유주의 사상을 주입하는 심리전 방송인 '미국의 소리(VOA, Voice of America)' 및 '자유 유럽 라디오(Radio Free Europe)', '자유 라디오(Radio Liberty)' 등을 지속적으로 실시했다. 특히 케이시 부장은 VOA 경영진과 돈독한 친분 관계를 바탕으로 VOA를 심리전 방송뿐만 아니라 폴란드 내 저항 세력과의 연락 수단으로 활용했다. 예를 들면, 특정 시간대 특정 프로그램에 특정 단어나 표현을 사용함으로써 임박한 공안기관의 단속 계획과 물자 이송 계획, 접촉 계획 등을 알려 주고 대피 신호 등을 보내는 데 활용했다. VOA 헌장상으로는 방송을 정보활동에 활용하는 것이 금지되었지만,

인도주의나 긴급 상황에 대한 대응이란 측면에서 일정 부분 묵인된 활동이었다.

물론, 당시 폴란드 민주화 세력에 대한 CIA의 지원에는 한계도 많았다. 대부분의 지원이 폴란드 밖에서 이루어져야 하는 데다 조금이라도 공식적으로 추진할 경우 금방 역효과가 날 수 있었기 때문이다. 게다가 CIA는 자유노조의 활동 방향을 조종할 수 있는 확실한 협조선을 갖고 있지도 못했다. 반대로 소련은 공산권 내에서 폴란드의 중요성을 인식하고 폴란드 공산당과 협조해서 어떻게든 자유주의 사상 확산을 저지하려고 노력했다. 따라서 CIA의 비밀공작에는 한계가 있을 수밖에 없었고 동유럽 민주화에 실질적으로 얼마나 기여했는지를 평가하는 일은 무척 어려울 수밖에 없다.

하지만 당시 실시된 동유럽에서의 비밀공작은 CIA가 냉전 기간에 실시한 비밀공작 중에서 가장 성공한 사례로 평가된다. 현지에서 자생적으로 일어나는 현상을 지원하고 촉진하는 역할만을 통해서도 엄청난 파급효과를 거둘 수 있었기 때문이다. 이런 노력은 1989년 봄 폴란드가 소련 위성국 중에서 처음으로 자유선거를 실시하고 1년 안에 전체 동유럽 국가들로 확산되는 현상으로 나타났다. CIA의 비밀공작이 이런 결과를 가져온 유일한 동력은 절대 아니지만, 비밀공작이 없었다면 이런 결과는 훨씬 느리고도 힘들게, 그리고 어쩌면 많은 유혈 사태와 시행착오를 수반하면서 나타났을 것이다.

행정부 변화에도 지속된
대소련 비밀공작

1986년 말이 되면서 6년여 간 추진해 온 레이건 행정부의 대소련 공작에 부작용이 드러나기 시작했다. 가장 대표적인 것이 레이건 행정부 핵심 안보 라인이 비밀리에 개입한 이른바 '이란-콘트라 Iran-Contra 사건'이었다. 백악관의 NSC가 레바논에 억류된 인질 석방을 위해 이란에 미국제 무기를 팔고 그 대금 일부를 남미 니카라과의 콘트라 반군을 지원하는 데 사용한 것인데, 테러리스트와 흥정하지 않는다는 행정부 입장은 물론이고 콘트라 반군 지원을 금지한 의회의 법안을 위반한 것이었다. 이에 특별검사의 조사가 시작되고 의회 청문회가 진행되면서 외교·안보 라인의 추동력은 상당히 약해질 수밖에 없었다. 게다가 1987년 초 케이시 부장이 지병으로 사임한 후 사망하고, 또 다른 대소련 강경 정책의 주도자인 와인버거 국방장관도 사임하면서 정책 추진 여건도 상당히 약화되는 분위기였다.

하지만 레이건 행정부의 기본 대소련 정책 기조는 그대로 유지됐다. 레이건 행정부 말까지뿐만 아니라, 다음 정권인 (시니어) 부시George Herbert Walker Bush(1924~) 대통령 취임 이후까지 계속되었다. 특히, 부시 대통령은 CIA 부장(1976~1977)을 역임했고, 레이건 대통령 재임 기간에 부통령으로서 외교·안보 정책 수립과 집행에 상당 부분 관여하면서 이런 정책에 대해 무척 확신을 가진 지도자였다.

이에 따라 폴란드 자유노조에 대한 각종 지원은 1989년 폴란드에서 자유선거가 실시되고 자유노조가 압도적 승리를 통해 정권을 쟁취할 때까지 계속됐다. 아프가니스탄 무자헤딘 반군에 대한 지원도 1989년 소련군 철수 이후까지 지속됐다. 소련에 대한 기술과 금융 지원을 제한하고 국제 에너지 가격 하락을 유도해 소련 경제의 재정난을 가속시키는 정책도 계속됐다. 레이건 행정부 초기부터 추진된 CIA 비밀공작이 케이시 부장 사임 이후는 물론이고 1989년 베를린 장벽이 무너질 때까지 거의 대부분 지속된 셈이다.

그뿐만 아니라 국방부가 소련의 국방 예산을 기존 전력 증강이 아닌, 불투명한 사업으로의 전용을 유도하기 위해 추진한 SDI도 대부분 지속됐다. 미·소 간 군비경쟁의 틀을 기존의 양적 경쟁에서 소련이 도저히 따라올 수 없는 질적 경쟁으로 변화시킴으로써 소련 체제의 자신감을 심각히 위축시킨 것이다. 45년 넘게 지속된 냉전체제를 마침내 종식시키고 미국이 신세계 질서의 승자로 부상할 수 있도록 CIA의 각종 비밀공작이 중요한 역할을 수행한 것이다.

소련 체제 붕괴 예측에
실패한 CIA

CIA는 공산권의 붕괴를 촉진하기 위한 비밀공작을 집요하게 추진했지만 소련의 붕괴를 사전에 예측해 대응하지는 못했다. 케이시 부장을 포함한 미국 안보 라인 대부분이 사실상 소련의 붕괴가 아니라 소련 체제의 약화를 목표로 정책을 추구했기 때문이다. 그런데 체제 약화 정책이 소련 체제의 숨통을 아예 끊어 버리는 결과로 나타난 것이다. 몇 가지 특정 정책으로 인해 붕괴됐다기보다는 CIA 비밀공작을 포함한 여러 노력이 도화선이 되어 경제·사회적 변화들로 눈덩이처럼 확대된 것이다. 소련·동구권 사회 내에서 일어나는 여러 사회·경제적 흐름의 변화를 어느 정도 읽을 수는 있었겠지만 그런 변화가 언제 어떤 형태로 획기적 변화를 만들어 낼지에 대해서는 CIA 분석관들도 예측할 수 없었다. 특정 정책이 아니라 사회 내에서 일어나는 경제·사회적 변화의 복합적 추세를 예측해 대응하는 일이 그만큼 어렵다는 것을 보여 주는 사례다.

하지만 CIA를 포함한 미 정보공동체가 소련 체제 변화의 조짐이 심각하다는 정황을 누차 보고해 온 것으로 확인된다. 다양한 인간정보활동 및 인공위성, 지역 수집 기지 등을 통해 소련의 군사적 위협을 평가하는 데 주안점을 두긴 했지만, 소련·동구권의 근본적 사회 변화도 상당 부분 파악하고 진로를 예상한 것이다.

먼저, CIA는 1985년 공산당 서기장으로 당선된 고르바초프Mikhail Sergeevich Gorbachyo(1931~)가 소련 체제의 모순을 극복하고자 개혁·개방 노선을 과감하게 추진할 때 그의 한계를 정확히 예측했다. 1986년 4월 CIA는 그가 "오래된 부정적 현상을 타파할 정도로 충분한 개혁을 도입할 가능성은 없다"고 평가하고 "소련이 사회 내의 일시적 긴장을 억지할 수 있을지는 몰라도, 장기적으로 대중의 욕구와 이를 만족시킬 수 있는 체제 능력 간의 괴리는 점점 심각해질 것"이라고 예측했다. 동유럽의 변화와 관련해서도 1988년 국가정보평가서는 시나리오 기법을 활용해 전면적 개혁이나 격변의 가능성을 예상하면서 전통주의자들로부터 반발이 있을 것으로 예상했다.

1989년 11월 베를린 장벽이 붕괴되기 몇 개월 전인 4월, CIA는 '고르바초프 정부에서 점증하는 정치적 불안정성 평가'라는 보고서에서 다음과 같은 내용을 백악관에 보고했다.

현재 소련은 1930년대 스탈린의 대숙청 이후 가장 불안정한 상황에 있다. ⋯ 고르바초프 자신도 그동안 추진해 온 개혁 정책을 잘 관리해 나갈 수 있을지에 대한 확신을 갖지 못하고 있다. 이런 과정은 많은 혼란과 불안을 야기해 고르바초프가 스스로 설정했던 정치적 목표 달성을 더욱 어렵게 만들 것이다. 심할 경우 그의 정책과 정치권력은 심각히 훼손될 것이며 소련 체제 전반의 정치적 안정도 근본적으로 위협받게 될 것이다.

그리고 동유럽과 소련 내에서의 변화 기류가 더욱 확산되던 1989년 9월에는 사회·경제적 상황의 악화를 다음과 같이 평가했다.

⋯ 머지않아 소련 지도부는 대중적 소요에 직면할 것이고⋯ 비상조치를 필요로 할 것이며, 국내 상황의 통제를 위해 무력을 사용해야 할 것이다. 고르바초프의 선택은 쉽지 않을 것이며⋯ 그의 개혁 정책으로 인해 파생된 많은 문제점들은 장차 소련 내에서 중요 불안 요소로 작용할 것이다.

하지만 이런 정보 평가에도 불구하고 CIA는 11월 7일 베를린 장벽 붕괴가 시작됐을 때 보통 사람들처럼 놀라서 바라볼 수밖에 없었다. 사회 내 불안 요인들이 내재되었다가 언제 어떤 형태로 폭발해 어떤 결과를 가져올지에 대해서는 예측하지 못한 것이다. 그동안 군사·안보 상황 평가에 집중한 관계로 소련·동구권 전체에서의 변화 흐름과 민족적 갈등 관계의 변화 추이 등을 정확히 파악하지 못한 것이다.

이런 정보 분석 실패는 사실 변화를 주도한 소련 정부, 특히 고르바초프 자신도 예측하지 못한 결말이었다. 왜냐하면 그는 개혁·개방을 통해 시스템 개선을 추구했지 공산주의를 끝내려고 하지는 않았고 소련 체제를 붕괴시킬 생각도 전혀 없었기 때문이다. 자신이 추진한 정책이 그런 방향으로 흐르는 데 결정적 역할을 하고 있는데도 말이다.

사실 CIA가 소련·동구권 체제의 붕괴를 미리 예측하지 못한 것은 정보 실패라기보다 정보 분석의 한계를 역설적으로 시사해 준다. 사회 내 미묘한 흐름의 변화를 분석해 변화의 방향과 폭발적 에너지의 정도, 그리고 그것이 야기할 수 있는 파장을 예측하는 것은 어느 정도 가능하다. 하지만 특정 사건이 일어날 시점과 과정까지 정확히 예측하고 미리 대응하는 것은 인간의 영역이라기보다 신의 영역에 해당하기 때문이다.

실패한 정보,
대 재 앙 의
불 씨 가 되 다

정보 실패(intelligence failure)라는 용어는 최근 언론에서도 종종 사용되고 있다. 정보 실패란 정보기관이 정확하고 적시성 있는 정보를 보고하지 못해 정책 결정권자의 오판을 초래하고 이로써 국익을 해치는 것을 말한다.

이런 정보 실패는 다양한 변수에 의해 정책 결정의 모든 과정에서 발생할 수 있지만 크게 세 가지 유형으로 대별된다. 첫 번째는, 9·11테러를 예방하지 못한 미국 정보기관의 경우처럼 정보 수집·분석 과정에서 조직 역량의 부족 또는 기관 간 협력 부족으로 인해 야기되는 실패다. 두 번째는, 2003년 이라크전쟁 개전 과정에서 부시 행정부가 보여 준 대량살상무기 정보 왜곡처럼 정보를 의도적으로 과장·왜곡·날조함으로써 발생하는 소위 정보의 정치화가 발생하는 경우다. 세 번째는, 2차 대전 때 독일군 지휘부가 영국의 더블크로스 작전에 속아 노르망디상륙작전에 제대로 대응하지 못한 것처럼 적의 부정과 기만에 속아 잘못된 판단으로 이끌리는 경우다. 전쟁 시는 세 번째 사례가 많이 발생하고 평시에는 첫 번째나 두 번째 사례가 자주 발생한다.

거의 모든 정부의 정책 실패는 어떤 형식으로든 정보 실패를 수반한다. 하지만 정보활동이나 안보 정책 결정이 대부분 베일 속에서 이루어지는 관계로 실패와 성공 여부를 엄밀히 판정하는 일은 사실상 불가능하다. 이를 평가할 수 있는 분명한 기준도 없다. 그래서 이러한 판단에는 판단 주체의 주관적 의견이 많이 개입될 수밖에 없다.

여기서는 2차 대전과 베트남전쟁 등 역사의 분수령이 된 주요 전쟁에서 정보가 전쟁 자체의 승패뿐만 아니라 국가의 흥망성쇠에 크게 영향을 미친 사례를 선별해 살펴본다. 그리고 과거와 같은 재래식 전쟁보다 저강도 분쟁이 일반화된 현대 국제사회의 특성을 반영해 최근 미국의 대테러 전쟁 수행에서 발생한 사례도 함께 조명함으로써 국가안보에 대한 다양한 교훈을 도출해 보고자 한다.

러시아(당시 소련)는 2차 대전에 연합국 일원으로 참전해 전쟁을 승리로 이끈 전승국이다. 소련군은 독일이 1941년 6월 22일 380만 병력과 전차 4600대, 항공기 4500대 등 사상 최대 규모로 침략해 오는 것(바르바로사 작전)을 막아 냈다. 엄청난 희생을 감수하면서도 독일 공세를 막아 내고 반격해 연합국 어느 군대보다 먼저 베를린을 점령함으로써 독일의 항복을 앞당겼다. 1945년 5월 8일 베를린에서 독일의 항복을 받은 시간을 러시아는 모스크바 시간으로 계산해 매년 5월 9일에 지금도 대대적으로 전승기념일 행사를 개최하고 있다.

그러나 전쟁 과정과 결과를 살펴보면 이해되지 않는 점이 많다. 그중 가장 두드러진 것이 2차 대전 전체 사상자 4400만 명의 절반에 달하는 2130만(군인 1360만, 민간인 770만) 명이 소련의 피해라는 점이다. 그리고 피해 대부분이 전쟁 초기 약 6개월 동안에 발생했다는 점이다. 교전 5개월 만에 독일군 전·사상자가 74만 명에 불과할 때 소련군은 그 3배인 약 210만에 이르고 약 300만 명이 포로로 잡혔다. 이러한 초기 피해가 엄청난 데는 독일의 효율적 전격전과 소련의 전쟁 준비 태세 부실 등 여러 이유가 있지만 스탈린 정부의 정보 실패가 결정적 원인이었다.

독일의 소련 침략 계획인 바르바로사 작전에는 엄청난 병력이 동원돼야 했으므로 사전 준비 과정에서 징후가 곳곳에서 노출됐다. 그리고 준비 계획과 징후는 각지에 심어 놓은 러시아 첩보원들에 의해 모스크바로 속속 보고됐다. KGB 창설에 관여하다 영국으로 망명한 미트로킨은 1941년 초 독일 공격이 임박했음을 시사하는 정보를 KGB가 수없이 보고했다고 증언했다. 군 정보기관 GRU도 공격 임박 징후를 수없이 보고한 것으로 확인된다. 그러나 이런 정보들은 스탈린에게 거의 사실대로 보고되지 못했고, 개전 초 소련군의 군사적 대비 태세는 정말 부실하기 짝이 없었다.

제2차 세계대전
독일의 침공에 무방비로
당한 스탈린

전설의 간첩 조르게

리하르트 조르게Richard Sorge(1895~1944). 2차 대전 초기 일본을 무대로 활동한 소련의 전설적 간첩이다. '007 제임스 본드' 시리즈의 원작자 이언 플레밍Ian Fleming(1908~1964)은 조르게를 "역사상 가장 위험한 첩보원"이라고 평가했고, 맥아더 장군은 "눈부신 첩보활동이 만들어 낼 수 있는 결정적 사례"라고 평가할 정도였다. 그만큼 그의 간첩활동은 오늘날까지도 첩보활동의 모델로 소개될 만큼 훌륭하고 성공적이었다.

그러나 그가 적지에서 위험을 무릅쓰고 목숨을 바쳐 수집해 모스크바로 보고한 첩보는 충분히 활용되지 못했다. 일본 방첩기관이 조르게의 무선통신을 포착해 1941년 10월 그를 체포한 후 소련에서 수감 중인 일본 간첩과 교환하려 할 때에도 소련은 간첩 혐의를 인정하지 않는다는 전통에 따라 조르게의 존재 자체를 부인했다. 그리고 그가 그렇게 목숨을 바쳐 충성한 소련에서도 그의 존재는 점점 잊혀 갔다.

그러다 그가 처형된 지 약 20년이 지난 1961년, 〈조르게, 당신은 누구인가요?(Qui etes-vous, Monsieur Sorge?)〉라는 영화가 유럽에서 만들어졌다. 이를 관심 있게 본 당시 소련공산당 서기장 흐루쇼프Nikita Sergeevich Khrushchyov(1894~1971)는 KGB에 관련 사실을 확인해 보고하도록 지시했다. 그는 KGB로부터 조르게의 눈부신 활약상을 보고받고 1964년 그에게 소비에트연방 영웅 칭호를 수여했다. 또한 조르게가 사망하기 전 그의 일본인 연인 하나코에게 소련의 연금을 지급하도록 지시하기도 했다. 이후 소련 내에서 조르게의 재평가가 이루어지고 독일과 일본 등 각국에서도 그의 전기와 활약상이 각종 매체에 소개되기 시작했다. 그의 시신이 묻혀 있던 일본 도쿄의 타마 공동묘지가 주목받기 시작했고, 그런 영향으로 일본의 러시아대사관은 지금도 매년 그의 사망일에 즈음해 그의 묘소를 참배하고 있다.

조르게는 1895년 10월 아제르바이잔Azerbaidzhan(당시 소련 영토)의 수도인 바쿠Baku 근처 사분치에서 독일인 유전 기술자인 아버지와 러시아인 어머니 사이에서 태어났다. 아버지가 석유회사와 계약이 만료되어 가족과 함께 독일로 간 조르게는 베를린에서 애국심 강한 독일인으로 성장했다. 제1차 세계대전 때는 학도자원병으로 참전했다가 큰 부상을 입어 제대하면서 철십자훈장을 받기도 했다. 제대 후 베를린과 함부르크 등에서 경제학을 공부하고 1919년에는 정치학 박사학위를 취득한 데 이어 교사로도 활동했다. 그러나 그는 대학 생활 중 마르크스 서적에 심취해 공산주의자가 되고 독일 공산당에 입당한다. 그리고 정치활동을 하던 중 처벌받아 직업을 잃게 되어 모스크바로 가고, 거기서 코민테른 요원이 되면서 소련을 사상적 조국으로 받아들인다.

조르게는 소련 첩보원으로 선발되어 유럽 여러 나라에 단기 파견되어 활동하다 소련으로 돌아와 정보 분석관으로도 잠시 일했다. 그러던 중 1929년 군 정보기관 RU(현 GRU의 전신) 제4국 첩보원으로 기용되면서 독일로 파견되어 농업신문사 기자로 취직한다. 그리고 기자 신분을 이용해 1930년 중국 상하이로 파견되어 정보 수집 공작을 전개한다. 당시 그는 상하이 거주 일본인 기자와 중국공산당 인사 등을 다양하게 접

과거 동독에서 발행된 조르게 기념우표

촉하면서 첩보 능력을 발휘했다. 그리고 그런 능력을 인정받아 모스크바로 소환돼 새로운 임지인 일본으로 가 첩보망을 재구성하라는 지시를 받는다. 그는 일본 침투를 위한 신분 세탁을 위해 다시 독일로 돌아가 철저한 나치당원으로 위장했고 새로운 신문사에 위장 취직한 다음, 1933년 9월 일본에 부임한다.

일본에서 조르게는 일본 고위관료 및 외국인, 사업가, 신문기자 등으로 구성된 첩보망을 조직해 일본의 대외 정책과 관련된 첩보를 주로 수집했다. 박사학위 소지자다운 풍부한 지식과 교양, 일본 정치와 경제에 대한 해박한 지식, 일본과 독일의 우호 관계 등을 바탕으로 오토 Eugen Otto 독일대사의 신임을 얻고 그의 경제 고문 역할도 수행하면서 독일과 일본에 대한 고급 정보를 수집했다. 오토 대사의 소개로 고노에 후미마로近衛文麿(1891~1945) 일본 총리의 정책 보좌역인 오자키 호쓰미尾崎秀実(1901~1944)와도 친분을 쌓고 일본 정부의 기밀문서를 수시

로 빼내 모스크바에 보고했다. 공식적으로 그는 나치의 열렬한 지지자로 위장했기 때문에 독일대사관에 자유롭게 접근할 수 있었고, 당시 독일과 동맹 관계인 일본 정계의 고위 인사들과도 쉽게 교류를 넓힐 수 있었다.

폭넓은 유대 관계와 첩보망을 통해 조르게는 독일·이탈리아·일본 간의 방공협정 내용, 독일과 일본 간의 협약, 일본의 남방 진출 계획과 현황 등 고급 정보를 수집해 모스크바에 상세히 보고했다. 1941년 봄에는 일본 주재 독일무관을 통해 독일의 소련 침공 계획인 바르바로사 작전의 대략적 내용까지 수집해 보고했다. 그가 보고한 대로 독일군은 1941년 6월 22일 엄청난 규모의 병력을 동원해 소련을 침공했다.

당시 모스크바는 군사적 열세 때문에 독일군을 두려워하면서도 서부전선을 위협하는 독일과 연합해 동쪽에서 일본군이 동시에 공격해 올 가능성을 가장 우려했다. 그래서 동쪽에 배치한 병력을 그대로 유지한 채 서부전선을 방어한다는 계획을 유지했다. 일본군의 본격적 차기 공격 방향이 어느 쪽으로 집중될지가 초미의 관심사였다. 당시 일본은 서쪽으로 소련을 공격하는 계획, 남쪽으로 동남아를 공략하는 계획, 동쪽으로 미국을 공격하는 계획을 놓고 저울질했는데 서쪽으로 소련을 공격한다면 소련으로서는 최악의 상황이 될 것이기 때문이었다. 서부전선에서 독일군 공세를 감당하기도 어려운 판에 동쪽에서 일본군이 협공한다면 소련으로서는 도저히 감당할 수 없었을 것이다. 러일전쟁 패배의 악몽이 다시 재현될지도 모르는 절박한 상황이었다.

이 절체절명의 순간에 조르게는 일본 총리실과 군부 고위인사를 통해 일본 정부가 러시아를 공략하지 않고 동남아와 미국을 공략하기로 결정했다는 정보를 입수해 1941년 9월 14일 모스크바로 타전한다. 독일군이 모스크바를 함락시키기 전까지 일본은 소련을 공격하지 않고 자원 확보를 위해 남방으로 진출할 것이라는 9월 6일 일왕 주재 어전회의 결정을 일본 정부 고위인사를 통해 입수해 모스크바로 보고한 것이다. 이 첩보를 근거로 스탈린Iosif Vissarionovich Stalin(1879~1953)은 일본군 방어를 위해 극동에 배치했던 18개 사단과 탱크 1700대, 항공기 1500기 등을 서부전선으로 돌려 모스크바를 방어하는 데 총력을 기울일 수 있었다. 때마침 들이닥친 동장군의 도움까지 받아 소련은 모스크바 턱밑까지 진격해 온 독일군의 공세를 저지하는 데 성공한다. 독일과 일본의 협공으로 소련이 항복하면 추축국이 마침내 세계를 제패하게 될 것이라는 최악의 시나리오가 서서히 역전되기 시작한 셈이다. 조르게의 첩보가 이런 절체절명의 시기에 전쟁의 흐름을 반전시킨 결정적 계기를 제공했다.

하지만 6월 독일의 침략이 있기 전까지 조르게가 모스크바에 보고한 수많은 첩보는 거의 활용되지 못하고 사장되어 버렸다. 독일의 바르바로사 작전 계획과 이를 준비하는 독일군의 징후에 대한 첩보 대부분도 사장되었다. 1941년 5월 그가 위험을 무릅쓰면서 어렵게 수집해 보고한 독일의 소련 침공 계획 보고도 사장되었다. 그가 첩보 보고서에서 "독일군 지휘부는 소련의 전투 준비 태세가 무척 형편없는 수준인 관계로 공격이 이루어질 경우, 불과 수주 내에 모두 와해시킬 수 있다고 평가하고 있다"라고 부연하면서 임박한 독일의 공격에 대한 대비를 서둘러야 한다고 건의했는데도 말이다. 조르게의 보고를 받아 스탈린에게 보고해야 할 위치에 있던 군 정보기관 RU의 책임자인 골리코프Filipp Ivanovich Golikov(1900~1980) 장군이 조르게의 보고를 무시해 버린 것이다. 그는 독일군의 움직임에 대한 정보를 크렘린Kremlin 고위 간부들에게 보고하면서 독일의 소련 공격 임박 주장과 관련된 첩보는 의도적으로 축소하거나 외면했다.

독일의 공격 징후는 정보 라인뿐만 아니라 외교 채널을 통해서도 많이 입수되어 보고되었다. 예를 들면, 정보기관 출신으로 독일 주재 소련대사로 근무하던 데카노즈프Vladimir Dekanozov(1898~1953)는 1940년 12월 5일 출처를 밝히지 않은 채 아래와 같은 정보를 수집해 모스크바에 보고했다.

스탈린(서기장) 및 몰로토프(외무장관) 동지 귀하, 긴급.
히틀러가 소련 공격 준비를 서두르고 있기 때문에 군사적 대비 태세를 강화해 주시기 바람. 지체하면 너무 늦게 되는 상황인데 소련은 지금 잠이 들어 있는 상태임. 지금 메멜Memel(리투아니아 서북부 항구도시)에서 흑해에 이르는 국경에서 전개되고 있는 (독일의 공격 준비) 동향을 인지하지 못하는 것입니까? 현재 독일 동부는 군부대로 가득 채워지고 있고, 새로운 군부대들이 밤낮으로 추가 집결하고 있는 상황임…

히틀러가 1940년 12월 18일 "신속한 군사작전으로 소련을 부숴 버릴 것"을 독일군 참모본부에 지시한 내용도 베를린 주재 소련무관이 12월 말 입수해 모스크바로 보고했다. 침략이 있기 3개월 전인 1941년 3월 중순 루마니아 주재 소련무관도 독일군 출처로부터, "우리는 계획을 변경해 동쪽의 소련을 먼저 공격할 것이며, 소련의 곡창 지대와 석유·

석탄 자원을 우선적으로 확보할 계획"이라고 언급한 내용을 수집해 보고했다. 하지만 이런 보고들도 크렘린 지휘부의 판단을 바꾸지는 못했다. 스탈린 자신이 이런 정보에 동의하지 않았을 뿐만 아니라 주위의 정보참모들도 스탈린이 듣고 싶어 하지 않는 정보를 보고했다가 스탈린의 미움을 사거나 정치적 희생양이 되는 것을 무척 두려워했기 때문이다.

듣고 싶은 것만 듣는 스탈린

독일의 침략에 소련이 사전에 대응하지 못한 데는 무엇보다 최고지도자 스탈린의 의심 많고 외골수적인 성격이 크게 작용했다. 이런 성격이 공산당의 피비린내 나는 권력투쟁 과정에서 승리할 수 있던 원동력이 됐을지는 모르지만, 자신과 다른 의견일지라도 합리적일 경우에는 수용해야 하는 국가 지도자로서의 자세와는 거리가 멀었다.

스탈린은 1879년 제정러시아 변방 그루지아(조지아Georgia)에서 농민 출신 구두 수선공의 아들로 태어났다. 어린 시절 주정뱅이 아버지의 잦은 구타와 폭언을 경험하면서 세상은 폭력으로 가득 찼다는 것을 절감하며 성장했다. 15세에 신학교에 입학하면서 성직자의 길을 잠시 꿈꾸지만 이내 마르크스의 폭력 이론서 등을 읽으면서 혁명 전사의 길로 들어선다. 1902년부터 시작된 볼셰비키 혁명 활동 기간 동안 무려 11년간 7번이나 체포되어 투옥된다. 그리고 시베리아 유형지에서 6번이나 탈출하면서 집념과 의지의 혁명가로 성장한다. 게다가 첫 번째 부인을 결핵으로 잃은 후 재혼한 두 번째 부인마저 권총으로 자살하자 인간적 면모를 상실한 채 철저한 냉혈 인간으로 변모해 갔다.

1924년 1월 레닌이 스탈린의 냉혹함과 비인도성에 환멸을 느껴 그를 서기장직에서 해임해야 한다는 유서를 남기고 사망하자 스탈린은 레닌의 유서를 은폐하고 권력 장악을 위한 조치들을 재빠르게 취해 나갔다. 정치적 반대파인 트로츠키파를 숙청하고 정적들을 차례로 제거하면서 실권을 장악한 것이다. 이어 스탈린은 10여 년에 걸친 권력투쟁 과정에서 승리하고, 1927년 반대파들을 공산당 중앙위원회에서 제명함으로써 자신만의 독재체제를 완성했다. 이어 멕시코로 도피한 정적 트로츠키Leon Trotskii(1879~1940)를 끝까지 추적해 암살하기까지 했다. 비인도적이고 잔혹한 숙청을 대대적으로 전개해 자신에게 도전할 가능성이 있는 대상은 모조리 숙청하고 처형했다. 1934~1938년의 대숙청 기간에 무려 800만 명이 처형됐을 정도다. 히틀러의 유태인 학살 규모로 추정되는 600만 명보다 훨씬 많다. 스탈린 스스로가 '사람이 없으면 문제가 없다'고 언급한 것처럼 스탈린은 인민의 적으로 판단하면 어떤 인간도 살아남을 수 없도록 조치했다.

또한, 스탈린은 변방 지역에 거주하던 3000만 명 이상의 주민을 시베리아나 중앙아시아로 강제 이주시켰다. 일제의 압제를 피해 당시 극동 지역에 거주하던 한민족 약 20만 명도 전혀 연고가 없고 삶의 터전이 다른 중앙아시아 지역으로 강제 이주될 수밖에 없었다. 이 과정에서 숨진 고려인만 2만 5000명이 넘는 것으로 추산된다. 그러나 스탈린은 이주민의 절반 이상이 질병이나 굶주림으로 죽어도 눈 하나 깜짝하지 않았다. 오히려 비밀경찰을 동원해 감시하고 자신의 정책에 반항하거나 그럴 조짐이 있는 사람들을 무자비하게 숙청하고 처형했다.

스탈린의 공포정치는 고위관료 사회에도 그대로 반영됐다. 폭정으로 인해 실세 정치인이나 고위관료가 하루아침에 쥐도 새도 모르게 숙청되어 처형되기 일쑤였다. 이를 옆에서 지켜 본 관리들은 더욱더 몸을 사리며 스탈린의 눈치를 보기에 바빴다. 같은 조지아 출신으로 스탈린의 오른팔로 불린 베리야(Lavrentii Pavlovich Beriya(1899~1953) NKGB(KGB의 전신) 부장마저 스탈린이 두려워 사실을 사실대로 보고하지 못할 지경이었다.

그래서 정보기관 고위관리들조차도 스탈린의 견해와 다른 의견을 보고해 불필요한 미움을 사는 모험을 감행하기보다 스탈린이 선호하는 내용이나 그의 기존 판단을 증명해 주는 내용을 보고해 스탈린의 식견이 탁월함을 증명하려고 애썼다. 이런 과정이 지속되면서 스탈린은 자신이 기존에 가지고 있던 인식이 설령 틀렸더라도 점차 그것이 맞다고 확신하는 상황으로 변했다.

독일에서 히틀러가 1934년 집권한 이후 주변국들을 차례로 병합하며 소련을 위협해 나갈 때 스탈린은 당초 영국·프랑스와 손을 잡고 히틀러를 막으려고 했다. 그러나 그의 기대와 달리 영국과 프랑스는 소련 공산주의에 대한 의심을 거두지 않은 채 뮌헨회담(1938년 9월) 등에서 소련을 배제시키는 등 노골적으로 무시하기까지 했다. 독일로부터 침략을 당해도 소련의 개입은 절대 허용할 수 없다는 폴란드의 고집으로 인해 서방과의 협상마저 결렬되었다. 결국 스탈린은 서방을 포기하고 1939년 8월 독·소 양측이 유럽을 반분하자는 비밀 조항을 포함한 불

С П И С О К

арестованных, числящихся за НКВД СССР

I. КЛЕНОВ Петр Семенович

1892 года рождения, бывший член ВКП/б/ с 1931 года, штабс-капитан царской армии.

До ареста - начальник штаба ПРИБОВО, генерал-лейтенант.

Арестован 9/VI-1941 года.

Уличается показаниями ДИБЕНКО, КОЧЕТКИНА и ЕГОРОВА, как участник право-троцкистской организации, во вредительской деятельности уличается показаниями свидетелей РУБЦОВА, ДЕРЕВЯНКО, КАЗИРСКОГО и КОРЕНОВСКОГО.

Сознался в проявлении бездеятельности в руководстве войсками округа.

---

2. СЕЛИВАНОВ Иван Васильевич

1886 года рождения, бывший член ВКП/б/ с 1920 года, из крестьян.

До ареста - командир 83 кавалерийской дивизии, генерал-лейтенант.

Арестован 23/XI-1941 года.

Уличается показаниями свидетелей КАЛИНО, ЧЕКУНИНО, ЗАСЕДАТЕЛЕВОЙ, РУДАКОВА, ИВАНОВА, МАКАРОВА, ТАБУХОВА в проведении антисоветской пораженческой агитации.

Сознался, что среди окружающих проводил антисоветскую пораженческую агитацию, восхвалял германскую армию, клеветнически отзывался о руководителях партии и правительства.

---

3. ПТУХИН Евгений Саввич

1900 года рождения, бывший член ВКП/б/ с 1918 года.

До ареста - командующий ВВС КОВО, генерал-лейтенант авиации.

Арестован 24/VI-1941 года.

Уличается показаниями СМУШКЕВИЧА, ЧЕРНОБРОВКИНА, ЕСЛОВА, ИВАНОВА и очной ставкой с ним, как участник антисоветского военного заговора.

Дал показания, что с 1935 года являлся участником антисоветского военного заговора, куда был завербован УБОРЕВИЧЕМ, но от данных показаний отказался, признав, что преступно руководил вверенными ему войсками.

1170

베리야가 장성 46명 제거를 건의하고 스탈린이 "전원 총살할 것"을 지시하는 문서(1942년 1월 29일)

가침조약을 독일과 체결한다. 이후 히틀러가 서방 각국과 전쟁을 치르는 동안 스탈린은 비슷하게 폴란드 동부와 발트3국, 루마니아 몰다비아 Moldavia 지방, 핀란드 일부를 차지하면서 대가를 톡톡히 챙겨 나갔다.

독·소 불가침조약 이후 독일이 1939년 9월 1일 폴란드를 침공해 함락시키고, 1940년 들어 노르웨이와 덴마크(4월), 네덜란드와 벨기에(5월), 프랑스 파리(6월) 등을 차례로 점령하고, 8월에는 영국에 대한 항공전을 시작하는 상황에서 독일의 다음 공세가 동쪽으로 향할 것이라는 점은 충분히 예상되었다. 하지만 스탈린은 독일의 임박한 소련 공격 가능성을 애써 평가절하하거나 외면하려 했다. 스탈린도 물론 히틀러를 신뢰하지는 않았지만, 적어도 독일이 영국과의 전투가 끝나기 전에 소련을 침공하지는 않을 것이라고 확신했다. 독일 입장에서 조약의 손익 구조를 평가해 봐도 독·소 불가침조약으로 히틀러가 군사동원에 필요한 석유와 자원을 보장받았기 때문에 조약을 쉽게 파기할 가능성은 높지 않다고 판단했다. 이런 점에서 NKGB 부장 베리야가 독일의 공세적 동향은 히틀러의 허풍일 가능성이 높으며, 오히려 소련을 위협하는 척하며 발칸 반도 지역을 장악하려는 속임수라고 판단한 것도 전혀 근거가 없지는 않았다.

스탈린이 히틀러와의 독·소 불가침조약을 체결한 데는 소련군이 독일에 맞서 싸울 만큼 준비가 되지 않았다는 판단도 크게 작용했다. 1939년 폴란드 분할 이후 히틀러가 언젠가는 소련을 침략할지 모른다는 생각에 스탈린은 독일과의 국경선에 스탈린 라인이라는 방어선을 건설하라고 명령하지만 외교적으로는 히틀러의 팽창 정책에 가능한 유화적으로 대응하려고 노력했다. 그래서 독일의 침략 징후가 다소 발견되더라도 가능하면 문제 삼지 않고 조용하게 해결하고 싶어 했다. 소련군의 대비 태세를 높일 경우 군사적 위기를 조기에 고조시킴으로써 준비가 덜 된 소련군이 전쟁에 쉽게 빠져들 것으로 우려했다. 그래서 정보기관 책임자들이 독일군의 침략 징후나 그런 의도와 관련된 보고를 해 올 때마다 사실을 직시하기보다 자신의 기존 인식을 고집하거나 가능한 외면하려 했다. 독일의 침공이 현실이 될 때까지, 스탈린은 히틀러가 서부전선에서의 전투를 완전히 끝내기 전에 동쪽으로 전선을 확대하지 않을 것이라고 믿고 싶었던 것이다.

물론, 스탈린이 독일의 침공에 대한 경고를 완전히 무시했다는 러시아의 공식 자료는 없다. 일부에서는 독일군의 의도적 기만작전에 스탈린이 속았다고 주장하기도 한다. 또 다른 일부에서는 히틀러의 합리성에 근거해 겨울이 불과 몇 개월밖에 남지 않은 6월에는 독일이 소련을 침략하지 않을 것이라는 평가가 있었다고도 주장한다. 히틀러보다 130년 앞선 1812년 6월 나폴레옹이 61만의 병력을 이끌고 기세등등하게 러시아를 침공했다가 모스크바를 겨우 점령하는 데는 성공하지만 추운 겨울의 텅 빈 도시에 갇혀 역공을 당하고 패주한 사례가 있기 때문이다. 1812년 나폴레옹 군대가 40만이 죽고 10만 명이 포로로 잡히는 수모를 당한 후 불과 몇천 명만을 데리고 프랑스로 쫓겨 갔고, 이것이 나폴레옹 제국의 붕괴를 촉진시켰다는 사실을 히틀러 자신도 너무나 잘 알 것이기 때문이었다.

이런 점에서 본다면, 6월 22일에 바르바로사 작전을 개시한 히틀러의 결정은 좀 더 빨리 작전을 시작해야 한다고 주장하는 참모들의 반대를 무시한 히틀러의 판단 실수라고도 볼 수 있다. 그렇더라도 독일의 분명한 공격 징후를 제대로 파악해 대비하지 못한 스탈린과 참모들의 정보 실패가 결코 합리화될 수는 없다. 오히려 명백한 침략 징후들을 애써 무시하려 한 크렘린 지휘부의 안이한 판단과 대처에 더 큰 문제가 있었기 때문이다.

진실을 외면하고 아첨에 열중한 정보기관 책임자들

스탈린이 독일의 공격 징후를 제대로 인식하지 못한 데는 소련 정보기관 책임자들이 스탈린을 두려워해 사실을 사실대로 보고하지 못한 것이 큰 원인이었다. 스탈린은 병적으로 상대를 의심한 폭군으로, 이런 그의 성향 때문에 정보기관 책임자들은 독일이 소련을 당분간 공격하지 않을 것이라는 스탈린의 확신에 반대되는 정보를 보고하기를 무척 두려워했다.

스탈린은 1937~1938년 보안정보 담당 기관인 내무인민위원회(NKVD, 후에 KGB로 흡수)를 중심으로 한 정보기관 간부들을 대대적으로 숙청하고 자기 추종자들을 주요 보직에 임명했다. 이러한 숙청을 통해 살아남은 간부들은 사실을 사실대로 보고하는 일보다 스탈린의 음모적 시각을 부채질하거나 그가 좋아하는 정보만을 보고해 그의 신임을 받고자 경쟁했다.

독일의 공격 계획과 관련된 정보를 스탈린에게 보고할 위치에 있던 사람은 NKGB 부장을 겸임한 내무장관 베리야, 그리고 군 정보기관

스탈린(뒤)이 문서를 검토하는 사이 스탈린의 딸 스틀트라나를 안고 있는 베리야

RU의 부장이었던 골리코프 장군이다. 그러나 이들조차도 사실을 사실대로 보고하기보다는 스탈린이 좋아하는 정보를 보고해 그의 신임을 받는 데 더 적극적이었다. 특히 1938년 11월 NKGB 부장으로 임명된 베리야는 스탈린이 숙청해 처형한 예조프Nikolai Yezhov(1895~1940) 후임으로 임명된 관계로 스탈린의 신임을 얻기 위한 정보 보고에 무척 적극적이었다. 스탈린에게 정보를 사실대로 보고하는 것보다 자리를 유지하는 것이 그에게는 훨씬 더 중요했다. 그래서 그는 1940년부터 스탈린의 오른팔이자 최측근 중 한 명으로 부상했다.

모스크바의 이런 분위기로 인해 적지에서 목숨을 걸고 보고한 정보요원들의 정보는 스탈린에게 제대로 보고되지도 못하고 사장되어 버리거나, 왜곡되어 보고되었다. 1940년 10월 베리야는 독일 베를린에 상주하는 첩보원으로부터 독일이 1941년 초 러시아를 공격할 것으로 보인다는 보고를 받는다. 하지만 그는 이를 스탈린에게 보고하면서 그 첩보원을 소련으로 소환해 역정보를 보고한 혐의로 숙청시켜 버리겠다고 보고한다. 독일의 공격이 있기 불과 3일 전에는 독일 비밀경찰 게슈타포Gestapo 요원으로 있는 협조자로부터 "우리 부대는 6월 22일 새벽 3시에 공격을 개시하라고 지시받았다"라는 보고까지 전달받는다. 하지만 이 확실하고 중요한 첩보를 보고받고도 그는 스탈린을 설득하는 것이 두려워 허위 보고하지 말라고 지시하면서 애써 무시해 버린다. 그리고 이틀 후 독일의 공격이 임박한 것으로 보인다는 정보를 보고해온 정보관 4명을 노동교화소로 보내도록 조치하고 스탈린에게 다음과 같이 서면으로 보고한다.

> 본인은 베를린 주재 데카노조프Dekanozov 대사를 소환해 처벌해 주실 것을 요청드립니다. 그는 히틀러의 소련 침략 준비와 관련된 정보를 저에게 계속 보고하며 귀찮게 하고 있습니다. 그는 독일의 공격이 내일 시작될 것이라고도 보고해 왔습니다. 그러나 저와 저희 직원들은 히틀러가 1941년에는 우리를 공격하지 않을 것이라는 서기장님의 현명한 판단을 깊이 새겨 인식하고 있습니다.

그런 반면 군 정보기관 책임자인 골리코프 부장은 군 생활 대부분을 정치 관련 부서에서 근무하다 1940년 7월 RU 부장으로 임명된 사람이었다. 분석관 경력을 가진 정보 전문가답게 그는 스탈린에게 독일의 위협과 관련해 비교적 구체적으로 보고하려고 노력했다. 그러나 그도 정보를 객관적으로 평가하기보다는 스탈린의 견해에 결론을 맞추는 방향으로 주로 보고했다. 자신의 전임자인 프로스쿠로프Ivan Proskurov 장군이 독·소 불가침조약 체결에 반대하는 등 자유로운 의견을 개진하다가 스탈린의 심기를 거슬러 해고되고 결국에는 처형까지 당하는 결말을 목격했기 때문이다.

독일의 공격이 있기 3개월 전인 3월 20일, 골리코프는 독일군의 움직임을 상세하게 정리해 보고하면서도 평가와 결론은 스탈린의 기본 인식을 벗어나지 않도록 유지했다. 국경선에서 독일의 침략 징후에 대한 정보는 대부분 미국 및 영국과 관계된 출처를 기반으로 했으며, 그들이 독일의 의도를 공세적으로 평가하는 것은 소련과 독일 간의 관계가 악화되기를 바라는 의도 때문이라고 결론 내렸다. 이 보고서 말미에서 그는 "독일의 소련 침공이 가능할 것으로 보이는 시기는 독일이 영국 전투에서 승리한 이후, 또는 독일에 유리한 평화협정이 체결되는 이후가 될 것"이라는 전망까지 부언했다. 그리고 1941년 봄 독일군의 공격이 있을 것이라는 모든 첩보는 서유럽 국가들의 역정보임이 분명하다고 첨언했다.

골리코프 부장은 공격이 임박한 5월에는 추가 정세 판단 보고서를 배포하면서도 독일의 영국 공격 가능성을 강조하는 대신, 소련 공격 가능성은 낮게 평가해 배포했다. 동유럽으로 이동하는 독일군 움직임은 영국 침공을 앞두고 영국을 기만하기 위한 작전의 일환이라는 독일군 정보부의 기만정보를 진짜로 믿는 경향을 보인 것이다. 이런 인식하에서 그는 독일군의 공격 징후와 관련된 보고가 올라올 때마다 스탈린에

게 사실대로 보고하기보다는 첩보를 보고하는 첩보원들이 적의 역정
보에 속아 넘어갔다고 질책했다. 때때로 독일군 움직임에 대한 객관적
사실을 최고 지휘부에 보고했지만, 독일군의 임박한 공격 징후나 의도
에 대해서는 보고하지 않거나 자의적으로 해석해 보고했다. 자신의 부
하인 도쿄 주재 정보원 조르게가 목숨을 건 첩보활동을 통해 독일의
침공 계획을 보고했을 때에 이를 스탈린에게 보고하지 않고 묵살해 버
린 것도 이런 판단 때문이었다.

군사 대비 태세 부실로 이어진
정보 실패

1941년 봄 독일의 침공 계획이 속속 진행되는 와중에도 스
탈린이 심각성을 인식하지 못한 데는 자신의 의견과 다른 새로운 정보
를 받아들이려 하지 않은 폐쇄적 태도도 문제였지만 진실을 보고하기
두려워하는 정보기관 책임자들에게 심각한 문제가 있었다. 독일의 공
격이 시작되기 하루 전인 6월 21일, NKGB 부장 겸 내무장관 베리야
는 독일의 침략 가능성이 희박하다고 스탈린에게 보고했다.

물론, 당시 정보 책임자인 베리야와 군 정보기관장 골리코프가 의도
적으로 거짓 보고를 했는지는 분명하지 않다. 베리야가 스탈린의 비위
를 맞추기 위해 정보를 각색했다는 징후를 구체적으로 발견하지 못했
기 때문이다. 그가 스탈린의 정책적 선호에 맞는 정보를 오랫동안 보고
하는 과정에서 생긴 정보 판단의 오류에 자신도 모르게 빠져들었을 가

능성도 있다. 그러나 군 정보기관장 골리코프는 진실을 스탈린에게 제대로 보고하지 않은 것이 확실해 보인다. 그는 1965년 한 언론과의 인터뷰에서 "스탈린이 무서웠기 때문에 그의 비위를 맞추기 위해 정보를 각색했었다"라고 실토하기도 했다.

　정보기관 책임자들이 제대로 된 정보 보고를 하지 못해 스탈린이 정세의 심각성을 인식하지 못한 것은 소련의 군사 준비 태세 부실로 연결됐다. 그러나 다행스럽게도 소련군 지휘관들은 정보기관 책임자들보다는 스탈린을 대면하고 설득하는 데 훨씬 더 적극적이었다. 독일군의 공격이 있기 한 달여 전인 5월 15일, 국방장관 티모셴코Semyon Konstantinovich Timoshenko(1895~1970) 원수와 참모총장 주코프Georgy Konstantinovich Zhukov(1896~1974) 대장은 위기감을 느낀 나머지 독일에 대한 선제공격을 허가해 달라고 스탈린에게 건의했다. 그러나 스탈린은 펄쩍 뛰면서 독일을 절대 자극하지 말라고 경고했다. 일부 국경 부대가 독일군의 움직임에 대비하기 위해 부대를 전진 배치하자 그런 명령을 즉각 취소하라고도 했다. 또한, 정찰활동을 위해 뻔질나게 국경을 넘어오는 독일 정찰기들도 공격하지 말라고 명령했다. 게다가 소련과 폴란드 국경 지대에 설치된 요새 시설물도 대부분 철거하도록 했다. 물론, 당시 독일의 공력력에 견주어 봤을 때, 특히 1940년 독일이 전격전을 통해 벨기에의 방어망과 프랑스의 마지노선을 순식간에 돌파해 들어간 사례를 비춰 봤을 때, 이런 요새들은 별로 도움이 되지 않을 수도 있었다. 하지만 최소한 독일의 공격을 늦추고 방어 병력을 동원하는 데 필요한 시간을 확보하기에는 상당한 도움이 되었을 것이다.

　스탈린의 거부에도 불구하고, 티모셴코 국방장관과 주코프 참모총

독일군 수용소에 수용된 소련의 전쟁 포로들

장은 독일의 공격이 있기 11일 전인 6월 11일, 스탈린을 만나 군사 대비 태세의 상향을 허가해 달라고 강력 요청했다. 하지만 스탈린은 이 요청도 거부했다. 그래도 이들은 일주일 후 다시 스탈린을 찾아가 허가해 달라고 재차 간청했다. 그러나 스탈린은 이때도 허가는커녕 그들의 자의적 행동을 묵인하지 않을 것임을 암시했다.

　　그런데도 이들은 군이 적절한 방어 태세를 취하도록 임의적으로 조치를 취하고, 공격 하루 전인 6월 21일 스탈린을 만나 전군을 방어 태세로 전환할 것을 또 다시 건의했다. 이때도 스탈린은 그들의 건의를 묵살하지만, 군이 경계 태세를 취하는 것에는 동의한다. 이에 따라 참모총장 주코프는 스탈린의 지침을 다소 융통성 있게 적용해 2급 경계 태세가 유지될 수 있도록 조치했다. 그러나 2급 경계 태세는 평시보다 조금 높은 수준일 뿐 전쟁 준비 태세가 아닌 관계로 비행기와 탱크를 앞세운 독일군을 막아 내기에는 턱없이 부족했다.

결과적으로, 이런 군사 준비 태세 부실로 그들은 전선의 병사는 물론이고 독일에 점령당한 지역의 민간인들까지 나치 병사들에게 무참히 짓밟히는 치욕스런 광경을 바라만 봐야 했다.

1941년 6월 22일 히틀러는 동맹군을 포함해 3개 집단군 380만 명, 전차 4600대, 항공기 4500대에 달하는 사상 유례없는 대군을 투입해 바르바로사 작전을 개시했다. 하지만 당시 소련의 병력도 결코 만만치 않았다. 서부전선에 배치된 250만 병력을 포함해 약 550만의 병력을 보유하고 있었고, 예비군도 얼마든지 동원할 수 있었기 때문에 오히려 수적으로는 훨씬 우세했다.

하지만 대비 부족으로 소련은 개전 초기 6개월 동안 거의 파멸 수준의 피해를 입는다. 2차 대전 연합국 전체 사상자 4400만 명의 절반에 달하는 2130만(군인 1360만, 민간인 770만) 명이 소련의 피해였고, 피해의 대부분이 교전 초기에 발생할 정도였다. 교전 5개월 내에 독일군 전·사상자가 74만에 불과할 때 소련군은 3배에 이르는 약 210만이었고, 약 300만 명이 포로로 잡혔다. 이렇게 초기 피해가 엄청난 데는 독일의 효율적 전격전과 소련군의 전비 태세 부실 등 여러 이유가 있지만, 스탈린 정부의 정보 실패가 결정적 원인이 됐음은 두말할 나위가 없다.

자신과 다른 견해를 받아들이지 못하는 스탈린의 폐쇄적 정보 수용 태도와 사실을 사실대로 보고하지 못하는 정보기관 책임자들의 무소신과 무능이 결국 2차 대전 초기 독일의 공격에 소련이 속수무책으로 당할 수밖에 없도록 만들었다. 그리고 이런 지도부의 무능은 결국 러시아 국민의 생명과 재산에 엄청난 피해를 주었다. 이후 이어지는 악전고투 속에 소련은 2차 대전 전승국이라는 영광을 안기는 했지만, 전쟁 초기 엄청난 피해와 수모를 당하고 난 이후의 상처뿐인 영광이었다.

1941년 12월 7일 일요일 새벽, 항공모함 6대를 주축으로 한 일본 함대는 항공기 353대를 출격시켜 하와이 진주만의 미국 태평양함대를 무차별 폭격했다. 아시아 패권을 장악하기 위해 나아가는 것에 사사건건 간섭하는 미국에, 그리고 그 간섭에서 가장 핵심 역할을 하는 태평양함대를 박살 냄으로써 미국의 개입을 차단하려는 선제적 조치였다.

그런데 일본의 기습은 미국인들에게 너무나 큰 충격이었다. 무엇보다 피해가 엄청났다. 주력 전함 8척이 피격되어 4척이 완전 침몰했고, 항공기 200여 대는 힘 한 번 못 써 보고 완파됐다. 2403명이 사망하고 1178명이 부상당했다. 물리적 피해 이외에 정신적 충격도 대단했다. 우선, 미국 역사상 최초로 영토가 공격당했다는 사실이다. 비록 교착 상태에 빠져 있긴 했지만 위기 해소를 위한 외교협상이 진행 중인 상황에서, 선전포고도 없이 기습하는 일본에 속수무책으로 당했다는 분함도 있었다. 일본보다 산업 생산성이 10배나 높을 정도로 국력이 월등하고 모든 면에서 우월하다는 자신감을 갖고 있던 상황에서 일방적으로 당했다는 점을 미국으로서는 참을 수 없었다.

이런 충격으로 미국은 기습 하루 만인 12월 8일 의회의 압도적 지지하에 일본에 선전포고하고 2차 대전에 참전한다. 2차 대전이 시작되고 2년 넘도록 유지해 온 중립을 포기하고 연합국 일원으로 참전한 것이다. 미국의 참전이 연합국 승리의 원동력이 됐다는 점에서 일본의 진주만 기습은 2차 대전의 흐름을 바꾼 중요한 사건이다.

하지만 진주만 기습은 미국인들이 절대 잊을 수 없는 대표적인 정보 실패 사례다. 세계적 권위의 《Foreign Policy》지는 2011년 1~2월호에서 "미국의 10대 정보 실패 사례"를 특집으로 다루면서 일본의 진주만 기습을 첫 번째 사례로 꼽았다. 그만큼 사전에 예방하거나 피해를 최소화할 수 있었는데도 불구하고 치욕적 패배의 원인을 방치했다는 것이다.

태평양전쟁
진주만 기습에 당한
미국의 굴욕

진주만 기습과
태평양함대의 수모

1941년 11월 26일, 6대의 항공모함을 중심으로 구성된 일본 기동함대가 일본 북부 해군기지를 출발해 하와이로 향했다. 적의 전파 탐지에 노출되지 않도록 무선 침묵을 유지한 채 태평양 6500킬로미터를 횡단해 12월 7일 새벽 하와이 북방 275마일 해상에 접근했다. 공격에 앞서 야마모토 사령관은 목표 지역 미군의 방어 태세와 동태를 관찰하기 위해 선두 순양함에서 정찰기 2대를 발진시켰다. 하와이 태평양함대에 대한 정보는 사전에 입수한 일본의 자체 정보를 통해 충분히 알고 있었다. 특히 해군 장교 출신으로 하와이 영사관에 근무하며 상세한 정보를 보고해 온 다케오 요시카와의 정보는 해군 지휘부가 하와이 공격 목표를 상세히 분석하고 훈련하는 데 커다란 도움을 주었다. 하지만 야마모토 사령관은 공습 개시 전에 목표 지역 상황을 재차 확인하고자 했다. 출격한 정찰기로부터 미군의 방어 태세가 전혀 갖춰져 있지 않다는 사실을 보고받고 야마모토 사령관은 공격 명령을 하달했다. 공격 잠수함들이 항구 입구를 봉쇄해 미 태평양함대 선박들을 꼼짝 못 하게 묶어 놓은 상태에서 항공모함에서 발진한 항공기들이 정박해 있는 함정과 시설물 들을 집중적으로 타격하는 기습공격이 시작된 것이다.

첫 번째 기습은 12월 7일(일본 12월 8일) 일요일 아침 7시 48분, 6대의 항공모함에서 발진한 183대의 항공기로 시작됐다. 전투기와 전폭기, 어뢰 공격기 들을 세 그룹으로 나누어 출격시키고 그룹별로 사전 할당된 목표물을 공격하게 했다. 어뢰 공격기들은 항공모함과 전함, 순양함, 구축함 등 대형 함정 위주로 공격하라는 지시에 따라 대형 함정을 집중적으로 공격했다. 급강하 폭격기와 전폭기는 비행장과 항공기를 중점 공격하면서 함정과 중요 시설물도 무차별 폭격했다. 1차 공격을 마친 항공기들이 목표 지역 상공을 빠져나오자 171대의 항공기를 세 그룹으로 나눈 2차 공격대가 출격해 폭격을 계속했다. 1차 공격에서 타격하지 못한 함정과 시설, 활주로의 비행기 등이 주요 목표였다. 그리고 이 두 번의 공격에 참가한 항공기들은 거의 대부분 피해 없이 안전하게 귀환했다. 당초 공격 항공기의 거의 절반을 잃을지도 모른다며 기습공격에 무척 신중했던 야마모토 사령관은 안도의 한숨을 내쉴 수 있었다.

2차 공격까지 성공한 일본 함대의 일부 참모들은 3차 공격을 통해 확실한 확인 사살이 필요하다고 주장하면서, 허락해 달라고 사령관에게 요청했다. 기지의 유류 저장고와 어뢰 창고, 선거 시설을 포함한 각종 선박 수리 시설에 대한 추가 공습이 필요하다는 이유였다. 지상군 투입 없이 확실한 성과를 거두기 위해서는 부대시설의 완전한 파괴가

기습으로 힘 한 번 못 쓰고 처참히 파괴된 진주만 미군 함정들의 일부

필수라고 본 것이다. 하지만 야마모토 사령관은 3차 공격을 허락하지 않고, 전체 함대의 질서 있는 철수를 지시했다.

당시 지휘부는 일본의 피해가 크지는 않지만 공격 중에 입은 피해의 3분의 2가 2차 공격에서 발생했을 정도로 미군의 반격이 살아나고 있고, 미국 항공모함(당시 수리를 위해 본토로 항해 중) 위치를 확인하지도 못한 상태에서의 추가 공격은 위험하다고 판단했기 때문이다. 더구나 본토로부터 추가 보급 없이 원거리 작전을 계속하는 것은 함대 전체의 안전에도 위험하다고 보았다. 귀환 항공기들을 재급유한 후 출격시키려면 상당한 시간이 필요한데, 그럴 경우 출격 항공기들이 야간에 귀환해야 하므로 무척 위험하다는 판단도 작용했다. 항공기들의 야간 착함 능력이 부족한 상황에서 자칫하면 아군의 피해가 불필요하게 커질 수 있다고 우려한 것이다.

반대로, 미국 입장에서는 일본의 이 결정으로 향후 반격에 필요한 유류 저장고와 선박 수리 시설 등에 대한 폭격을 피할 수 있었다. 하지만 90분에 걸친 공습만으로도 미국의 피해는 엄청났다. 정박해 있던 전함 8척 모두 피격되어 손상을 입었고 이중 4척은 완전히 침몰했다. 태평양함대의 주력함 18척이 출격도 못 해 보고 항구에서 격침됐다. 하와이에 보유 중인 항공기 402대 중 188대가 완전 파손되고 159대가 피해를 입었다. 거의 대부분이 출격도 못 해 보고 지상에서 파괴된 것이다. 인명 피해는 2403명 전사에 1178명이 부상당했다. 인명 피해가 특히 많았던 것은 전함 애리조나 호의 탄약고가 피격되어 연쇄 폭발하면서 승조원 대부분이 몰살당했기 때문이다. 일본군도 항공기 29대가 피격되고 65명이 사망하는 피해를 입었지만 미군의 피해는 실로 엄청

1941년 12월 8일 의회 연설에서 전쟁 승인을 요청하는 루스벨트 대통령

났다.

루스벨트 대통령은 진주만 공격 15시간 후 백악관 참모회의에서 일본과의 전쟁을 결정했다. 미국은 역사상 처음으로 영토가 공격당했다는 것도 충격이었지만 선전포고 없는 일본의 기습에 주력 부대가 완전 무방비 상태로 당했다는 사실 자체를 받아들이기 어려웠다. 이튿날 의회 연설에서 루스벨트는 1941년 12월 7일을 '불명예를 안고 살아야 하는 치욕의 날(a date which will live in infamy)'이라고 언급하며 의회가 전쟁을 승인해 줄 것을 강력히 요청했다. 이에 미국 의회는 12월 8일, 하원 388 대 1, 상원 89 대 0이라는 압도적 지지로 전쟁을 승인했다. 중

립을 지켜 온 미국이 드디어 참전을 선언한 것이다.

또한, 루스벨트 대통령은 당시 태평양함대 사령관 킴멜Husband Edward Kimmel(1882~1968) 제독을 방어 실패에 대한 책임을 물어 대장에서 소장으로 두 계급 강등시켰다. 정보 실패 책임을 킴멜 사령관 한 사람에게 뒤집어씌우는 것이 적절하냐는 논란도 있었지만, 워싱턴의 분노는 그만큼 대단했고 현지 지휘관은 경계 실패의 책임을 피할 수 없었다. 이에 따라 킴멜 사령관은 계급을 끝내 회복하지 못하고 오랜 군 생활을 불명예로 마감해야 했다. 오늘날도 미국인들은 "진주만을 기억하라(Remember Pearl Harbor!)"라며 적에 대한 정보 우위를 강조한다. 그만큼 진주만 기습의 상처는 오늘날까지 깊고 아프게 남은 것이다.

미·일 협상 결렬과
미국의 의도적인 기습 허용론

진주만 기습 이전, 미국과 일본의 관계는 사실 오랫동안 충돌을 향해 달려가는 기관차와 같았다. 1905년 러일전쟁에서 승리한 후 이웃 영토에 대한 야욕을 키워 가던 일본 입장에서 사사건건 간섭하는 미국은 언제나 눈엣가시였다. 한일합방으로 한반도를 얻은 다음, 일본이 1차 대전을 통해 중국 내 독일의 조차지까지 접수하고 중국 침략을 본격화하자, 미국은 적극적으로 간섭하기 시작했다. 1922년 워싱턴 해군 군축협상은 미국·영국·일본 해군 간의 주력함 비율을 5 대 5 대 3으로 제한했다. 이어 1931년 만주사변 이후 일본이 중국 영토를 본격

침략하자 미국은 국제사회를 동원해 강력 비난하면서 이를 저지하기 위한 외교적 노력을 적극 전개했다.

일본은 이에 대응해 국제연맹에서 탈퇴하고 1936년 해군 군축협상에서도 탈퇴해 버렸다. 이어 독일과 방공협정(Anti-Comintern Pact)을 체결하며 추축국 일원으로 가세했고 1937년에는 중일전쟁을 일으켜 중국 침략을 본격화했다. 1941년에는 일·소 중립조약을 체결해 북방의 위협을 제거한 데 이어 남방의 인도차이나를 점령했다. 유럽 본토 전쟁에 정신없는 유럽 국가들의 동남아 식민지를 차례로 탈취한 것이다. 이에 미국은 1941년 7월, 미국 내 일본 자산을 동결하고 모든 재정 거래와 수출입 거래를 정부의 통제 아래 두면서 일본을 압박했다. 공세적인 전쟁 지속을 위한 원자재 공급이 절실한 상황에서 일본은 석유를 비롯한 전략물자 획득 방안을 강구해야 했다. 국내 석유 비축 물량이 2년치 정도밖에 남지 않았기 때문에 시간도 별로 없었다. 미국과의 협상이냐, 충돌이냐를 양자택일해야 하는 갈림길에 직면한 것이다.

이런 상황에서 미국과 일본은 1941년 7월, 위기 해소를 위한 외교 협상을 시작했다. 하지만 양측 입장이 팽팽하게 맞서면서 타협점을 찾을 수 없었다. 이 과정에서 일본 군부는 대미 교섭 무용론과 함께 개전론을 주장하면서 전쟁 준비를 본격화했다. 10월에는 협상을 추진하던 고노에 정부가 물러나고 육군대장 출신의 강경파 도조 히데키東條英機(1884~1948) 내각이 들어섰다. 협상론자들이 위축되고 강경론이 더 힘을 받을 수밖에 없었다. 이에 11월 초 미국·영국·네덜란드와의 전쟁 계획안이 의결되고 진주만 공격 날짜가 잠정적으로 결정되었다. 그리고 12월 1일, 도조 내각은 마침내 미국과의 전쟁을 결정하고 이미 출항한 기동함대의 공격을 최종적으로 승인했다. 12월 7일 새벽의 진주만 기습공격 계획을 예정대로 실행하게 된 것이다.

당시 일본은 미국과의 전쟁을 통해 미국 본토를 점령하겠다는 목적은 아니었지만, 미국의 전쟁 의지를 꺾어 태평양에서 몰아냄으로써 아시아에서 입지를 확실히 하고자 했다. 미국이 태평양에서 물러났다가 전열을 정비해 반격하기 위해서는 시간이 상당히 걸릴 것으로 보았기 때문에 그 기간 동안 대동아공영권을 강화해 대적한다면 충분히 승산이 있다고 봤다. 게다가 당시 유럽 전선에서 연전연승하던 동맹국 독일의 모습은 일본의 군국주의적 열기를 더욱 부채질하기에 충분했다. 이런 상황에서 기대에 턱없이 못 미치는 외교협상에 대한 기대를 갖는 것은 거의 불가능했다.

일본과의 협상 타결이 불가능하다는 점은 당시 미국도 충분히 인식했다. 몇 달간 계속된 외교협상에서 일본의 태도에 실망한 나머지 워싱턴 지도부는 군사적 충돌이 불가피해 보인다고 생각했다. 이런 상황에서 진주만 기습이 발생했기 때문에 일부에서는 미국 정부가 일본의 기습을 2차 대전 참전의 명분으로 활용하기 위해 방조했다고 주장하기도 한다. 협상 과정에서 미국 정부가 일본에 대한 불신을 숨기지 않았고, 주요 인사들이 전쟁 불가피론을 수시로 언급했다는 것이 주요 근거였다. 또한, 미국 정부가 1941년 11월 27일 태평양함대에 "태평양의 정세 안정화를 위한 일본과의 협상이 중단됨으로써 며칠 내로 일본의 공격이 있을 수 있다"는 등의 지시를 하달한 것도 증거로 언급된다.

하지만 지금까지 역사학자들은 이러한 음모론이 과도한 억측이라고 일축하면서 다음과 같이 주장했다. 첫째, 기습으로 인한 미국의 피해가 너무 막대해 의도된 기습 허용이라고 보기 어렵다. 둘째, 만약 기습을 허용했다면 태평양함대에 사전에 경고 지시를 보내서 전비 태세를 강화하도록 조치할 이유가 전혀 없다. 셋째, 일본이 태국·필리핀 등 동남아 특정 지역을 침공할 가능성을 예상하기는 했지만, 하와이를 공격할 것이라고는 전혀 예상하지 못했다. 일본이 미국 영토를 직접 공격해 미국 국민들을 단결시키는 실책을 범하리라고는 누구도 예측하지 못했다는 것이다. 학자들은 이런 주장을 뒷받침하는 근거로, 당시 루스벨트 대통령이 일본의 동남아 침공이 확대될 경우 군사적 대응 방안을 의회와 국민에게 어떻게 설득할지 고민했다고 주장하기도 한다. 그래서 결론은 미국이 절대 기습을 방조하지는 않았다는 것이다. 다만, 사전 징후가 있었는데도 불구하고 설마 일본이 미국 영토까지 공격하겠느냐는 안이한 생각에 빠져 방비를 하지 않음으로써 기습을 당했다는 것이다.

지나친 자신감으로
경계에 소홀했던 미국

진주만 기습 당시 미국의 정보력은 상당한 수준이었다. 특히, 통신정보 분야에서 적의 전파를 탐지해 위치를 분석하는 능력이 탁월했다. 전파 탐지를 통한 위치 추적과 통신 감청은 1차 대전 후 선진국에서는 보편적으로 활용되던 방식이었으므로 미국만 이 능력을 갖춘 것은 아니었다. 하지만 미 육군과 해군은 1차 대전 시 영국으로부터 습득한 관련 기술을 발전시켜 이 분야에서 상당한 역량을 갖추고 있었다.

해군은 원거리에서 서로 떨어져 작전하는 특성상 함정 상호 간의 교신이나 본국 지휘부와의 교신이 필수고, 이 때문에 통신과 신호정보에 대한 우세는 해군 작전에서 무척 중요한 요소가 될 수밖에 없다. 이에 미국 태평양사령부도 적의 무선통신을 포착해 위치를 파악해 내는 것은 물론 통신 내용을 해독해 적의 움직임에 대응하기 위해 적극적으로 노력했다. 교신 내용을 완전히 해독하지는 못하더라도 적 함정의 콜사인 움직임만 파악해도 적함의 작전 동향을 어느 정도 파악할 수 있었다. 일본 함대가 진주만으로 출항할 때는 한동안 무선 침묵을 유지했기 때문에 이런 움직임을 파악하는 데 한계가 있었지만 적 주력함이 모두 집결해 움직일 정도의 큰 작전은 사전에 충분히 파악할 수 있었다. 하지만 이런 미국의 정보 역량은 진주만 기습을 탐지하는 데 전혀 도움이 되지 못했다.

군사적인 신호정보뿐만 아니라 당시 미국은 일본 외무성이 각국 주재 대사관으로 하달하는 암호전문도 상당 부분 해독했다. 소위 고위급들이 극비로 회람하는 매직정보였다. 미 해군 특수통신단과 육군 신호정보단이 일본 정부가 워싱턴·런던·베를린 등지의 자국 대사관과 교신하는 내용을 해독한 것이다. 미국은 1923년 일본 해군의 암호책자를 입수해 RED암호를 해독하면서 노하우를 축적했고, 1930년대에는 신형 BLUE암호를 해독했다. 1939년 일본이 독일의 에니그마 프로그램 도움을 받아 고난도의 PURPLE암호를 도입하자 해독에 애를 먹기도 했지만 1941년 말에는 이것마저 거의 완벽하게 해독했다.

물론, 당시 일본 해군이 PURPLE암호를 사용하지 않고 JN-25라는

미국이 2차 대전 시 확보해 현재 국가안보국 박물관에 전시 중인 일본의 Type-97 Purple 해독기

별도 암호를 사용한 관계로 미국은 일본 해군의 움직임을 파악하는 데 상당한 어려움을 겪었다. 하지만 외교전문 분석을 통해 사태의 징후는 어느 정도 유추할 수 있었다. 더구나 1941년 11월 중순부터는 미·일 외교협상이 전면 교착화되면서 일촉즉발의 분위기가 팽배해 갔다. 일본 외무성이 11월 22일 워싱턴 주재 자국 대사에게 지시하고 미국이 해독한 전문에는 다음과 같이 군사 행동을 암시하는 내용이 있었기 때문이다.

우리는 (29일까지) 기다려 보기로 했음. 그 시한은 절대 변경될 수 없는 것임을 명심해 주기 바람. 그 이후에는 (예정된) 조치들이 자동적으로 진행될 것이기 때문에 전보다 더욱 적극적으로 (협상에) 임해 주기 바람.

하지만 미국은 안타깝게도 일본이 설정한 협상 시한이 경과하는데도 특별한 조치를 취하지 않고 방관하는 우를 범하고 말았다. 재미있는 점은, 1941년 12월 7일 일본 외무성이 진주만 기습 직전 미국에 전달하려고 워싱턴의 대사관에 하달한 최후통첩 전문을 미국이 일본대사관으로부터 전달받기도 전에 이미 알고 있었다는 사실이다. 미국은 PURPLE암호 해독을 통해, 외교협상 결렬을 선언하는 사실상의 선전포고 메시지를 일본대사관으로부터 통보받기 전에 이미 알고 있었다. 일본대사관 직원들이 전문을 해독해 외교문서로 만드는 사이, 미군 정보 관계자들이 암호를 해독해 지휘부에 먼저 보고한 것이다. 이에 따라 미국의 헐Cordell Hull(1871~1955) 국무장관은 일본대사로부터 최후통첩 메시지를 전달받을 때 이미 보고받은 내용을 읽는 시늉만 취할 뿐이었다.

물론, 이 전문은 진주만 기습과 관련한 어떤 문구도 직접 포함하지 않았기 때문에 미국이 진주만 기습을 대응하는 데는 별 도움이 되지 못했다. 게다가 마지막 최후통첩 전문이 진주만 기습이 시작된 후 미국 측에 전달된 관계로 미국의 대응에는 한계가 있을 수밖에 없었다. 당시 일본 정부 내에서는 군부가 압도적 영향력을 행사했기 때문에 외무성은 힘이 없었다. 외무성은 군사작전과 관련된 정보에서 소외되어 있었고, 이를 적국에 통보하는 것은 무척 엄격한 군부의 통제를 받아야 했다. 최후통첩 전문만 해도 외무성은 최소한 공습 1시간 전에 미국 측에 전달해야 한다고 주장했지만, 군부는 공습 성공을 위해 30분 전에 워싱턴의 대사관으로 타전하는 것만을 허용했다. 그래서 워싱턴의 일본 대사관이 전문을 해독하고 외교문서로 만들어 미국에 전달할 즈음에는 이미 진주만 공습이 한참 진행된 후였다. 이런 점에서 미국의 일본 외교전문 해독은 진주만 기습 예방에 별 도움이 되지 못했다. 하지만 직접적 공격 징후는 아니더라도 간접적 징후나 분위기는 충분히 유추할 수 있었는데도 미국은 이를 활용하지 못했다. 적에 대한 정보를 적으로부터 완전한 상태로 얻을 수 있다고 기대하는 것 자체가 너무 지나친 기대이기 때문이다.

비밀 정보활동 이외에 일상적 외교활동을 통해서도 미국은 일본군 움직임에 대한 정보를 어느 정도 수집했다. 당시 일본 주재 미국대사관 정보 자산을 활용하는 것도 좋은 방법이었다. 1941년 11월 미·일 협상이 결렬되는 과정에서 일본 주재 미국대사관은 일본 정부와 군부의 움직임, 그리고 향후 일본의 예상 행동 등을 무척 주의 깊게 살피고 이를 본국에 보고했다. 하지만 이런 정보는 국방부와 충분히 공유되지 못했다. 국방부에서도 필요시 정보 전문가를 도쿄의 대사관에 파견해 구체적인 정보 수집 활동을 전개할 수 있었지만 이루어지지 않았다.

게다가 동남아에서 일본과 대치하던 영국이나 네덜란드와도 정보 공유를 충분히 하지 못했다. 싱가포르와 말레이시아에 식민지를 유지하던 영국, 그리고 인도네시아 식민지를 경영하던 네덜란드 입장에서 일본은 공동의 적이었기 때문에 미국에 얼마든지 협조할 수 있는 상황이었다. 물론, 이들이 유럽 본토에서의 전쟁에 정신이 없고 이들과의 정보 공유를 통해 얻을 수 있는 실익이 별무하다는 미국의 판단도 작용했을 것이다. 하지만 이 국가들이 아시아에서 많은 정보 네트워크를 유지하고 있었는데도 미국은 이를 활용하려는 노력을 거의 하지 않았다.

이런 미국의 정보적 나태는 당시 공격 목표에 대한 치밀한 정보활동을 전개한 일본과는 무척 비교된다. 진주만 공격을 공식적으로 계획하기 한참 전인 1941년 3월, 일본 군부는 해군 장교 출신의 정보 요원 다케오 요시카와吉川猛夫(1914~1993)를 하와이 주재 일본영사관 부영사로 가장시켜 파견했다. 해군사관학교를 졸업하고 항공대 근무 경험이 있는 정보장교를 엄선해 정보 수집 활동 목적으로 파견한 것이다. 이런 배경하에서 요시카와는 진주만이 내려다보이는 2층집에 세를 얻어 살면서 진주만 미군 함정의 이동과 기지 경비 상황 등을 상세히 수집해 보고했다. 민간 소형 항공기를 빌려 진주만 상공을 직접 비행하면서 공중정찰정보를 보고하고, 스쿠버 장비를 착용하고 진주만 해저를 직접 정찰한 결과를 보고하기도 했다.

그는 당시 하와이에 16만 명에 달하는 일본인이 거주했지만 보안 누설을 우려해 이들에게 전혀 의존하지 않고 혼자 발로 뛰면서 확실한 정보만을 수집해 보고했다. 당시에는 그도 진주만 공격 계획을 자세히 알지 못했지만, 자신의 정보활동이 어떤 목적을 갖고 수행되는지는 충분히 알고 있었다. 그 때문에 그는 보안을 유지하는 것이 무척 중요하고, 최대한 정확하고 상세한 보고가 무척 중요하다고 판단해 이를 지키고자 노력했다. 그리고 이런 정보는 본국에서 해군 지휘부가 진주만 공격 계획을 구체적으로 수립하고 참전할 조종사들을 훈련시키는 데 매우 중요한 자료로 활용되었다.

당시 미국 정부 고위층의 안이한 정세 인식과 지나친 자신감도 정보 실패를 자초한 중요한 요인이었다. 워싱턴의 고위관료들은 1941년 당시 산업 생산이 거의 10배나 차이가 나기 때문에 일본 지휘부가 미국에 정면 도전하는 무모한 행동을 절대 취하지 못할 것이라고 판단했다. 일본 원유 수입 선에 대한 미국의 봉쇄 조치가 일본 지휘부에 얼마나 심각한 위기감을 조성하고 있는지에 대해서도 별 관심을 기울이지 않았다. 국가의 존망이 걸린 심각한 문제로 인식하는 일본과 달리, 워싱턴은 이를 외교적 협상 카드의 하나로 인식한 것이다. 당시 워싱턴은 만약 일본이 협상을 깨고 군사행동을 감행한다면, 그 동남아가 될 가능성이 높다고 예상했다. 하와이가 목표가 되리라고는 전혀 상상하지 못한 것이다. 일본이 당시 원유의 절반을 인도네시아에서 수입하는 등 원자재 대부분을 동남아에서 수입했기 때문에 동남아를 먼저 공격한 후 미국과의 대결을 검토할 것이라는 예상이었다. 어떻게 보면 무척 합리적인 분석이었다. 하지만 이 합리적 사고가 미국에서는 설득력이 있었지만 일본에는 적용되지 않을 수 있다는 점을 간과했다. 정보 분석을 하면서 적의 입장이 아니라 자신만의 합리성으로 적을 판단한 것이다.

이런 워싱턴 지휘부의 인식은 하와이 주둔 미군의 안이한 경계 태세로 연결됐다. 진주만 공습 전까지 하와이의 군 간부들은 태평양에 위치한 천혜의 군사기지 특성상 적의 기습은 별로 걱정할 일이 아니라고 생각했다. 사방이 바다인 관계로 "10분 전에만 경보가 발령되면 전투 배치가 완료되는데 적이 10분의 경보 시간을 주지 않고 접근할 가능성은 없다"고 자신한 것이다. 게다가 많은 지휘관이 일본군의 낙후된 장비 성능이나 조종사의 훈련 부족 등을 이유로 일본군의 능력을 과소평가하기도 했다. 진주만의 얕은 수심은 어뢰 공격에 적합하지 않기 때문에 적이 어뢰를 통해 공격할 가능성도 별로 없다고 판단했다.

그러면서도 이들은 자신들의 역량은 관대하게 평가했다. 일본의 암호를 해독한 매직정보 등을 통해 일본의 움직임을 잘 알고 있다고 자만했다. 그래서 추가 정보 수집이나 경계 태세 강화에 별다른 관심을 기울이지 않았다. 진주만 공습 당일에도 하와이 주변 상공을 정찰해야 하는 정찰기 편대를 운영하지 않았고, 적 함정의 어뢰 공격을 방지하는 어뢰 방어막도 설치하지 않았다. 특히, 워싱턴으로부터 몇 번에 걸쳐 경계 강화 지시가 하달됐는데도 불구하고 실질적인 경계 강화 조치를 전혀 취하지 않았다. 더구나 크리스마스가 가까운 12월의 주말이어서 병사 모두가 휴일을 만끽하며 풀어져 있었다. 미국의 경계 태세가 이렇게 허술한 상태였다는 점을 감안하면, 일본의 기습이 이루어졌을 때 태평양사령부 전체가 몰살에 가까운 피해를 당하지 않은 것이 오히려 다행스러울 지경이다.

무시되고 간과되는
사전 징후첩보

일본이 진주만 기습에 성공할 수 있던 것은 철저한 보안을 유지하는 가운데 기습을 실시했기 때문이다. 상세 공격 계획은 최고위 지휘부만 알고 있었고 중간 간부들은 전혀 몰랐다. 실제 작전에 참여한 장교 대부분도 공격 직전에야 구체적 공격 목표를 통보받을 정도였다. 무선통신을 사용했다가 공격 계획이 적에게 사전 노출될 것을 우려해 공격에 참가하는 해당 함정이 항구에 정박하면 인편으로 지시문이나 필요한 정보를 전달하기도 했다.

진주만으로 항해하던 함정들은 항해 도중 미국에 움직임이 노출되지 않도록 각별히 신경을 썼다. 항해 거리가 짧고 풍랑이 낮은 남쪽 항로를 선택하지 않고, 위험하고 거리가 먼 북쪽 항로를 일부러 선택했다. 항해 중 연합국의 함정이나 상선과 조우하거나 미국 측에 움직임이 노출될 가능성을 최소화하고, 노출되더라도 공격 목표를 위장하기 위한 조치였다. 또한, 출항 후 하와이 인근 목표 해역에 도달하기 전까지는 전파를 발신하는 통신장비를 사용하지 못하도록 하고, 꼭 필요할 경우에 한해 최소한만 사용하도록 했다. 이런 각별한 보안 조치와 군사적 주도면밀함이 있었기 때문에 기습에 성공한 것이다.

하지만 미국 입장에서도 조금만 신경을 썼다면 공격 징후를 발견해 사전에 대비할 수 있었다. 진주만 기습에 참여한 일본군 세력이 항공모함 6척, 전함 2척, 중순양함 2척, 구축함 9척, 잠수함 23척, 보급함 8척, 항공기 414대 등으로 엄청났기 때문이다. 아무리 일본이 은밀하게 작전을 준비하더라도 대규모의 병력과 장비를 동원하려면 최소한 한 달 전에는 관련 정보와 징후가 노출될 수밖에 없었다. 따라서 미국의 실패는 이런 정황을 사전에 파악하지 못한 정보활동 실패에서 찾아야 할 것이다. 더구나 당시 미국은 일본의 진주만 기습을 시사하는 첩보를 상당수 확인하고도 충분한 주의를 기울이지 않고 간과해 버렸다. 완벽한

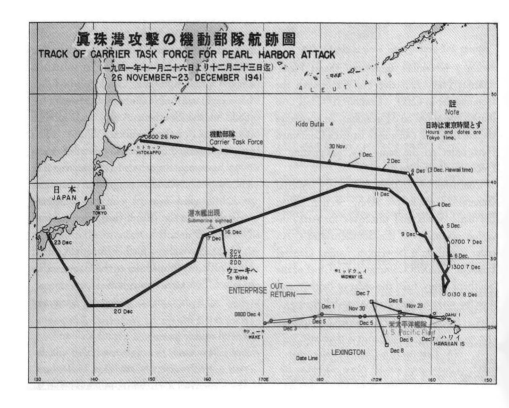

일본 연합함대의 진주만 기습공격 및 철군 경로

내용의 정보는 아니더라도 기습을 시사하는 첩보가 많았는데도 불구
하고 이를 간과해 버린 것이다. 당시 미국이 놓친 중요 첩보들을 살펴
보면 다음과 같다.

　가장 사실과 근접했던 정보는 무척 일찍, 그것도 전혀 예상치 못했
던 곳에서 나왔다. 1941년 1월 도쿄 주재 페루대사가 미국대사관 1등
서기관을 접촉해 "일본군 대부대가 진주만을 기습공격하는 계획을 세

우고 있는 것으로 보인다"고 언급한 것이다. 도쿄의 미국대사는 이 첩보를 즉시 본국에 보고했다. 그리고 이는 국무부와 국방부를 거쳐 하와이 태평양사령부에도 전달되었다. 이 첩보를 구체적으로 확인하기 위해 해군 정보 부서는 첩보의 신뢰성을 평가하는 작업을 별도로 진행했다. 하지만 조사 과정에서 첩보의 원출처가 페루 태생의 일본인 요리사로 확인되면서, 첩보의 신빙성이 낮다고 평가하고 결국 무시해 버렸다.

두 번째 유력한 징후는 영국 정보기관이 하와이 주재 정보원 포포프Dusko Popov(1912~1981)로부터 입수해 미국에 전달한 첩보였다. 당시 포포프는 독일 정보기관에서 파견되어 하와이에서 활동하며 영국에도 협조하던 이중간첩이었다. 그가 하와이에서 일본 간첩들과 교류하는 과정에서 이상한 점을 발견하고 제보한 것이다. 일본 간첩들이 하와이 진주만의 지형·지물이나 어뢰 공격과 관련된 자료를 무척 상세하게 수집하고 다닌다는 내용이었다. 그는 이런 정황을 영국 정보기관에 보고했고, 영국은 이를 미국에 전달했다. 미국도 이를 이상하게 생각하고 FBI(연방수사국, Federal Bureau of Investigation) 요원과 포포프의 면담을 주선해 달라고 영국에 요청해, 1941년 8월 10일 뉴욕에서 직접 접촉하기도 했다. 하지만 FBI는 포포프가 주장을 입증할 만한 구체적 증거를 제시하지 못했으며, 영국과 독일 사이에서 이중간첩활동을 하기 때문에 신빙성이 떨어진다고 평가절하했다. 그래서 포포프의 정보도 신뢰성 부족이란 평가를 받아 잊히고 말았다.

세 번째 징후는 공습 직전 신호정보활동에 의해 수집되었다. 진주만의 미 해군 정보 부서는 공습 1시간 전인 12월 7일 아침 6시 40분, 일본군 잠수함 1대가 진주만으로 접근하고 있다는 신호를 탐지했다. 소형 공격 잠수함은 단독으로 원거리 작전을 거의 수행하지 않기 때문에 이 잠수함과 함께 수상함 부대가 동행하리란 것을 충분히 유추할 수 있었다. 하지만 해군 정보 부서는 이런 사실에 충분한 주의를 기울이지 않고 무시해 버렸다. 또한, 진주만 방어를 담당한 레이다 기지도 일본 항공기의 접근 동향을 포착하고도 즉각적 경계 태세 전환이나 정찰기 출격으로 연결시키지 못했다. 본토에서 오는 자국 항공기라고 생각해 관심을 기울이지 않은 것이다. 크리스마스를 앞둔 일요일 아침의 느슨한 분위기 때문이라고 치부해 버리기에는 너무나 안타까운 실수들이었다.

마지막으로, 가장 중요하면서 유력한 정보는 일본 외교전문을 해독한 매직정보에서 나왔다. 당시 일본의 외무성은 군사정보에서 소외되어 있었기 때문에 한계는 있었지만 상당히 민감한 정보도 외교전문을 통해 수·발신하고 있었다. 1941년 9월 24일, 도쿄의 외무성 본부가 하와이 영사관의 요시카와에게 지시하는 다음과 같은 전문이 해독되어 10월 9일 미국 지휘부에 보고되었다.

전함 및 항공모함과 관련해서는 계류돼 있는 부두·부표·수리용 선거별로 구분해 보고하고, 한 부두에 두 척 이상이 동시에 계류되어 있는지, 그리고 함정의 형태 및 급수에 대한 설명도 부기해 주기 바람.

그리고 11월 15일에는 좀 더 구체적인 정보도 해독되어 보고되었다.

미·일 간의 관계가 엄중한 상황에 도달한 만큼, '항구 내 정박 함정들'에 대한 정보를 상세히 보고하되, 매주 2회씩 보고해 주기 바람. 이미 귀하가 충분히 인지해 잘 알고 있겠지만, 활동 과정에서 비밀이 유지될 수 있도록 각별한 주의를 기울이기 바람.

미국은 이 전문뿐만 아니라 이와 유사하게 진주만 함정들의 위치와 이동 현황을 보고하도록 지시하는 전문을 11월 말까지 상당수 포착했다. 하지만 이런 첩보들에 크게 주의를 기울이지 않았고 대부분 무시하고 간과해 버렸다.

진주만 공습 4일 전에도 일본은 워싱턴 주재 대사관에 "모든 암호 및 해독 자재를 즉시 소각하고 다른 중요 비밀 문건도 모두 소각하라"고 지시했다. 미국 정보기관 실무진들은 이를 바로 해독해 워싱턴 지휘부에 보고했다. 정보 감각을 가진 사람이라면 이 정보가 무엇을 의미하는지, 잠재적 공격 목표가 어디인지를 충분히 짐작할 수 있는 내용이었다. 하지만 워싱턴 지휘부는 종전과 마찬가지로 별다른 조치를 취하지 않았고, 간과했다.

물론, 이런 정보 대부분이 일본의 진주만 기습 가능성을 명시적으로 적시하지는 않았다. 일본이 모종의 중요한 조치를 곧 취하려고 하고 있고, 목표가 진주만이라는 것을 암시하고 있을 뿐이었다. 하지만 언제, 어디를, 어떻게 공격할지에 대한 정보를 적으로부터 완전한 형태로 얻는 것은 현실적으로 불가능에 가깝다. 적이 자기를 감추고 상대를 속이는 모든 방책을 동원할 것임을 전제로 해야 하기 때문이다. 더구나 당시는 전쟁 중이었고 태평양사령부가 주시해야 할 최대의 적이 바로 일본이었다. 일본과의 외교협상이 결렬되면서 최후 결전의 분위기가 무르익던 상황이었다. 많은 징후첩보 중에서 어느 하나만에라도 충분한 주의를 기울였다면 미국은 희생을 훨씬 줄였을 것이다. 참으로 안타까운 정보 실패의 연속이었다.

정보 실패에서 얻은 값진 교훈

진주만 기습은 미국이 오늘날까지 정보 실패를 얘기할 때 가장 먼저 거론하는 사례다. 그만큼 상처가 컸지만, 그 상처의 교훈을 중요하게 받아들이고 다시는 그런 실수를 반복하지 않기 위해 노력하는 계기가 됐다. 미국이 중요하게 받아들인 교훈은 다음과 같다.

첫째, 정보 출처를 다양화해야 한다. 특히 인간정보활동을 강화해야 한다는 것이었다. 2차 대전 당시 영국과 독일은 상대방 통신을 감청해 해독하는 신호정보뿐 아니라 인간정보활동을 통해서도 적의 능력과 의도를 파악하고 기만하는 활동을 치열하게 전개했다. 일본도 진주만 공격 직전 공격 목표인 하와이에 정보 요원을 파견해 구체적 정보를 수집할 정도로 인간정보활동을 강화했다. 소련도 2차 대전 초 일본에 조르게를 파견해 일본의 소련 동부 지역 침략 가능성을 지속적으로 주시했다.

하지만 미국은 도덕적·정치적 이유 등으로 간첩활동을 강하게 거부했다. 1929년 국무장관 스팀슨Henry Lewis Stimson(1867~1950)은 "신사는 다른 사람의 편지를 훔쳐보지 않는다"라며 국무부의 암호 분석 조직을 해산시켜 버렸다. 이런 경향에는 당시 미국에서 활동하며 소란을 피운 독일 간첩들에 대한 부정적 인식이 큰 몫을 했다. 또한, 매직정보에 대한 지나친 의존도 다른 정보 출처에 대해 별로 필요성을 느끼지 못하도록 만들었다. 이런 것들이 복합적으로 작용해 진주만 기습이라는 정보 실패로 연결된 것이다.

둘째, 단순한 정보 수집뿐만 아니라 수집된 정보에 대한 분석이 무척 중요하다. 미국은 진주만 정보 실패가 정보 분석 실패에서 야기되는 대표적 현상들을 고루 갖추었다고 보았다. 적의 의도를 평가하면서 적의 시각을 반영하지 않고 자신의 합리성만으로 평가하는 소위 '거울 이미지(Mirror Image)'에 빠져 있었다. 적을 과소평가하고 자신을 과대평가하면서 객관적으로 상황을 평가하지도 못했다. 자신보다 훨씬 약한 적이기 때문에 감히 정면 공격하지는 못할 것이라고 확신했다. 자신들은 적에 대해 충분한 정보를 갖고 있고 또 안전한 지역에 위치하고 있기 때문에 걱정할 것이 없다는 집단 사고에 매몰되어 있었다. 위기가 고조되는 상황에서도, 중요한 정황정보를 쉽게 간과하고 완벽한 첩보가 아니면 별로 주의를 기울이지도 않았다. 유사한 첩보를 서로 연결시키고 조합해 의미 있는 정보를 찾아내려는 조직적 노력을 전혀 찾아볼 수가 없었다. 정보 분석에서 이러한 총체적 부실의 결과가 진주만 기습이란 정보 실패로 연결된 것이다.

셋째, 관련 기관 간에 정보 공유와 협조가 부족했다. 외교적 협상에서 일본의 절박한 움직임이 국방부 등 관련 기관에 충분히 전달되거나 공유되지 못했다. 진주만 기습과 관련된 특정 징후가 발생해도 유관 부서에 전달되거나 추가적 징후 추적, 또는 심층 분석을 위한 협력이 거의 이루어지지 않았다. 예를 들어, 국무부에서 중요하다고 보는 정보를 국방부에서는 별로 중요하지 않게 보면서 경시했다. 또한 각 군 정보 부서 간의 협력도 원활하지 않았으며 군에서 중요하게 느끼는 정보도 FBI 같은 수사기관에서는 별로 중요하게 보지 않았다. 안보 위협 요소에 대한 인식과 대처에서 관련 부처 간에 소통과 정보 공유가 거의 이루어지지 못한 것이다.

하지만 진주만 실패를 통해 얻은 교훈으로 미국은 정보 분야에서 성장하는 계기를 마련했다. 가장 두드러진 결과가 1942년 6월 영국 정보기관의 지원을 받아 설립한 최초의 전문 정보기관 OSS다. OSS는 합참의 지휘 아래 적 후방에서 전략정보와 군사정보를 수집하는 것이 주 임무였지만 인간정보활동을 주요 수집 수단으로 삼으면서 분석 기능도 겸비한 미국 최초의 전문 정보기관이었다. 진주만 기습 이전에도 루스벨트 장군 등이 영국의 사례를 거론하면서 전문 정보기관 창설의 필요성을 종종 제기했었다. 하지만 당시 이런 주장은 별 관심을 받지 못했다. 진주만 기습 이후 필요성을 절감한 고위 지휘부가 정보기관 설립을 결정한 것이다. OSS는 2차 대전 때 연합국 진영에 참여한 각국 정보 조직들과 긴밀히 협력하면서 미국의 전쟁 승리에 중요한 역할을 담당했다.

2차 대전 후에도 OSS는 해체되지 않고 1947년 대통령 직속 국가정보기관인 CIA로 확대 개편되어 오늘날 세계 최고 정보기관이란 명맥을 이어 오고 있다. 적국의 정보를 수집하는 것뿐만 아니라 적을 잘 아는 최고 인재를 뽑아 적을 정확히 분석하는 업무에도 역량을 집중했다.

그리고 CIA 부장은 CIA 조직의 기관장일 뿐만 아니라 미국 정보공동체 전체를 조율하는 정보공동체(IC, Intelligence Community)의 장을 맡아 각 기관의 통합·조정 업무도 담당했다. 2001년 9·11테러 이후에는 정보기관 통합·조정 업무가 원만하지 못했다는 지적에 따라 별도의 장관급 기구인 국가정보장(DNI, Director of National Intelligence) 직제까지 신설해 업무를 수행케 하고 있다. 정보기관 상호 간의 통합·조정 업무를 그만큼 중요하게 인식하고 있는 셈이다. 진주만의 상처는 무척 크고 아팠지만, 그 교훈을 잊지 않고 발전적 계기로 활용한 것이다.

흔히 '30년 전쟁'이라고 부르는 베트남전쟁은 크게 1차와 2차로 구분한다. 1차는 1946~1956년 베트남과 프랑스 간의 전쟁이며, 2차는 1960~1975년 베트남과 미국 간에 벌어진 전쟁이다. 1954년 디엔비엔푸 전투 패배를 계기로 프랑스가 베트남에서 철수하고 베트남은 북위 17도선을 기점으로 남북 분할된다. 하지만 북베트남(베트민)은 남베트남 '해방'을 위한 노력을 지속한다. 이에 미국은 베트남을 잃을 수 있다고 우려해 군사개입 수위를 높여 나간다. 1961년 케네디 대통령 결정으로 1만 6000명의 군대를 최초 파견한 데 이어 존슨 대통령이 1964년 통킹 만 사건을 빌미로 대규모 파병을 추진하면서 본격적으로 개입했다. 베트남 공산화가 인도차이나반도 전체의 공산화로 이어지는 상황을 막아야 한다는 취지였다.

개전 초 미국의 승리를 의심한 사람은 아무도 없었다. 2차 대전을 승리로 이끌고 세계 최강임을 자부하는 미국 앞에 북베트남 공산 세력은 가소롭기 짝이 없었다. 미군도 전쟁 승리는 시간문제라고 판단했다. 그러나 1968년 1월 북베트남의 구정 대공세를 계기로 미국의 낙관론은 급격히 회의론으로 기운다. 군사적으로는 성공했지만 정치·외교적으로는 완전히 패배한 전투가 된 것이다. 그동안과는 전혀 다른 적을 상대해야 한다는 두려움과 함께 패배할지도 모른다는 심리적 위축감이 팽배해졌다. 미국 내에서 반전 시위도 더욱 확산되었다. 이에 정치권은 인기 없는 전쟁을 종결짓기 위해 1968년 5월 평화교섭을 위한 파리회담을 시작해야 했다.

미국이 1973년 1월 파리 평화협정에 합의하고 철수할 때까지 베트남에서 싸운 많은 전투 중에서 구정 대공세는 미군의 가장 불명예스런 전투로 평가받는다. 아울러 미국 정보기관 역사상 치명적 정보 실패의 사례로 수시로 언급된다. 세계 최고의 무기와 55만 3000명의 병력을 투입하고도 치욕스런 정전협정에 합의해야 했던 미국의 베트남전쟁 실패의 시발점이 된 구정 대공세, 그 실패의 전말은 무엇일까?

베트남전쟁
구정 대공세와 미군의
정보 실패

북베트남의
구정 대공세

　　베트남은 프랑스의 지배를 받다가 1954년 제네바협정에 의해 북위 17도선을 기준으로 남북으로 분할된다. 이어 제네바협정에서 합의된 남북 베트남의 총선거가 불발로 끝나면서 북쪽에는 마르크스-레닌주의에 입각한 베트남민주공화국(북베트남), 남쪽에는 미국의 지원을 받는 베트남공화국(남베트남) 정부가 수립된다. 분단 후 북베트남은 소위 '외세'에 의존한 남베트남의 '해방'을 위해 선전선동과 납치, 테러, 파괴 등 각종 게릴라전을 전개한다. 내부적으로는 군사력을 증강하고 남베트남 주민들에 대한 혁명 의식을 고취시켜 나가는 통일투쟁을 전개한다. 1960년에는 사회주의 세력을 규합해 '남베트남 민족 해방 전선(베트콩)'을 결성하고, 남베트남 내에서 북베트남의 지시를 받아 활동하는 전위 조직으로 이를 활용한다. 이를 통해 미국의 지원에 의존하며 부정부패로 정신없는 응오딘지엠Ngo Dinh Diem(1901~1963) 정부에 대한 공세를 강화한다. 북위 17도선의 전선이 아니라 남베트남 도처에서 적과 아군이 구분되지 않는 게릴라전 상황으로 혼란을 조성한 것이다.

남베트남의 공산화를 우려한 미국은 군사개입을 더욱 확대했다. 1965년 말 18만 명이던 베트남 내 미군은 1966년 말에는 48만 명으로 급증했다. 대규모의 병력 전개에도 불구하고 미국은 지상군 작전 권역을 북위 17도선 이남으로 제한했다. 중국이나 소련의 개입 가능성을 우려한 것이다. 항공기를 이용해 북베트남군 근거지를 종종 폭격하기도 했지만, 대부분의 지상군 병력은 남베트남 방어에 집중했다.

미군 병력에 더해 남베트남도 약 34만 3000명에 이르는, 무시하지 못할 수준의 병력을 보유하고 있었다. 각 사단에 배치된 300명의 미국 군사고문단을 통해 미국식 군사교리를 교육받으며 미군과 함께 작전을 수행했다. 상당수 남베트남군이 나태함과 훈련 부족, 신형 무기 부족 등 많은 문제점을 안고 있었지만 남베트남의 공수부대와 해병대 등은 용맹성을 인정받았다. 여기에 미군 특수부대에 의해 교육된 4만 2000명가량의 민병대(IDG)까지 있었다. 당시 북베트남군 규모가 약 80만 명으로 추산되었기 때문에 미군과 남베트남군을 합친 군사력 규모와 무장은 실로 대단했다. 게다가 미군은 해·공군력의 지원을 포함해 기동력에서도 압도적 우세를 유지했다. 어느 누가 보아도 미국의 조기 승리를 의심할 이유가 전혀 없었다.

이런 상황에서 1968년 1월 21일 새벽, 북베트남은 남베트남의 서쪽 국경에 위치한 케산Khe Sanh 미국 해병기지를 공격한다. 음력 설날인 뗏Tet(정식 명칭은 뗏응우옌단)을 불과 10여 일 앞둔 시점이었다.

케산 미군 기지는 남북을 가로지르는 군사분계선 바로 아래, 서쪽

라오스 국경으로부터 약 10킬로미터 정도 떨어진 고원 지역에 위치했다. 북부 국경 지역을 방어하는 미 해병대의 주요 거점인 캠프 캐럴에서 63킬로미터 떨어져 있었다. 게다가 고원지대라서 안개가 많이 끼는 데다 주변에 삼림이 울창해 북베트남군의 기습에도 무척 유리한 조건이었다. 북베트남군이 3개 사단을 동원해 전방의 고립된 기지를 공격한 것이다. 첫 공격은 미군에 의해 격퇴되지만 포격을 병행한 연이은 공격으로 북베트남은 비행장 활주로를 파괴하고 탄약고와 대기 중인 항공기 상당수를 파괴하는 전과를 올린다. 이어 주변 해병대 기지 등을 공격하며 공세를 이어 나간다. 이에 미군은 헬기와 수송기를 동원해 병력과 탄약을 보강하면서 케산 기지를 중심으로 한 국경 지역 방어에 더 진력했다. 북베트남군이 1954년 디엔비엔푸Dien Bien Phu 전투에서 프랑스군을 고립시켜 궤멸시킨 사례를 상기하면서 병력과 장비를 대폭 보강해 방어한 것이다. 이를 위해 후방에 위치한 예비부대들에서 병력을 상당수 차출할 수밖에 없었다.

그 반면, 미군의 관심이 국경 지역 기지 방어에 집중되는 틈을 이용해 북베트남은 남베트남 주요 도시에서 게릴라전 준비에 박차를 가했다. 피난민, 농부, 노동자, 휴가 나온 군인 등으로 위장한 게릴라들을 두세 명씩 나누어 각자 부여받은 목표 지역으로 침투해 들어가게 했다. 전통 명절인 설날 직전이라서 남베트남의 모든 도시가 고향을 찾는 사람들로 큰 혼잡을 이루어 별로 의심을 받지도 않았다. 초만원 버스는 문을 닫을 수 없는 지경이었고, 검문소들은 이런 버스들을 거의 그대로 통과시킬 수밖에 없었다. 게릴라들은 무기와 탄약을 가짜 장례식 관 속에 넣어 반입하거나, 어린이와 여성 들을 이용해 농산물 수송 차량에

구정 대공세 기간에 교전으로 화염에 휩싸인 사이공

숨겨 목표 지역으로 반입했다. 남베트남군 복장으로 위장한 베트콩들은 심지어 미군 트럭을 세워서 목표 지역으로 침투하는 데 이용할 정도로 대담했다. 이런 침투를 통해 설날 하루 전인 1월 29일까지 남베트남 주요 도시에서 약 6만 7000명에 달하는 게릴라가 작전을 준비했다. 특히 수도 사이공에 위치한 대통령궁, 남베트남군 합동참모본부, 미국 대사관, 국영방송국, 해군기지 등 6개 목표 지역에 많이 배치되었다.

북베트남군 지휘부는 물자가 풍부하지 않은 현실을 감안해 목표 지역 현지에서 노획한 물자나 장비를 적극 활용하도록 독려했다. 각 지역에는 과거 베트콩들이 치고 빠지는 전술을 통해 노획해 놓은 장비가 상당수 있었다. 일부 부족한 장비는 남베트남 부패 군인들을 통해 흘러나온 미군 장비를 암시장에서 구입했다. 명절을 이용한 친척 방문 등으로 가장했기 때문에 대부분의 준비를 아무 저지 없이 진행했다. 극히 일부 베트콩이 이런 과정에서 붙잡히기도 했지만 대부분 귀향자나 친지 방문으로 위장한 덕분에 쉽게 풀려났다.

그 전년도까지 구정 연휴 동안에는 통상 전투가 없었다. 그렇기 때문에 남베트남 정부는 이번에도 48시간의 휴전을 선포하려고 했다. 하지만 미군이 24시간의 휴전만을 요구했고, 결국 36시간의 휴전으로 절충되었다. 이로써 1968년 1월 29일 오후 6시부터 1월 31일 오전 6시까지 남베트남 전역에 휴전이 선포되었다. 따라서 1월 31일 밤과 새벽 즈음에는 주요 도시에서 명절 분위기가 고조됐고, 새해를 맞이하려는 사람들로 북새통을 이루었다. 평소 금지되던 폭죽놀이가 구정 기간에만 허용되어서 폭음과 함께 수많은 폭죽이 밤하늘에 쏘아 올려졌다. 폭죽 소리와 함께 북베트남군과 베트콩은 각 도시의 주요 공격 목표를 대대적으로 공격했다.

남베트남의 주요 도시 6개 중 5개, 전체 44개 현의 36개 수도, 64개 군과 50여 마을 등 남베트남 거의 모든 지역에서 공격이 동시 다발적으로 진행되었다. 미군 기지와 비행장을 포함한 거의 모든 공격 목표들이 사전 대비를 거의 못 한 관계로 기습에 완전히 속수무책으로 노출된 상황이었다.

이에 따라 수도 사이공을 포함한 주요 도시들이 일시적으로나마 '해방'되었다. 베트콩 게릴라들은 승리를 외치며 주요 도시의 거리를 활보했다. 역사적인 도시이자 북베트남군 사령관 보응우옌잡Vo Nguyen Giap(1911~2013) 장군이 고등학교를 다닌 후에Hue 시는 게릴라들의 공세가 집중된 탓에 거의 한 달이 넘도록 게릴라들이 도시 전체를 장악해 운영할 정도였다. 이 '해방' 기간 동안 베트콩 게릴라들은 과거 미군이나 남베트남 정부에 협조한 수많은 사람을 '인민의 적'이란 이유로 무자비하게 처형했다. 자신들과 함께 투쟁하지 않고 반대편에 설 경우, 또 다시 언제 어떤 방법으로든 보복할 것이라는 경고도 잊지 않았다.

남베트남 수도 사이공에서는 대통령궁, 합동참모본부, 해군본부, 방송국 등이 기습을 받았다. 대통령궁 기습에 참여한 34명의 게릴라는 새벽 1시 30분 로켓으로 정문을 부수고 돌파해 경호 병력들과 치열한 교전을 전개했다. 합동 참모본부 공격조도 새벽 2시에 공격을 개시했다가 미군 헌병 차량에 발각되면서 교전을 시작했다. 방송국 공격을 맡은 베트콩들은 방송국 옥상에서 잠자던 공수부대원들을 사살하고 사이공 해방과 폭동을 호소하는 호찌민Ho Chi Minh(1890~1969)의 육성이 담긴 녹음테이프를 방송으로 내보내려고 시도했다. 이런 시도들은 경비 병

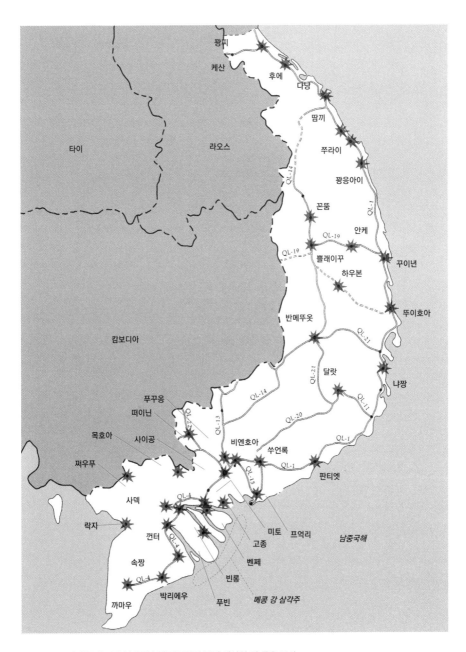

꽝찌
케산
후에
다낭
땀끼
쭈라이
꽝응아이
꼰뚬
안케
QL-19
뻴래이꾸
하우본
꾸이년
뚜이호아
반메뚜옷
달랏
냐짱
푸꾸옹
떠이닌
목호아
사이공
비엔호아
쩌우푸
쑤언록
사덱
판티엣
락자
껀터
미토
프억리
남중국해
고종
속짱
벤쩨
빈롱
까마우
박리에우
푸빈
메콩 강 삼각주

타이
라오스
캄보디아

구정 대공세 기간 북베트남 및 베트콩의 공격 대상이 된 주요 도시력 증강으로 온전히 성사되지는 못했지만, 정부 공권력의 상징이라 할 수 있는 주요 시설에 대한 공격은 미국에 엄청난 심리적 충격을 주기에 충분했다.

이런 공격 중에서 미국에 가장 큰 충격을 준 것은 미국대사관 공격이었다. 31일 새벽 2시 45분, 민간인 복장을 한 베트콩 19명이 고물 트럭을 몰고 미국대사관으로 접근했다. 이들은 대사관 담장을 넘어 경비병을 사살하고 로켓포로 정문을 박살 낸 후 대사관 건물 내부 진입을 시도했다. 이에 미 해병대 경비 병력이 즉각 보강되면서 양측 간에 치열한 교전이 시작됐고, 게릴라 일부가 대사관 내부로 진입하는 데 성공했다. 이들은 준비한 폭약으로 대사관 전체를 폭파시키려고 했다. 하지만 경비 병력과의 교전이 계속되는 바람에 계획대로 진행할 수는 없었다.

미군은 헬기를 이용해 추가 병력을 대사관 옥상으로 공수하면서 대대적 소탕작전을 전개하고, 6시간 만에 상황을 가까스로 종결지었다. 하지만 치열한 교전으로 대사관은 이미 만신창이가 됐다. 대사관 현판이 박살나고 건물 내·외부 곳곳이 파편으로 파손되었다. 베트콩 게릴라 전원을 사살했지만 미군 병사도 7명이나 목숨을 잃었다. 그리고 교전 과정은 사이공 주둔 외신기자들의 보도를 통해 전 세계로 생생하게 전파되었다. 대사관 내부가 점령되지 않았고 미군의 피해도 별로 크지 않아 별일 아니라고 볼 수도 있었다. 하지만 후방 안전지대에 위치한 미국 영토의 상징인 대사관이 공격당했다는 사실은 워싱턴 지휘부와 미국 국민들에게 실로 엄청난 충격을 주었다.

베트콩 게릴라의 사이공 공격은 2월 5일경까지 거의 소탕되었다. 하

후에 시 탈환을 위해 시가전을 전개하는 미 해병대

지만 다른 주요 도시에서는 간헐적 교전이 2월 말까지 지속되고, 일부
외곽지역에서는 9월까지 이어지기도 했다. 게릴라 소탕 과정에서 미군
은 사이공 외곽의 게릴라 근거지를 공격하면서 B-52 폭격기를 포함한
각종 화기를 동원했다. 응우옌Nguyen왕조 시절 수도였던 후에를 탈환
할 때는 도시 전체의 약 80퍼센트를 폐허로 만들 정도로 무차별 포격
을 퍼부었다. 대부분의 교전 지역에서 민간인 복장을 한 베트콩들에 대
한 식별이 불가능했기 때문에 마을 전체를 무차별 살육하거나 불살라
버리기도 했다. 그래도 베트콩들은 밀림으로 후퇴했다가 공세가 느슨
한 틈을 타 공격하는 게릴라전을 계속했다. 시간이 지날수록 민간인 희
생자는 더욱 늘어날 수밖에 없었다. 이러한 과정에서 미군과 남베트남

밀림 지역을 통해 군사작전용 장비를 남쪽으로 운반하는 북베트남군과 베트콩들

군에 대한 주민들의 불만과 반감도 고조되었다. 게릴라전 승리에 필수
적으로 요구되는 주민들의 마음과 지지를 얻는 것이 사실상 불가능해
진 것이다.

　이런 대대적 구정 대공세(Tet Offensive)로 인한 인명 피해는 실로 엄
청났다. 공세가 시작된 1월 30일부터 9월 중순까지 집계된 인명 피해
는 미군 참전 이후 최대였다. 외국군(한국, 오스트레일리아, 뉴질랜드 등) 일
부를 포함한 미군 사망자는 4124명이고 부상자도 1만 9295명에 달했
다. 남베트남군은 1만 4200명이 사망하고 1만 5917명이 부상당했다.

피난민도 약 200만 명이 발생했다. 북베트남군과 베트콩 사망자는 4만 5267명이었고 부상자는 6만 1267명이었다. 집계되지 않은 사상자도 부지기수였다. 인적 피해 못지않게 물적 피해도 엄청났다.

사상자 수만을 따졌을 때는 북베트남과 베트콩이 훨씬 많기 때문에 미군과 남베트남의 승리라고 볼 수 있었다. 하지만 물리적·군사적 피해보다는 정치적·심리적 피해가 훨씬 컸다. 무엇보다 가장 큰 타격은, 워싱턴의 전쟁 지휘부와 미국인들이 전쟁 승리가 어려울 수 있겠다는 불안감을 강하게 갖기 시작했다는 점이다. 현장의 병사들도, 그동안의 적과는 전혀 다른 방식으로 싸우는 적에게 세계 최고의 무기도 통하지 않는다는 두려움을 갖게 되었다. 반대로, 북베트남 지휘부는 세계 최강 미군을 상대해서도 승리할 수 있겠다는 자신감을 갖는 계기가 되었다.

적을 이해한 후 이기는 전략을 구사한 보응우옌잡 장군

구정 대공세는 보응우옌잡 장군 지휘 아래 북베트남군과 베트콩 세력이 전개했다. 전술적으로는 패배한 전투였지만 전략적으로는 완전히 승리한 전투였다. 미군이 베트남전 철수를 검토하는 계기를 만들고 베트남 통일의 결정적 전기를 조성했기 때문이다. 그러나 보응우옌잡 장군의 전략적 승리는 결코 하루아침에 얻은 행운이 아니었다. 적을 깊이 이해하고 가용한 수단과 자원을 총동원해 이길 수 있는 전략을 추진한 전략적 고뇌의 결과였다.

보응우옌잡 장군은 1911년 베트남 중부 꽝빈 성에서 출생했다. 하노이 대학을 졸업하고 1930년 인도차이나 공산당이 창설되면서부터 공산혁명 활동에 가담했다. 역사교사로 근무하던 1941년 공산당 모임에서 혁명 활동의 지도자 호찌민을 처음 만나 혁명 활동을 전개하면서 그의 신임을 점차 얻어 나갔다. 조국 '해방'을 위해 함께 투쟁하는 동지로서 의기투합이 있었지만 같은 고향 출신이라는 점도 두 사람을

보응우옌잡 장군

더욱 가까워지게 했다. 호찌민은 트레이드마크인 덥수룩한 수염과 허름한 옷차림으로 누추한 곳에서 생활하면서도 조국 해방을 위한 열정만은 대단했다. 이를 보면서 보응우옌잡은 호찌민을 깊이 존경하게 됐고, 호찌민은 보응우옌잡의 탁월한 능력을 확인하면서 그에게 군사 지휘권을 거의 일임했다. 보응우옌잡은 프랑스군에 잡혀 옥살이하던 부인이 1943년 사망한 이후 각지의 게릴라 세력을 조직화하면서 더욱 적극적으로 무장투쟁을 시작했다. 1945년 일본 패망으로 독립된 정부에서는 잠시 내무장관을 역임하다가 국방장관으로 임명됐다. 그리고 1954년 프랑스군을 상대로 한 디엔비엔푸 전투에서 승리하면서 프랑스군의 베트남 철수를 이끌어 냈다. 이런 그의 투쟁 경험이 프랑스에 이어 새로 들어온 적, 미군을 상대하는 데 기본적 전략전술의 기반을 제공했다.

보응우옌잡 장군은 우수한 무기에 의존해 싸우기보다 정신 무장, 즉 정치 이데올로기에 대한 이해를 바탕으로 한 이념 투쟁을 중요시했다. 반복적인 사상 교육을 통해 소위 '이념'을 주입시키는 데 중점을 둔 것이다. 역사를 가르친 경험에다 외세에 저항해 온 오랜 혁명 활동이 그의 지도 방침에 확신을 심어 주었다. 어차피 무기가 보잘것없었으므로 상황이 강요한 어쩔 수 없는 선택이기도 했다. 그는 중국 혁명을 성공시킨 마오쩌둥의 방식을 원용해 프로파간다Propaganda 조직을 만들고 이를 통해 농민들을 이념적으로 교육시켰다. 마오쩌둥이 주장한 3단계 혁명 활동에 따라 1단계에서는 철저하게 정치조직을 만들고 게릴라전 능력을 배양하는 데 역점을 두었다. 1단계 투쟁이 성공 단계로 진입했을 때는 게릴라전을 위한 전략적 교두보 건설인 2단계로 투쟁을 확대했다. 1단계와 2단계가 성공할 경우, 인민들의 대규모 투쟁과 군사공격을 포함하는 3단계로 상향해 본격적으로 투쟁을 전개한다는 원칙을 철저히 유지하려고 노력했다.

이런 투쟁 원칙에 따라 그는 단순한 군사훈련이 아니라 이념 교육에 집중하고, 마오쩌둥이 강조한 것처럼 이길 수 있을 때 싸우되 불리할 때는 무조건 도망치게 했다. 이런 훈련 덕분에 민간인 복장의 초라하고 보잘것없는 집단들이 점차 강한 정신력을 갖춘 게릴라 세력으로 변모되어 갔다. 땅에 의존해 살아가면서 적이 방심할 때 공격하고 적의 공격을 받으면 땅속으로 흔적도 없이 사라졌다. 미국의 융단 폭격과 밀림을 불태우는 소이탄 등 화력 공세에도 땅속 미로에 몸을 숨겨 희생을 최소화했다. 그러다가 적의 공격이 주춤해지면 다시 나타나 기습을 가하고 사라지는 방식을 이용했다. "적이 좋아하는 시간에 싸우지 않고, 적이 원하는 장소에서 싸우지 않으며, 적이 생각하는 방법으로 싸우지 않는다"는 것을 기본 원칙으로 삼았다. 사람들은 이것을 소위 보응우옌잡 장군의 '3불三不 전략'으로 불렀다. 그의 기획과 지휘 아래 시행된 1968년 구정 대공세는 이와 같은 전략적 사고가 반영된 대표적 전투였다.

구정 대공세를 통해 보응우옌잡이 달성하려고 한 궁극적 목표는 베트남전쟁에 대한 미국인들의 지지를 와해시켜 미군 철수를 유도하는 것이었다. 이를 위해 북베트남군과 베트콩을 최대한 동원해 정치적 승리를 가져올 수 있는 방향으로 공격 목표를 설정했다. 남베트남의 정부와 군 주요 시설을 공격해 정부 체제를 와해시키고 사기 저하를 유도할 뿐만 아니라 공포를 조성해 정부에 대한 국민들의 지지 철회와 반란을 유도하고자 했다. 상징적 미군 시설을 공격해 미군의 공세를 방어 태세로 전환시키고 미국 내에서 반전 분위기도 확산시키고자 했다. 또한, 향후 남베트남 전략 요충지를 공격하기 위해 필요한 외곽의 교두보를 확보하는 것 등도 목표에 뒀다. 그리고 목표 달성을 위해서는 미군과 남베트남군이 전혀 예상치 못한 시기에, 예상치 못한 장소를 기습하는 것이 관건이라고 판단했다. 그래서 1967년 여름부터 보안 유지 아래 핵심 참모들과 작전 계획을 구체적으로 검토하면서 필요한 인력을 준비시키고 병력을 치밀하게 훈련시켰다.

그는 군사적 목표 달성을 기본으로 추구하면서도 정치적·외교적 목표를 동시에 달성하는 복합 전략을 추구했다. 미국의 경우, 전쟁을 수행하는 주체는 군대지만 궁극적으로 여론이 전쟁의 흐름을 좌우할 것으로 판단했다. 또한 두 목표를 동시에 달성하기 위해서는 미군 기지와

대사관에 대한 공격이 필수라고 여겼다. 압도적 기동력을 가진 미군을 직접 공격하는 것이 약자 입장에서 무척 부담이지만, 미군에게도 도처에 취약점이 널려 있기 때문에 불가능하지는 않다고 판단한 것이다. 그래서 가장 취약한 지점을 가장 취약한 시간에 공격함으로써 최대의 효과를 내는 것이 관건이라고 판단했다. 이런 치밀한 준비를 했기 때문에 보응우옌잡 장군은 많은 병력과 베트콩 세력을 동원하면서도 완벽한 기습을 달성함으로써 대대적으로 성공할 수 있었다.

물론, 모든 공세가 북베트남의 계산대로 이루어지지는 않았다. 사이공에 대한 공세를 처음 시작했을 때 기대했던 시민들의 대규모 폭동은 일어나지 않았고 작전에 필요한 협조도 얻기 어려웠다. 기습 성공을 위해 철저한 비밀 유지를 요구했기에 상당수 베트콩이 전체 작전 계획을 모른 채 참여했다. 이 때문에 이들은 인근 부대나 상위 부대들과 협조하지 못하고 제각각 따로 떨어져 작전했다. 그래서 특정 목표 장악에 성공한 베트콩들도 후속 부대의 지원을 받지 못하고 고립됨으로써 대대적인 소탕 작전의 희생양이 되었다.

그래도 대부분의 게릴라는 인근 건물이나 정글로 숨어들어 투쟁을 계속했다. 구정 대공세가 소강상태에 접어들면서 수세에 몰리자 2월 말 북베트남군 사령부는 전투가 계속되던 후에 지역을 제외한 대부분의 지역에서 퇴각하라는 명령을 하달했다.

군사적 측면에서만 본다면 구정 대공세는 북베트남의 완전한 패배였다. 모든 전투에서 패했고 확보한 영토도 없었다. 미군과 남베트남 정부에 경각심만 불러일으킴으로써 그동안 남베트남에서 애써 조직을 구축한 베트콩 세력들이 더욱 와해되는 빌미까지 제공했다. 보응우엔잡 장군 스스로도 구정 대공세의 결과는 정말 참담했다고 술회할 정도였다. 그런데도 구정 대공세는 당초 북베트남 전쟁 지도부가 목표로 했던 전략을 상당 부분 달성했다. 군사적 패배에도 불구하고 정치적·외교적 성공을 통해 향후 전쟁의 흐름을 완전히 유리한 방향으로 가져갈 수 있게 된 것이다. 이는 당초의 예상을 훨씬 뛰어넘는 대단한 성과였다.

적을 이해하지 못한 미군의 정보 실패

북베트남의 구정 대공세가 정치·외교적 성과를 거둘 수 있었던 것은 케산 기지 공격을 통한 양동작전으로 미군의 관심을 엉뚱한 곳으로 돌리면서 기습에 성공했기 때문이다. 막강한 적의 약점을 효율적으로 활용하면서 약자가 이용할 수 있는 기습의 이점을 최대화한 셈이다. 북베트남군 기습의 성공은 미군과 남베트남군의 정보 실패를 의미했다. 특히 미군은 절대적으로 우세한 무기와 지휘 체계, 과학기술정보 등에도 불구하고 북베트남의 공세를 사전에 감지하거나 대비하지 못함으로써 치명적인 정보 실패를 자초했다.

1967년 12월부터 미 정보 당국은 포로 심문 등을 통해 북베트남이 가까운 장래에 대공세를 전개할 가능성이 있다고 우려했다. 미 합참도 2차 대전 당시 독일군의 대공세가 있은 벌지Bulge 전투를 예로 들면서 적의 공세가 있을 수 있다고 베트남의 미군사령부에 경고했다. 그러나 미국은 이처럼 북베트남의 전략에 미묘한 변화가 있음을 감지하면서도, 구정 대공세에 대한 구체적 정보를 확보해 대응하는 데는 실패했다. 미군 사령부는 후방 도시들이 아니라 국경에 위치한 기지 방어에 대응의 초점을 맞추었다. 북베트남이 양동작전 차원에서 전개한 케산 기지 공격 등에 더 많은 주의를 기울인 것이다.

1967년 중반, 미 정보 당국은 북베트남군 지휘부의 전략적 방향 변화를 깊이 있게 검토했었다. 이때 많은 분석관들이 북베트남군의 전략 운영 패턴이 마오쩌둥의 3단계 투쟁 전략을 그대로 따르고 있다고 보았다. 그리고 북베트남이 게릴라전의 교두보 구축을 추진하는 2단계에서 대규모 무장투쟁을 전개하는 3단계로 이동하는 과정이라고 평가했다. 많은 정보기관 분석관의 평가를 통일시키는 데는 한계가 있었지만, 대부분의 분석관이 이 의견에 동의했다. 북베트남이 미군의 존재를 의식해 3단계 투쟁으로 쉽게 강도를 높이지 못했지만, 1~2단계와 병행해서 3단계 투쟁을 전개하리라고 평가한 것이다.

하지만 베트남에 주둔한 미군 사령부 정보 참모부의 판단은 달랐다. 북베트남이 군사 공세를 통해 승리할 가능성이 희박함을 너무 잘 알기 때문에 3단계 무장투쟁으로 전환하지 못할 것이라고 판단한 것이다. 미군의 압도적 기동력 우세가 북베트남의 대규모 공세를 불가능하게 하는 중요 요소라고 보았다. 그 대신, 북베트남군이 2단계 게릴라 투쟁에 보다 집중하면서 장기적 소모전을 전개할 것으로 전망했다. 그리고 게릴라 공세의 대상이 될 유력한 전선 두 군데로 라오스 인접 비무장지대와 캄보디아 국경 인근의 전선(Kontum-Pleiku 축)을 제시했다. 북베트남이 공세를 전개하기 쉽지 않지만, 만약 하더라도 그 목표는 국경 근처가 될 것이라고 전망한 것이다. 남베트남에는 북베트남의 가용 군사력이 거의 없기 때문에 후방에서 대규모 공세가 일어날 가능성은 거의 없다고 본 것이다.

이런 판단에 근거해 정보 담당자들은 후방 도시 지역에 대한 북베트남의 공세와 관련된 정보에는 별로 주의를 기울이지 않았다. 오히려 국경 지역 공세에 대비하고 있는 미군의 관심을 다른 곳으로 유도하려는 선전선동으로 간주했다. 그래서 구정을 앞두고 남베트남 정부와 휴전 기간 선포를 협의할 때도 미군 사령관은 48시간이 아닌 24시간을 요구하다가 36시간으로 절충하면서 국경 지역 부대에만 전투 태세 유지를 명령했다. 간헐적 교전이 지속되던 케산 기지와 비무장지대를 관할하는 1군단 산하 부대에만 전투 태세 유지를 지시한 것이다.

공격 시기와 관련해서도 미군은 북베트남군이 구정을 택할 이유가 없다고 판단했다. 구정은 베트남에서 온 가족이 모이는 가장 큰 명절이므로 그동안의 전쟁 중에도 휴전을 지켰다. 1966년과 1967년에도 크리스마스와 구정, 석가탄신일에는 휴전이 성립된 전례가 있었다. 그래서 만약 북베트남이 구정에 공세를 가한다면 이는 베트남 전체 국민들의 반감을 사 혁명의 명분도 크게 약화될 것이라고 판단했다. 이를 잘 알고 있는 북베트남이 우둔한 선택을 할 이유가 전혀 없다고 본 것이다. 오히려 북베트남이 케산 기지 공격 등에서 전개하고 있는 겨울 공세가 구정 직전에 끝날 것으로 예상했다. 만약 북베트남군이 구정에 움직인다면 이는 종래 휴전 기간에 했던 것처럼 차후 전투를 위한 전열 정비이거나 군수품 이동 정도가 될 것이라고도 예상했다. 웨스트모얼랜드William Childs Westmoreland(1914~2005) 사령관도 1972년 인터뷰에서 "북베트남군이 구정을 전후해 공격할 가능성이 있다고 생각은 했지만, 구정 휴전 기간의 공격에서 오는 심리적 불리함을 감내할 것으로는 예상하지 못했다"고 인정했다.

미 정보기관은 구정 대공세와 관련한 정보 분석에는 실패했지만, 적으로부터 노획한 문서나 포로 심문 등을 바탕으로 일부 군 지휘관들이 나름대로 방어 계획을 마련했다. 구정 대공세 전, 미군 정보부대는 베트콩으로부터 "대대적 공세와 전국적 총궐기의 시기가 도래했다"라는 내용의 서류를 입수했다. 이 문서는 "각 지역 주민 봉기와 더불어 강력한 군사적 타격을 가함으로써 도시와 마을을 장악하고 … 주요 도시들을 해방시켜 장악해 나가야 하며 … 적(남베트남군)의 부대들을 차례로 우리 편에 가담하도록 만들어야 한다"고 명시되어 있었다. 이런 첩보는 구정 휴전 중인 1월 30일 웨스트모얼랜드 사령관에게도 보고되었다. 그리고 사령관은 미군 자체적으로 휴전에 상관없이 경계 태세를 강화하라고 늦게나마 명령했다.

휴전 시작 직전, 캄보디아 국경 지역에 배치된 3군단의 웨이안드 Frederick Carlton Weyand(1916~2010) 소장은 포로를 심문하는 과정에서 사이공이 위험해지고 있다는 첩보를 입수했다. 그리고 이를 기반으로 병력 증원이 필요하다고 웨스트모얼랜드 사령관에게 긴급히 건의했다. 정보 전문가 출신으로 야전 지휘관을 맡고 있던 웨이안드 소장은 적의 무선통신 분석과 포로 첩보를 기반으로 적이 모종의 거사를 준비한다고 판단한 것이다. 또한 그는 미군 사령부가 이런 정황을 너무 과소평가하고 있다고 판단하고 웨스트모얼랜드 사령관에게 직접 건의한 것이다. 이에 사령관은 웨이안드 장군 지휘 아래 있는 25사단 병력의 국경 지역 수색 임무를 취소시키고 일부 병력의 사이공 이동을 허락했다. 그래서 휴전이 시작되는 1월 30일 사이공 인근에 도착한 웨이안드 장군 부대는 사이공 시내와 주변에 있는 미군 부대들에 대한 경비 강화를 지원했다. 그리고 이 병력 보강은 곧이어 진행된 베트콩의 대공세에서 미국대사관 방어작전 등에서 결정적 역할을 수행했다.

그러나 웨이안드 소장도 구정 직전 다소의 정황 징후는 갖고 있었지만 군사 대비 태세를 상향시킬 만한 구체적 정보를 갖고 있지는 못했다. 후에 그는 "CIA와 군 정보부 모두 구정 대공세와 관련해 어떤 구체적 정보도 지원해 주지 않았다. … 우리 모두가 완전히 속아서 기습에 속수무책으로 당한 것이다"라고 자책했다. 미군 정보 부서가 상당한 수준의 정황정보를 입수하긴 했지만 그 정보가 구체적이지 않아 실질적 도움이 되지 못한 것이다. 게다가 일부 정보도 시기적으로 너무 늦어 대응에 별 도움이 되지 못했다.

베트남에서 통신정보를 수집하던 NSA도 구정 대공세 직전에 상당한 정황정보를 입수했지만 확실한 정보 수집에는 실패했다. 북베트남군과 베트콩에 대한 감청 첩보를 기반으로 국가안보국은 1월 25일, "남베트남에서 공산 세력의 전국적 공세가 예상된다"라는 내용의 보고서를 관계 기관에 전파했다. 그리고 1월 30일까지 각 지역별로 발생할지 모를 공격 징후들에 대해 산발적인 첩보 보고를 계속했다. 그러나 실제 군사작전에 도움이 될 만한 유가치 정보를 입수해 보고하지는 못했다. 북베트남군과 베트콩들은 통신장비가 부족해 무선통신을 거의 사용하지 않았고, 사용하더라도 통신 보안을 의식해 구체적 작전 계획을 언급하지 않았기 때문이다. 과학기술정보로 수집될 수 없는 내용은 인간정보활동을 통해 확인해야 했지만 국가안보국엔 그런 기능이 없었다.

그런 반면, 남베트남 정보기관은 베트콩의 공세 직전에 구체적 정보를 입수하는 데 성공했다. 포로 심문을 통해 얻은 정보를 바탕으로 1월 30일 남베트남군 부대들에게 두 가지 정보를 전파한 것이다. 하나는, 전날 입수한 첩보를 근거로 볼 때 베트콩들이 구정 연휴에 다수의 지방 도시를 공격할 것으로 보인다고 경고한 것이다. 다른 하나는, 1월 30일 저녁 9시경, 포로 심문 과정에서 적이 사이공을 공격 목표로 삼고 있음을 구체적으로 확인한 것이다. 베트콩 세력들이 새벽 3시를 시작으로 사이공 시내 주요 시설과 비행장 등을 공격할 것으로 보인다는 정보였다. 이 정보는 무척 정확했지만 너무 늦게 입수된 데다가 전파도 늦었다. 대부분의 남베트남군 지휘관과 병사 들이 구정 휴전을 이유로 가족 모임에 참석하거나 휴가를 떠난 이후였기 때문이다. 그래서 이 정보는 목표 지역을 경비하는 예하부대에 거의 전파되지 못했다. 그뿐만 아니라 원만하지 못한 정보 공유 체계 때문에 실제 공격이 이루어지기 전 미군에게 전파되지도 못했다.

구정 대공세 시작 후, 일부 미군 지휘관은 북베트남군의 대도시 공세가 자신들에게 오히려 유리한 기회를 제공할 것이라는 생각도 했다. 미군의 우세한 기동력이 발휘되지 못하는 밀림보다는 개활지에서 싸우는 것이 훨씬 유리하다고 본 것이다. 북베트남군이 자발적으로 나온다면 이를 역이용하는 것이 군사적으로 오히려 바람직하다는 생각이었다. 실제 구정 대공세 기간 동안 북베트남군과 베트콩 게릴라 대부분이 미군과 남베트남군에게 소탕됐기 때문에 군사적 측면에서 본다면 틀린 말은 아니었다. 하지만 북베트남 전쟁 지휘부가 달성하려고 한 궁극적 전략 목표를 이해하지 못한 근시안적 시각이었다.

백악관에서 활용되지 못한
CIA의 정보

구정 대공세가 개시되기 한 달 전, 사이공 주재 CIA 지부는 북베트남과 베트콩이 모종의 거사를 준비한다는 것을 감지했다. 자신들이 가진 정보 출처와 포로 심문 첩보에 근거해 상황이 심상치 않게 돌아간다고 판단하고 이를 종합해 워싱턴의 CIA 본부로 보고했다. 1967년 12월 8일 자로 보고된 CIA 지부장의 중요 정보 보고는 다음과 같은 내용을 포함했다.

> 적의 문서는 '궁극적 승리(ultimate victory)'를 위한 정치적·군사적 수단을 총동원한 전면 공세가 남베트남 전역에서 동시에 전개되어야 한다고 주장하고 있다. … 북베트남의 군 및 베트콩은 전쟁의 범위와 강도의 확대를 모색하는 결정적 시기에 있는 것으로 판단된다. … 결론적으로, 전쟁은 이제 중요한 전환점에 도달해 있으며, 1967~1968년 겨울 공세 결과가 향후 전쟁의 흐름을 결정하게 될 것으로 예상된다.

하지만 워싱턴 랭글리의 CIA 지휘부는 이 정보를 CIA 공식 정보 보고로 백악관에 보고하지 않고, 12월 15일 아래와 같은 의견을 붙여 단순 참고용으로 보고한다.

상기 베트남 거점의 보고가 CIA 공식 의견으로 간주되어서는 안 됩니다. … 워싱턴의 시각에서 볼 때 이 보고서는 신뢰성이 상당히 의심스런 가정에 기반한 것으로 판단됩니다.

CIA 본부 입장에서는 DIA(국방정보국, Defense Intelligence Agency)를 비롯한 군 정보기관의 보고와 다른 의견을 갑자기 백악관에 보고하는 일이 무척 부담스러웠던 셈이다. 백악관의 정책 결정권자들이 군의 정보를 바탕으로 베트남의 전황을 이해하고 정책을 추진하는 상황에서 CIA 지부장 보고서만 갖고 이들을 설득할 자신이 없었던 것이다.

구정 대공세 전 북베트남군의 능력이나 남베트남 상황을 평가할 때 CIA는 대체로 군보다 심각하게 평가했다. 단적인 예가 1967년 남베트남에서 활동하던 북베트남군과 베트콩 게릴라 세력의 능력을 백악관이 공식 평가하려고 했을 때다. 당시 군은 그동안의 군사작전 결과 이들의 규모가 30만 명 이하로 줄었다고 보았지만, CIA는 50만 명 이상으로 추산해야 한다고 주장했다. 군이 전업(full-time) 전사들을 중심으로 추산하는 데 비해, CIA는 적극적 공산주의자들까지도 포함해야 한다는 입장이었다. 상황 인식이 다르기 때문에 차이가 나는 것은 당연했다.

하지만 더 근본적 문제는 다른 곳에 있었다. 군 지휘관들이 사실을 사실대로 직시하려 하지 않고, 자신들의 군사작전 성과를 애써 강조하고 싶어 한 것이다. 엄청난 예산과 병력을 지원받아 작전하는 입장에서 자신을 임명한 대통령에게 성과를 인정받고 싶어 한 셈이다. 게다가 존슨Lyndon Baines Johnson(1908~1973) 대통령도 1968년 대선에서 재선을 목표로 했기 때문에 자신의 중요 정책이 성공적으로 추진되고 있음

통킹 만 결의안에 최종 서명하는 존슨
대통령(1964년 8월 10일)

을 믿고 싶어 했다. 그래야 국민들을 설득해 재선에 성공할 수 있기 때문이었다. 이런 분위기로 인해 백악관은 상황을 낙관적으로 평가하는 국방부의 보고를 그대로 믿고 싶어 했다. 그리고 실제로도 군 정보기관의 보고를 CIA 보고보다 더 선호했다.

사실, 미국의 베트남전 개입을 가장 적극적으로 밀어붙인 사람은 존슨 대통령이다. 본격적 베트남전 개입의 계기가 된 통킹Tongkin 만

사건을 정치적으로 이용한 것도 자신이었기 때문이다. 이 사건은 1964년 8월 2일, 북베트남 동방 해상인 통킹 만을 정찰 중이던 미 해군 매독스 함USS Maddox이 북베트남 해군의 어뢰정에게 공격받았다고 미국이 주장하는 사건이다. 일시적 교전으로 북베트남 해군의 어뢰정 3척이 파손되고 10명의 사상자가 발생했지만, 미군 사상자는 없었다. 미군은 구축함 1척과 항공기 1대에 경미한 피해를 입었을 뿐이다.

하지만 미 국방부는 이 사건을 북베트남 공격의 구실로 만들기 위해 정보를 다소 확대하고 왜곡해 백악관에 보고했다. 존슨 대통령은 이를 바탕으로 군사적 대응 결의안을 작성해 의회에 제출하고, 의회가 8월 7일 이를 승인했다. 이어서 베트남에 대한 미군의 파병이 획기적으로 증가하기 시작했다. 이런 내용은 한동안 베일에 가려져 있다가 1971년 6

월 13일《뉴욕타임스》가 〈펜타곤 페이퍼〉라는 제목의 시리즈로 폭로하면서 존슨 행정부의 조작 사건으로 처음 알려졌다. 그리고 사건 당시 국방장관이던 맥나마라Robert Strange McNamara(1916~2009)도 1995년 회고록에서 이 전투가 사실은 미국의 자작극이었다고 고백했다.

존슨 대통령은 통킹 만 사건 이전에도 케네디 대통령이 추진한 특수전 위주의 소규모 개입 정책이 잘못됐다고 주장하며 적극적으로 개입 정책을 추진했다.

1963년 11월 케네디 대통령 저격으로 부통령에서 대통령직을 승계한 존슨은 베트남 파병 미군의 규모와 무장을 적극적으로 확대했다. 베트남전 승리를 통해 아시아에서 공산주의의 확산을 막고 자신도 대통령 선거에서 승리하겠다는 정치적 의지가 강하게 작용한 것이다. 이런 차원에서 그는 1964년 8월 통킹 만 사건을 정치적으로 이용했고 실제 그해 11월 사상 최대의 압도적 표차로 대통령에 당선되었다.

심각한 정책 실패로 귀결된 정보 실패

구정 대공세의 전황이 각종 외신을 타고 전 세계에 타전되고 국민들이 동요하자 백악관은 충격에 빠졌다. 자신들이 그동안 인식해 온 전황과는 너무 다른 사태가 발생되어 놀란 것이다. 존슨 대통령은 사태의 전말을 조사해 보고하라고 지시했고, 이에 따라 대통령해외정보자문위원회(PFIAB, President's Foreign Intelligence Advisory Board)가 구성됐다. 위원장으로 임명된 테일러Maxwell Davenport Taylor(1901~1987) 장군은 CIA 차장과 NSA·DIA 등 정보기관 간부들로 구성된 조사위원회를 조직해 베트남 현지 방문 조사를 포함한 강도 높은 조사를 실시했다.

이 위원회가 방대한 조사 끝에 6월 7일 제출한 최종 보고서에 포함된 주요 내용은 다음과 같았다. 첫째, 구정 대공세 이전에 통신정보를 포함해 공격 징후를 암시하는 많은 정보가 있었는데도 불구하고 충분한 주의를 기울이지 않았다. 둘째, 좀 더 바람직한 정보활동이 가능했는데도 여러 요인들로 인해 아쉬운 결과로 귀결됐다. 공산 세력 지도부에 침투한 고급 정보원의 부재, 정보의 홍수와 적의 기만정보 속에서 핵심을 놓친 실수, 구정 휴전 기간 동안 적의 공격이 없을 것이라는 안이한 생각, 적의 대규모 공세 능력을 과소평가한 안이한 판단 등이 특히 안타까운 실책이었다. 셋째, 적의 사기, 침투 및 조직 역량, 소모전 지속 능력에 대한 과소평가가 적의 능력에 대한 오판으로 연결됐다. 넷째, 사이공에서 느끼는 절실함과 위기감이 그동안 워싱턴에 충분히 전달되지 못했다. 이러한 내용의 조사 결과는 그간 대통령이 베트남 주재 미군 사령관 등으로부터 보고받은 내용과는 차이가 컸다.

베트남 주재 미군 사령관 웨스트모얼랜드 장군은 한때 미 육군의 표상이었다. 《타임》지는 1965년 그를 '올해의 인물'로 선정하면서 '역사에서 바로 뛰쳐나온 듯이 전투 계획을 수립하고 병사들에게 미국의 목표와 책임을 이상적으로 제시했다'고 평가했다. 실제 그는 베트남 미군의 전략을 크게 4단계로 제시했다. 1단계는 남베트남 내에 확실한 군사 교두보를 구축해 적의 공세를 공격적으로 차단하고, 이 목표는 1965년

1966년 10월 베트남을 방문한 존슨 대통령과 함께 선 웨스트모얼랜드 장군, 남베트남의 티우 대통령, 느귀엔 총리(왼쪽부터)

말까지 완수한다. 2단계는 연합군의 역할과 공격 목표 분담을 통해 적을 탐색하고 섬멸하고, 이 목표는 1966년 중반까지 완료한다. 3단계는 적 주력부대를 공세적으로 공격해 군사분계선 이북으로 몰아내거나 소그룹으로 와해시킨다. 마지막 4단계는 적을 북베트남과 라오스, 캄보디아로 몰아 완전한 승리를 이루고 철군한다. 이러한 전략적 구도에서 그는 1967년 말에는 전략의 3단계에 와 있다고 평가했다.

이런 전략에 따라 작전을 추진하면서 그는 존슨 대통령에게 승리를 장담했다. 1967년 11월 21일 내셔널 프레스클럽 연설에서 그는 "지난 1년 동안 적은 중요 전투에서 승리한 적이 한 번도 없다. … 전국에 산재한 주민들에 대한 장악력도 점차 상실되고 있으며 … 전투력은 점차 소진되고 있다"라고 진단했다. 그러면서 "적의 게릴라전 능력이 감소하고 있기 때문에 전쟁은 이제 끝이 보이는 단계에 와 있다"라고 공언했다. 이를 받아 부통령 험프리Hubert Horatio Humphrey(1911~1978)도 같은 달 언론 인터뷰에서 "우리의 공세가 이어지며 세력이 확대되고 있고, 전황은 더욱 나아지고 있다"라고 언급했다. 존슨 대통령도 이러한 낙관론에 근거해 "우리의 (베트남전쟁) 정책이 옳았으며 현재 차질 없이 추진되고 있음을 확신한다"고 수차 강조했다. 그러나 전쟁 지도부의 이러한 자신감은 곧 근거 없는 허풍으로 판명되었다.

구정 대공세 이후 웨스트모얼랜드 사령관은 공산 세력 소탕을 위해 병력 증원이 필요하다며 20만 6000명의 추가 파병을 요청했다. 아울러 군사분계선 이북으로의 지상군 공격도 허가해 달라고 요청했다. 하지만 존슨 대통령은 추가 파병이 별다른 효과를 거두기 어렵다는 판단에 따라 요청을 거부한다. 당시 한반도에서도 김신조가 이끄는 북한 특수부대가 청와대를 기습하고 원산 앞바다에서 미 해군 정보함 푸에블로 호USS Pueblo가 납치되는 등 심상치 않은 상황이 전개되었다. 유럽에서도 '프라하의 봄'으로 불리는 동유럽 민주화운동이 소련에 의해 강경 진압되는 등 심상치 않은 상황이었다. 이런 불안한 상황에서 베트남에만 병력을 증원할 줄 수는 없었다. 유럽 주둔군을 차출하거나 예비군을 동원하지 않고 추가 파병을 실행하기도 어려웠다.

구정 대공세를 계기로 워싱턴은 전쟁을 조기에 종결시킬 수 있다는 낙관론을 거둬들였다. 그 대신 적이 생각보다 훨씬 강하다는 사실을 받아들이기 시작했다. 베트남 국민들의 지지를 이끌어 내 남베트남군에 베트남 전체의 방어를 이양한다는 전략도 쉽지 않다고 인정하기 시작했다. 이와 동시에 베트남전에 대한 국내 여론에서도 부정적 의견이 압도적으로 높아지기 시작했다. 구정 대공세 직후 여론조사에서 베트남전 전황을 부정적으로 보는 의견이 78퍼센트까지 급증한 것이다. 전쟁을 지지한다는 여론은 1967년 50퍼센트에서 33퍼센트로 급감했다. 이에 존슨 대통령은 1968년 11월 TV에 출연해 북베트남에 대한 폭격 중단을 선언하고 평화적 해결을 위해 북베트남과 협상할 의사가 있다고 발표했다. 동시에 11월 대통령 선거에서 재선 도전을 포기하겠다고 선언했다. 그리고 추가 파병을 요구한 웨스트모얼랜드 사령관을 해임하고 부사령관 에이브람스Creighton Williams Abrams(1914~1974) 장군을 신임 사령관으로 임명했다.

11월 대통령 선거에서 새로 당선된 닉슨Richard Milhous Nixon(1913~1994) 대통령은 1969년 1월 취임과 함께 베트남에서의 철군 계획을 공식적으로 발표했다. 소위 '닉슨독트린'이라고 불리는 이 계획은 남베트남군을 강화시켜 스스로 영토를 방어하도록 한다는 내용이었다. 사실상 불가능한 목표인지 알면서도 미군 철수를 위한 출구 전략을 마련한 것이다. 이어 1968년 5월 이후 파리에서 계속된 북베트남과의 평화교섭에 더욱 적극적으로 임하기 시작했다. 평화회담에서 구체적 조건 문제로 전쟁이 한동안 지속되었지만, 미국은 결국 1973년 1월 굴욕적인 평화협정에 서명했다.

미군 철수가 시작되자 북베트남은 남베트남에 대한 총공세를 단행해 1975년 4월 30일 수도 사이공을 함락시켰다. 참으로 기나 긴 '민족해방' 전쟁을 마침내 승리로 마무리한 것이다. 이로써 미국에 안보를 의존하면서도 부정부패와 정쟁에만 몰두하던 남베트남이란 나라는 지

구상에서 사라졌다. 그 국민들은 공산 치하에서는 못 살겠다며 무작정 탈출을 시도했고 많은 '보트피플'이 대부분 망망대해를 떠돌다 흔적도 없이 사라졌다. 1975년부터 1995년까지 탈출에 성공해 겨우 살아남았다고 집계된 약 80만 명도 국제적 고아 신세가 되어 세계 도처를 떠돌아야 했다. 스스로 국가를 지키지 못한 국민들의 비참한 운명이었다.

그런 반면, 미국은 55만 3000명이라는 대규모 병력을 파견해 5만 8000명 이상이 사망하는 치열한 전쟁을 치르고도 아무 성과 없이 베트남을 떠나야 했다. 사실을 사실대로 인식하지 못한 정보 담당자들의 정보 실패, 정치적으로 유리한 정보만 취사선택하려 한 고위 정책 결정권자들의 실패가 만들어 낸 국가 정책 실패의 참담한 결과였다.

2001년 9월 11일 오전, 납치된 여객기들에 의해 미국 자본주의의 상징인 뉴욕 세계무역센터 빌딩이 무너지고 미국 공권력의 최후 보루인 워싱턴의 국방부 청사가 공격당했다. 7시 59분 보스턴 출발 아메리칸항공 AA-11 편이 테러범 5명에 의해 납치돼 8시 45분 110층 세계무역센터 북쪽 건물에 충돌하면서 공격은 시작됐다. 이어 보스턴 출발 유나이티드항공 UA-175 편이 테러범 5명에 의해 납치돼 9시 3분 무역센터 남쪽 건물에 충돌했다. 8시 20분 워싱턴에서 출발한 아메리칸항공 AA-77 편도 테러범 5명에 의해 납치돼 9시 38분 워싱턴의 국방부 청사건물에 충돌했다. 8시 42분 뉴저지 출발 유나이티드항공 UA-93 편도 테러범 4명에 의해 납치됐지만 목표물인 국회의사당이 아닌 피츠버그 남동쪽 들판에 추락했다.

이 테러로 미국 경제의 상징인 뉴욕은 하루아침에 공포의 도가니로 변하고 미국의 자존심은 일거에 무너졌다. 인명과 재산 피해도 엄청났다. 사망 또는 실종자만 2500~3000명에 달하고 재산 피해는 물적 피해와 재난 대응 지출 등 화폐 가치로 환산하기 어려울 정도의 피해를 입었다.

테러 직후 미국은 '빈라덴'과 그가 이끄는 '알카에다'를 테러의 주범이라고 발표하고 대테러 전쟁을 선포했다. 세계를 문명 세력과 테러 세력으로 분리하면서 새로운 국제질서를 구축해 나가기 시작했다. 그리고 이는 2001년 10월 아프가니스탄 침공과 2003년 3월 이라크 침공으로 이어지며 국제질서의 지형을 변화시키는 큰 전환점으로 작용했다.

9·11 직후, 미국에서는 "연간 300억 달러에 달하는 막대한 예산을 사용하는 정보공동체가 왜 이런 엄청난 테러를 사전에 탐지·저지하지 못했나?"라는 자성론이 비등했다. 9·11이 '정보 실패'인지 여부에 대해서는 일부 이견이 있지만 정보기관들에게 치욕적 사건임은 분명하다.

대테러 전쟁
9·11테러와
미국 정보기관의 치욕

무시되는 사전 징후
첩보들

　미국 정보공동체 내에서 국내 방첩과 대테러 문제에 대해 일차적 책임을 지는 기관은 FBI다. 실제 FBI는 9·11테러가 발생하기 몇 달 전인 2001년 봄과 여름 사이, 알카에다al-Qaeda가 미국 내에서 모종의 테러를 기획하고 있다는 징후들을 자체 정보망을 통해서 수차 감지했다.

　2001년 7월 FBI 애리조나 주 피닉스 지부의 윌리엄스Kenneth Williams 요원은 알카에다 연계 세력들이 미국 비행학교에서 훈련을 받고 있다고 파악했다. 그는 애리조나 주 비행학교 사례를 적시하면서 모든 비행학교에서 중동 출신 훈련생들의 알카에다 연계 여부를 확인하는 것이 좋겠다고 보고서를 작성해 FBI 본부와 뉴욕 지부 국제테러대응팀으로 보냈다. 보고서에서 그는 애리조나 주 비행학교에 이슬람 학생 상당수가 훈련받고 있다는 사실을 확인하고, 그중 1명으로부터 미국 정부 또는 군 시설을 공격 목표로 검토할 수 있다는 말을 들었다고 언급했다. 게다가 이상하게도 이들이 비행 훈련의 기본인 경비행기 훈련이나 이착륙 훈련에는 별 관심이 없고 여객기 조종에 유별난 관심을 보인다는 점에도 주목했다. 그는 배후에 알카에다가 있을지 모른다는 언급과 함께 이런 사실을 구체적으로 확인하기 위해 전국적 조사가 필요하다고도 강조했다. 구체적인 조치로서, 전국 비행학교에 대한 전수 조사, 학교들과 FBI 간의 협조 채널 구축, 비행학교 학생들과 알카에다와의 연계성 확인, 비행학교 등록 학생 비자 관련 정보 추가 확인 등의 조치를 FBI 본부에 건의했다. 당시 그가 의심한 훈련생 중 하나인 한주르Hani Saleh Hasan Hanjour(1972~2001)는 실제 9·11테러에 가담한 테러범으로 나중에 밝혀졌다.

하지만 FBI 본부와 뉴욕 지부는 그의 메모 보고에 별 관심을 두지 않았다. 중동 출신 비행 훈련생들에 대한 인적 사항 조회에서도 특별히 이상한 점을 발견할 수 없다고 결론짓고 무시해 버렸다. 이런 조사를 전국적으로 실시해도 결과가 비슷할 것이기 때문에 행정력 낭비만 초래할 우려가 있다고 판단했다. 게다가 당시 FBI는 비행기를 테러 수단으로 활용한다는 것 자체를 상상하기 어려울 뿐만 아니라 모호한 첩보로 인해 문제가 확대되는 것도 원하지 않았다.

특히, FBI는 중동 출신 비행 훈련생들의 훈련 동기만을 조사한다는 사실이 외부에 누설될 경우, 언론이나 이슬람 단체로부터 인종차별 조치라는 비난에 시달릴 것이라고 우려했다. 그동안 언론이나 특정 집단으로부터 조사가 편향적이라는 비난을 누차 받아 왔기 때문이다. 이런 배경 아래서 윌리엄스 요원의 보고서는 관료주의의 벽을 넘지 못하고

한쥬르가 AA-77 편을 조종해 충돌한 미 국방부 테러 현장

사장되어 버렸다. 9·11테러 이후인 2002년 5월, 그의 보고서가 다시 조명받으면서 그가 선견지명이 있었다는 사실이 확인되긴 했지만, 이미 너무 늦은 사후 약방문 격이었다.

또 다른 직접적 단서는 9·11테러 한 달 전인 2001년 8월 FBI 미니애폴리스Minneapolis 지부에서 보고됐다. 미니애폴리스 지부는 비행학교 학생으로 등록한 프랑스 국적의 이슬람 극단주의자 무사위Zacarias Moussaoui가 의심스럽게 행동하는 것을 확인한 뒤, 그를 잠재적 테러리스트로 판단해 일단 구속했다. 무사위는 미네소타 소재 팬암 국제비행학교(Pan-Am International Flight Academy)에 등록했으나 여객기 조종 훈련을 바로 수강할 수 있는 기본 자격 요건을 전혀 갖추지 못했다. 또한,

여객기 조종사가 되려는 것이 아니라 단지 자신감 함양 차원에서 조종 훈련을 받고 싶다고 언급하는 등 동기도 무척 의심스러웠다. 특히, 7000달러 상당의 모의 훈련 수강료를 전액 현금으로 납부하고, 은행 계좌에 예치된 3만 2000달러의 출처에 대해서도 횡설수설하는 등 의심을 가중시켰다.

더구나 FBI는 그가 아프가니스탄 테러 캠프로 가는 중간 지점인 파키스탄을 여행한 사실을 밝혀내고, 종교적 신념이나 여행 경로에 대해 앞뒤가 맞지 않는 변명을 둘러대고 묵비권을 행사하는 등 이상하다고 판단했다. 이런 사실들을 바탕으로 미니애폴리스 지부는 무사위의 컴퓨터 사용 기록 조회와 체포영장 발부를 FBI 워싱턴 본부에 신청했다. 당시 미니애폴리스 지부는 법적 증거가 불충분해 그를 테러 혐의로 구속하지 못하고 체류 기간을 위반한 비자법 위반으로 임시 구속만 해놓은 상태였다. 그래서 FBI 본부 담당관들과 협의한 후 미니애폴리스 지부는 무사위를 외국인정보감시법(FISA, Foreign Intelligence Surveillance Act)에서 규정한 테러 혐의자로 영장을 재청구했다.

하지만 FBI 본부는 무사위가 이 법에서 규정한 '외국 기관(foreign power)' 요원임을 증명할 근거가 너무 부족하다고 판단했다. 이에 무사위의 여권상 국적인 프랑스, 그리고 그가 한때 체류했던 런던의 FBI 지부 등을 통해 프랑스와 영국 정보기관과의 협력을 추진했다. 그 결과 프랑스 정보기관을 통해 무사위가 체첸Chechen 반군 지도자 등 이슬람 극단주의자들과 접촉했다는 사실을 확인했다. 하지만 FBI 본부 담당관은 이런 정도의 첩보로는 그가 '외국 기관' 요원임을 증명하기 어렵기 때문에 외국인정보감시법에 따른 영장신청 요건이 되지 못한다고 판단했다. 그래서 미니애폴리스 지부에서 신청한 영장을 기각했다. 무사위가 이슬람 극단주의와 연계돼 있다는 프랑스 정보기관의 제보 내용은 타당하지만 합법적인 근거가 되기 어렵다고 판단한 것이다.

당시 FBI 본부의 평가는 관료주의적 측면에서 나름대로 이유가 있었다. 1960년대에 격렬했던 베트남전 반대 시위와 워터게이트 사건 등을 대응하는 과정에서 FBI와 CIA 등 정보기관들의 과도한 조사는 워싱턴의 정치권 내에서 상당한 우려를 자아냈다. 외부의 적도 문제지만 내부 정보기관들의 과도한 정보활동도 미국 국민의 자유를 위협할 수 있다고 우려한 것이다.

그런 우려는 1978년 외국인정보감시법 제정으로 현실화됐다. 이 법에 따라 미국 내에서 활동하는 외국 정보 요원이나 테러리스트, 그들과 연계된 미국인들에 대한 조사도 조사 대상과 사유 등을 구체적으로 명시한 영장을 발부받아 실시하게 된 것이다. 이 법은 1995년 리노Janet Wood Reno(1938~2016) 법무장관이 '외국 정보·수사기관과 관련한 FBI와 범죄수사단(Criminal Division) 간의 업무 지침서'를 하달하면서 더욱 까다로워졌다. 이는 이후 FBI 수사관들 사이에서 공식 법적 절차 진행을 위해 넘어야 하는 높은 '장벽(The Wall)'으로 인식되었다. 이런 법적 문제에 대한 시비를 해소하기 위해 FBI는 내부에 정보 정책검토실(OIPR)을 만들어 산하 활동 부서에서 올라온 체포영장 요건을 무척 까다롭게 검토하도록 했다. 충분한 법적 요건을 갖추지 못할 경우 가차없이 기각하도록 한 것이다.

9·11테러 직전인 2001년 8월, 비슷한 이유로 영장이 기각된 또 하나의 안타까운 사건이 있었다. FBI 뉴욕 지부 요원이 미국에 잠입해 있

테러로 쓰러지기 직전의 세계무역센터 빌딩

지만 그동안 소재를 확인하지 못했던 알카에다 요원 알미드하르Khalid Al-Mihdhar(1975~2001)의 거처를 확인하고 체포작전 허가를 본부에 요청했다. 하지만 FBI 본부는 이 영장 신청을 기각했다. 정보 수사관이 아니라 범죄 수사관인 요원이 체포에 개입할 경우, 테러 혐의를 받는 알미드하르를 일반 범죄자로 만들기 때문에 적절한 대응이 아니라는 것 등이 이유였다. 이 요원은 영장이 기각된 후 이메일로 본부 담당관에게 "조만간 누군가 죽게 되고, 사람들은 우리가 테러범을 잡는 데 충분한 단서를 제대로 활용하지 못했다는 것을 알게 될 것이다"라며 강력히 항의했다. 하지만 9 · 11테러에서 아메리칸항공 AA-77 편을 운항해 펜타곤에 충돌한 알미드하르를 잡을 수 있는 기회는 그렇게 허무하게 무산되고 말았다.

정보기관 간 경쟁과
비협조

9·11테러 이후 정보 실패의 주요 원인 중 하나로 밝혀진 것이 CIA, FBI, NSA 등 정보기관 간 경쟁 의식에서 비롯된 관료 집단의 비협조였다. 정부 내 한 팀이라는 시각에서 기관 간의 시너지를 낼 수 있도록 업무를 처리하기보다 자기 기관의 업무와 평판을 우선적으로 고려했기 때문에 관련 기관 간의 정보 교류가 뒷전으로 밀린 것이다. 이런 대표적인 사례가 국내 수사·방첩 담당 기관인 FBI와 해외정보 담당 기관인 CIA 간 비협조와 경쟁의식이다.

CIA는 당시 오사마 빈라덴Osama bin Laden(1957~2011)을 위시한 알카에다 세력 추적을 위해 본부에 '알렉 스테이션Alec Station'이란 조직을 운영하며 부처 간 협조를 위해 FBI 요원을 파견받아 함께 근무시켰다. 그런데 2001년 1월, 파견 근무하던 FBI 요원 로시니Mark Rossini와 밀러Doug Miller가 알카에다 조직원 알미드하르가 미국에 입국하기 위해 사우디 여권으로 복수비자를 취득했다는 사실을 확인했다. 그리고 또 다른 알카에다 연계 혐의자인 말레이시아 국적 알하즈미Nawaf Muhammed Salim al-Hazmi(1976~2001)가 미국에 입국한 사실도 확인했다. 알하즈미가 말레이시아를 여행하며 다른 테러범들과 연계되었다는 사실도 확인했다. 두 혐의자가 2000년 1월 LA로 입국해 이슬람 단체 관계자들의 도움을 받으며 샌디에이고San Diego 소재 비행학교를 접촉하고 있다는 사실도 함께 파악했다.

게다가 2001년 여름 CIA는 알카에다 2인자인 알자와히리Ayman al-Zawahiri(1951~)와 연계된 첩보망에서 입수한 첩보를 토대로 알카에다의 공격이 임박해 보인다는 보고서를 부시George Walker Bush(1946~) 대통령과 백악관에 보냈다. 이에 로시니를 비롯한 FBI 요원들은 알미드하르의 국내 잠입 사실 등을 FBI 본부에도 공식 통보할 수 있도록 즉각 허락해 달라고 CIA에 건의했다. 하지만 CIA는 조직 내 보안 규정을 내세우며 공식적으로 허락되지 않은 정보를 통보하는 것을 허락하지 않았다.

당시 CIA는 이 혐의자들을 알카에다를 비롯한 정보 목표에 대한 정보 출처로 활용하기 위해 FBI에 통보치 않고 자체적으로 이용하려 했다. 마침, NSA가 예멘에 있는 알미드하르 거처에 대한 통신 감청을 통해 그가 미국을 방문한다는 사실, 그리고 알하즈미가 쿠알라룸푸르에서 개최되는 테러 회의에 참석한다는 사실 등을 파악해 CIA로 통보했다. CIA는 이들을 포섭해 활용함으로써 알카에다 등 국제 테러 조직에 대한 움직임을 확인하려고 했다. 그러면서 이를 위해 좀 더 구체적 정보를 추가로 확인하려고 했다. 혐의자를 체포해 수사하는 수사기관 FBI와 달리 정보기관 CIA의 입장에서는 충분히 생각해 볼 수 있는 일이었다.

이에 FBI 파견 요원들의 상관인 CIA 팀장 케이시Casey는 "알카에다의 다음 공격 목표는 동남아가 될 가능성이 높고, 그들의 미국 비자 신

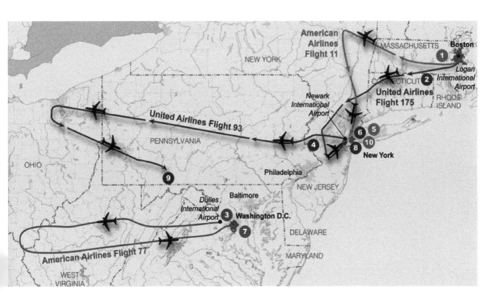

9·11테러에 이용된 민간항공기 4대의 비행 경로

청은 우리의 판단을 흐리게 만들기 위한 술수다. 그렇기 때문에 이 문제는 현재 단계에서 FBI가 개입할 문제가 아니다"라며 거부했다. 그런데 문제를 더욱 악화시킨 것은 2001년 7월부터 9·11까지 CIA도 이들에 대한 추가 정보를 수집하는 과정에서 이들을 감시망에서 놓쳤다는 사실이다. 9·11테러에 주도적으로 가담한 알미드하르와 알하즈미를 추적할 수 있는 기회는 그렇게 허망하게 무산되었다.

신호정보 수집 기관인 NSA도 알미드하르와 알하즈미 등 테러 혐의자들의 통신 첩보를 수집해 놓고도 관련 기관에 신속히 통보하거나 추적이 이뤄지도록 하지 못했다. NSA는 2009년 말부터 이 혐의자들이 이슬람 급진 단체와 연계된 요원이란 사실을 어느 정도 파악했다. 하지만 신원 사항을 과거 기록이나 관련 기관의 기록과 대조하면서 추가 확인하는 노력을 전혀 하지 않았다. 특히, NSA는 2000년 1월 이들의 통화를 도청해 성과 이름은 모르지만 이들의 이름으로 불리는 사람들이 말레이시아 쿠알라룸푸르 개최 테러 단체 회의에 참석했단 사실을 이미 확인했다. 하지만 이런 내용을 국무부나 CIA에 통보해 여권상 이름이나 출입국 기록과 대조해 추적하도록 조치하지 않았다. 자신들은 CIA 같은 기관의 보조 업무만 수행한다는 수동적인 자세 때문에 정보를 소극적으로 처리함으로써 추가 추적을 무산시킨 것이다. 그래서 두 용의자가 말레이시아를 떠나 방콕을 거쳐 1월 15일 LA로 재입국하는 과정에서 추적이 이뤄지지 못했다. 관련 기관 간의 비협조로 공항 입국 등 과정에서 확인이 전혀 이루어지지 못한 것이다.

FBI도 이 부분에서 책임이 있다. 2001년 8월, FBI는 9·11테러의 범인인 알미드하르와 알하즈미가 미국에 재입국했다는 사실을 확인했다. 하지만 FBI는 첩보의 중요성을 제대로 인식하지 못해 적절한 감시 인력을 투입하지 못했다. 그뿐만 아니라 관련 기관에 통보해 적절한 대응이 이루어지도록 조치하지도 않았다.

또 하나의 실수로서, FBI 본부는 미니애폴리스 지부로부터 비행학교 훈련생 무사위의 테러 혐의 가능성을 보고받은 2001년 9월 4일, CIA·FAA(연방항공청, Federal Aviation Administration)·국무부·SS(비밀경호대) 등에 관련 첩보의 개요만을 통보하고 끝내 버렸다. 상당수 중동계 학생들이 미국 비행학교에서 훈련받는 것이 특이해 보이는 만큼, 관심을 갖고 살펴볼 필요가 있다는 정도의 내용만 통보한 것이다. 하지만 미니애폴리스 지부 담당관이 평가한 내용, 즉 그들이 항공기 납치를 계획하고 있는 것으로 보인다는 평가는 포함하지 않았다. 당시 미니애폴리스 지부 담당관은 FAA에 좀 더 자세한 내용을 통보할 필요가 있다고 FBI 본부에 건의했지만 FBI 본부는 이를 허가하지 않았다. 법적 근거를 우선해야 하는 수사기관 FBI 입장에서는 근거가 불충분한 평가정보를 공유하는 것이 아무래도 부담스럽다고 판단한 것이다.

이에 FBI로부터 두루뭉술한 토막 정보만을 통보받은 FAA 등 관련 기관들은 불충분한 정보를 바탕으로는 조치를 취할 수 없어 통보 내용 자체를 무시해 버렸다. 이에 FBI 미니애폴리스 지부 담당관은 FAA 미니애폴리스 지부에만 관련 내용을 구두로 추가 통보했다. 하지만 FAA 미니애폴리스 지부도 구두 통보 내용을 본부에 보고하거나 자체적으로 특별한 조치를 취하지 않았다. 9·11테러가 발생하고 난 후, 그들은 그동안의 정보 퍼즐들이 하나씩 맞춰져서 큰 그림을 만든다는 것을 확인할 수 있었다. 하지만 이미 너무 늦은 깨달음이었다.

핵심을 벗어난 CIA와
백악관의 대응

몇몇 예외를 제외하고 테러 징후와 관련해 백악관과 NSC로 건네진 대부분의 보고서는 CIA가 작성한 것이었다. 9·11테러를 자행한 19명의 테러범 중에서 15명이 사우디아라비아 국적이었기 때문에 그동안 알카에다를 추적해 온 CIA가 이런 보고를 주도적으로 한 것은 당연했다. 부시 대통령 당선 직후인 2000년 12월, 이런 CIA

의 경고성 보고에 기반해 NSC 대테러조정관(CSG) 클라크Richard Alan Clarke(1950~)는 상부에 이렇게 보고했다. "알카에다는 단순한 지역적 테러 조직이 아니라 보다 광범위한 차원에서 검토해야 하는 만큼, 외교·안보 주요 수장들이 알카에다 네트워크에 대해 심층적으로 검토해 주실 것을 긴급 현안으로 제안합니다." 하지만 그의 보고서는 알카에다가 미국 내에서 언제 어떤 공격을 할 것이라는 등의 구체성을 담지 못해 충분한 주의를 끌지 못했다.

CIA가 백악관에 건넨 보고서는 대부분 대테러센터(CTC, Counterterrorism Center)에서 작성했다. 보고서 대부분은 알카에다와 같은 해외 테러 단체와 관련되었으며 국내와 연관된 내용은 별로 없었다. 2001년 5월 29일, 테닛George John Tenet(1953~) CIA 부장의 요청으로 백악관에서 개최된 알카에다에 대한 대책 회의에서도 빈라덴 추적과 아프가니스탄 탈레반 세력에 대한 와해작전이 주요 의제로 논의됐다. 라이스Condoleezza Rice(1954~) 안보보좌관 지시로 NSC에서 6월 7일 만들어진 알카에다 대처 방안에 대한 보고서도 해외 테러 활동에만 초점을 맞추었다. 이 보고서는 알카에다 세력의 약화를 위해 외교력과 비밀공작, 경제 제재, 법적 조치, 공공 외교, 그리고 필요시 군사작전까지를 포함한 포괄적 조치들을 지속적으로 추진해야 한다는 내용을 담고 있었다. 하지만 미국 내 테러 대책에 대한 내용은 거의 포함하지 않았다.

미국 내 대테러 업무를 담당하는 FBI도 상황은 비슷했다. FBI는 자체적으로 대테러 업무 강화를 위해 2000년 여름부터 'MAXCAP 05'라는 전략을 채택했지만 충분한 예산이나 인력을 지원받지 못했다. 2001년 새로 취임한 애슈크로프트John David Ashcroft(1942~) 법무장관 체제에서 대테러 업무는 더욱 관심권 밖으로 밀렸다. 특히, FBI의 테러 대응을 어렵게 한 것 중 하나는 2001년 5월 부장관으로 취임한 톰프슨 Larry Dean Thompson(1945~)의 지침이었다. 그는 1995년부터 시행해 온 법무부 내 FBI와 범죄수사단(Criminal Division) 간의 업무 지침서를 예외 없이 이행하라고 재강조했다. 이는 FBI가 대테러 수사를 합법적으로 진행하기 위해서는 여전히 높은 '장벽(The Wall)'을 넘어야 함을 의미했다. 이 지침은 9·11테러가 발생할 때까지 시행되었다.

하지만 새로 취임한 부시 행정부 체제가 자리를 잡고 알카에다의 공격적 활동에 대한 경고가 점증하기 시작한 2001년 여름부터는 국내 테러에 대해서도 관심을 기울이기 시작했다. NSC 대테러조정관 클라크는 이슬람 테러 조직의 미국 내 테러 가능성 중에서도 백악관을 대상으로 한 공격을 가장 우려했다. 5월 16일에는 "빈라덴 지지자들이 폭발물을 이용해 미국 내에서 공격을 계획하고 있다"는 전화가 중동의 한 미국대사관으로 걸려오기도 했다. 이런 첩보해 근거해 그는 "빈라덴의 미국 공격이 구체화되고 있다"는 안건을 NSC 회의 의제로 상정했다. 5월 말에는 알카에다가 테러 혐의(1993년 뉴욕 폭발물 테러)로 종신형을 선고받고 수감 중인 압델라만Sheikh Omar Abdel-Rahman(1937~2017) 등을 석방시키기 위해 대규모 인질 납치나 항공기 납치 등을 자행할 가능성이 크다는 첩보도 입수됐다. 그래서 백악관은 FAA에 항공기 납치 테러 가능성을 경고했다. 6월 초에는 미국과 이스라엘 시설에 대한 빈라덴의 공격이 임박해 보인다는 정보가 입수되어 중동 지역을 관할하는 중부군사령부가 미군의 테러 경보를 최고 단계(Delta)로 상향하기도 했다.

그러한 경고와 우려가 반영되어 2001년 5월 부시 대통령은 체니Dick Cheney(1941~) 부통령에게 테러 단체에 의한 대량살상무기 공격 가능성과 국가적 대응 체계에 문제가 없는지 검토하라고 지시했다. 이에 부통령실은 몇 개월에 걸쳐 테스크포스팀 구성을 위한 인선 작업을 진행하고 9월 초 공식적으로 출범했다. 하지만 일을 제대로 시작하기도 전에 9·11테러를 맞았다.

CIA는 알카에다의 해외 활동에 주로 초점을 맞추었다. 하지만 이 조직원들이 미국으로 입국하는 정황에도 지속적으로 관심을 가지고 추적했다. 5월 말 대통령 일일보고(PDB, President's Daily Brief) 시에 CIA 대테러센터장 블랙Joseph Cofer Black(1950~)은 1단계부터 10단계까지로 구분된 테러 위협 평가 중 현재는 7단계에 해당한다고 보고했다. 8월 초, 이런 정보들로부터 테러 위협을 감지한 부시 대통령은 CIA에 관련 정보를 취합해 별도 보고서로 보고하라고 지시했다. 그래서 CIA는 8월 6일 대통령 일일보고를 통해 빈라덴이 주도하는 알카에다의 미국 내 테러 가능성을 다음과 같이 경고했다.

제목 : 미국을 공격하기로 한 빈라덴

여러 비밀 자료 및 외국 정부의 보고서, 언론보도 등은 빈라덴이 1997년 이래 미국에 대한 테러 공격을 감행하려 한다는 것을 보여 주고 있다. 빈라덴은 1997년과 1998년 미국 TV 인터뷰에서 그의 추종자들이 세계무역센터 폭탄 테러범 유스프Ramzi Yousef의 뒤를 이어 '대미對美 투쟁'을 전개할 것이라고 암시했다. 1998년 아프가니스탄 내 빈라덴 기지에 대한 미국의 미사일 공격 이후에도 그는 추종자들에게 보복 공격을 전개하도록 계속 지시해 왔다.

… 1998년 케냐와 탄자니아 주재 미국대사관에 대한 공격이 비록 성공하지는 못했지만, 빈라덴이 이미 수년 전부터 테러를 계획해 오고 있으며, 그동안 일부의 실패에도 불구하고 테러를 결코 포기하지 않고 있다는 것을 보여 주고 있다.

… 미국 시민권을 가진 일부 알카에다 조직원들은 아무 제한 없이 미국에 거주하면서 자유롭게 여행하고 있는데, 이들이 알카에다 공격을 돕는 지원 체제를 구축하고 있는 것으로 보인다. … 빈라덴의 세포 조직이 1998년 뉴욕에서 이슬람 청년들을 모집했다는 첩보도 비밀 출처들로부터 확인되고 있다.

우리는 1998년 이래 빈라덴이 미국에 수감된 샤이크Blind Shaykh 및 압델라만, 다른 이슬람 극단주의자들의 석방을 위해 항공기 납치와 같은 방식의 테러를 자행할 가능성이 있다는 데 대해서는 확신할 수 없었다. 하지만 FBI 정보에 따르면, 1998년 이후 항공기 납치 및 다른 형태의 여러 공격이 미국 내에서 모의되고 있다는 정황들이 포착되고 있다.

FBI는 미국 전역에서 빈라덴과 관련된 것으로 추정되는 70여 개 사건을 조사하고 있다. CIA와 FBI는 지난 5월 빈라덴 추종 세력이 폭발물을 이용해 미국 내에서 테러를 모의하고 있다고 진술한 요원에 대해서도 아랍에미리트 소재 우리 대사관에서 조사를 실시하고 있다.

위의 CIA 보고서는 9 · 11 이후 의회의 특별조사위원회 활동 기간에도 대외에 공개되지 않다가 2004년 4월에야 CIA가 비난을 잠재우려고 공개한 내용이다. 이 보고서는 당시 여러 이슈와 함께 보고됐다. 알카에다 문제가 단일 주제는 아니었지만, CIA로서는 나름대로 관련 내용을 수집해 백악관에 보고했다는 것을 보여 준다.

하지만 위 보고서는 CIA가 알카에다의 심각한 위협이나 미국 공격 가능성에 대해 어느 정도 인식은 했지만, 여전히 구체적 공격 방법이나 시기 등 핵심 내용에는 접근하지 못했음을 보여 준다. 특히, 항공기 납치를 통한 알카에다의 테러 가능성에 대해서는 신빙성이 별로 없다고 평가했다. 아무튼 이런 보고서 덕택에 CIA는 9·11 이후 특별조사위원회 조사 과정에서 어느 정도 면피할 수 있었다. 하지만 정보 실패에 대한 정치적·도의적 책임까지 모면할 수는 없었다. 의회의 조사 과정에서 CIA 직원 어느 누구도 법적 처벌이나 중징계를 받지 않았지만, 테닛 부장은 정치권과 언론 등으로부터 끊임없이 사임 압력에 시달려야 했다.

알카에다의 미국 내 테러 위협에 대한 직접적 정보가 부족했으므로 9·11 직전까지 백악관은 알카에다에 대한 전반적 대응에 초점을 맞추었다. 9·11테러 직전인 9월 4일, 백악관에서 개최된 안보 분야 기관장 회의에서 NSC 대테러조정관(클라크)은 알카에다의 심각한 위협에 비해 안보 부처 관계자들의 인식이 너무 안이하다고 비판했다. 그러면서 각 부처가 좀 더 적극적으로 대응책을 강구해야 한다고 주장했다. 특히, 2000년 10월 예멘에 정박 중이던 구축함 콜 호USS Cole를 테러한 알카에다에 대한 미국의 반격이 아직 이루어지지 않는 상황을 상기시켰다. 반면, 알카에다는 아프가니스탄의 테러 캠프에서 미국인 살상을 위한 전사를 계속 양성하고 있다고 강조했다. 그러면서 그는 CIA가 준군사공작과 비밀공작을 포함해 좀 더 공세적 대응을 펼칠 필요가 있다고

부시 대통령에게 테러 관련 내용을 보고하는 테닛 CIA 부장(와이셔츠 차림)

주장했다. 그런 그의 주장에 따라, 공세적 조치의 일환으로 프레데터 (MQ-1 Predator) 드론을 준비해 2002년 봄부터 더 적극적인 대테러작전 을 전개하기로 의견을 모았다.

　하지만 여기에서도 알카에다의 미국 내 공격 가능성에 대한 대비 는 핵심 의제가 되지 못했다. 알카에다 세력의 확장에 대응하기 위한 차원에서 탈레반에 대한 공세적 대응과 군사작전 준비를 위한 파키스 탄과의 협력 문제 등이 주요 안건이었다. 이런 분위기는 이틀 후인 9 월 9일 아프가니스탄 북부연맹 반군 지도자 마수드Ahmed Shah Massoud(1953~2001)가 언론 인터뷰를 진행하는 도중 카메라맨으로 위장한 알카에다 자객에 의해 사망하는 사건이 발생하면서 더욱 굳어졌다. 점 점 심해지는 알카에다의 위협에 대한 정책 결정권자들의 공감대는 형성되고 있던 셈이다. 하지만 알카에다가 그렇게 빨리, 그것도 미국 심장부의 상징적 목표물을 대상으로, 기상천외한 방법으로 공격할 줄은 아무도 예상하지 못했다.

반성과 시정을 위한 노력

CIA와 FBI를 비롯한 미 정보기관들이 알카에다의 9·11테러에 대한 경고에 실패한 것, 그리고 부시 행정부 고위 정책 결정권자들이 유사한 정보를 보고받고도 적절히 대응하지 못했다는 점을 정보 실패로 규정할 수 있느냐 하는 문제는 지금까지도 다소 논란이다. 정보 실패라기보다는 국가적 대응 실패로 볼 수도 있기 때문이다. 그래서 CIA 테닛 부장은 9·11테러가 정보 실패라는 주장에 강력히 반대했다.

실제로 CIA와 FBI 모두 9·11테러 이후 어떠한 법적 책임을 지거나 해당 직원을 징계하지도 않았다. 9·11테러 후 정보기관의 대처 내용을 면밀하게 검토한 의회의 상하원합동정보위원회도 정보 실패의 '명백한 증거(smoking gun)'는 찾지 못했다고 밝혔다. 그만큼 정보 실패의 개념 자체가 학계에서조차 모두 동의하지 않을 정도로 모호성이 많기 때문이다. 또한 정보 실패의 책임 소재가 정보기관의 무능이나 실책에서 기인하는 경우가 많지만 정책 결정권자의 편견이나 왜곡된 판단, 또는 불순한 정치적 의도에서 비롯된 경우도 비일비재하기 때문이다. 모든 정보 보고를 '사실 부분'과 '평가 부분'으로 구분해 볼 때 정책 결정권자들이 평가 부분을 신뢰하지 않거나 자의적으로 해석해 자신들이 원하는 부분만 사용하는 경우도 많기 때문이다.

하지만 정보 실패의 책임 소재가 정보기관이든 최고 정책 결정권자든지 간에 이를 모두 정부의 정보 실패라고 통칭한다면, 9·11테러는 정보공동체 전체의 실책에서 비롯된 명백한 정보 실패다. 정보공동체가 주어진 여건에서 나름대로 노력을 기울였지만, 결국 테러가 발생할 시간과 장소, 방법 등을 정확히 파악해 경고하지 못함으로써 국가의 상징적 시설물들이 무방비 상태에서 전격적으로 기습을 당했기 때문이다.

9·11테러 이후 공화·민주 양당에서 추천한 10명의 인사들로 구성된 '9·11테러 진상 조사 특별위원회'는 9·11테러가 발생하기까지의 각종 기록을 검토하고 관계자 조사·면담을 통해 2004년 최종 보고서를 발간했다.

〈9·11 특별위원회 보고서(9/11 commission report)〉에서 지적된 문제점과 정책 과제를 살펴보면 다음과 같다. 첫째, 정부의 지나친 관료주의적 업무 자세로 인해 관련 기관의 창의력이 부족했다. 관료들의 '상상력 부재'로 정보공동체와 FAA 등 정부 내 어떤 기관도 알카에다가 항공기를 납치해 자살 테러를 자행할 수 있다는 점을 착안하지 못했고, 관련기관들 간에 적절한 대응책도 마련하지 못했다는 것이다. 2001년 봄과 여름 동안 알카에다 위협에 대한 많은 첩보가 있었는데도 불구하고 어떤 기관도 항공기를 자살 테러 수단으로 활용할 가능성에 주목하지 못했다는 것이다.

또한, 보고서는 자살 테러가 중동 테러 분자들의 주요 전술임에도,

9 · 11테러 진상 조사에 참여한 특별위원회 위원들

정보기관들이 테러리스트의 시각에서 분석하는 '적팀(red teams) 분석
법'을 시도하지 않았다고 지적했다. 정보기관과 대테러센터는 잠재 테
러범들이 훈련받는 비행학교와 협조 채널을 구축하거나 협조자를 심
어 동향을 구체적으로 파악하려고도 하지 않았다. FAA는 항공기 납치
테러 가능성에 대해 아무런 보안 조치도 취하지 않았다. 물론 나중에
알려졌지만, FAA 민간항공보안실에서는 1999년 8월 항공기를 이용
한 알카에다의 테러 가능성을 분석했다. 하지만 당시 FAA는 몇 가지
시나리오 중 하나로 항공기 자살 테러를 상정하면서도, 가능성은 거의
없다고 평가절하했다. 이 방법을 사용하면 테러범들이 미국에 수감 중
인 조직원 석방이라는 목표 달성을 위해 당국과 협상할 수 없다는 것

이 판단의 주요 근거였다. 결론적으로 정보공동체는 관료들의 경직된 사고와 상상력 부재로 인해 항공기 자살 테러의 가능성을 과소평가했고, 그로 인해 9·11테러에 대한 대응책 마련에 실패했다는 것이다.

둘째, 기존 테러와는 다른 새로운 테러리즘에 대응하는 정부의 정책에 문제가 있었다. 기존에는 테러 대응이 주로 제재, 보복, 억지, 혹은 테러 자행 적대국에 대한 전쟁 등의 형태로 비교적 단순했다. 하지만 알카에다의 테러는 전쟁에 버금가는 대규모로 진행되면서도 광범위하게 흩어져 산발적으로, 그것도 흐릿한 흔적만 남긴 채 은밀히 진행되었기 때문에 새로운 대응이 필요했다. 게다가 알카에다의 테러에 대응해 미국이 억류하거나 파괴할 만한 자산·시설·영토도 별로 없었다. 이렇게 알카에다에 대해 새로운 접근이 필요했지만, 정부가 새로운 위협에 적절히 대응하지 못했다는 것이다.

특히, 알카에다 세력의 성장 초기인 1996~1997년, 1998년 8월 탄자니아·케냐 등지 미국대사관 폭탄 테러 직후, 1999년 후반 요르단에서의 테러 음모 적발 이후, 그리고 2000년 10월 구축함 콜 호에 대한 테러 직후 등에서 정부가 적절하게 대응하지 못하고 알카에다를 방치한 것이 문제를 키웠다고 지적했다. 테러가 발생할 때마다 CIA를 통해 동향을 파악하고 미봉책으로 대응하는 수준에서 끝나 버렸다는 지적이다. 또한 탈레반의 보호를 받으며 아프가니스탄을 기반으로 성장해가는 알카에다에 대해 부처 합동으로 근본 처방을 하지 못하고 소극적으로 대응했다는 것이다. 이에 보고서는, 현실적으로 쉽지는 않지만 테러 징후 초기에 강력한 조치를 취하는 것이 중요하다고 지적했다. 시간이 지나고 징후가 분명해진 다음에 명분을 쌓아 대응하려면 이미 너무 늦어 버리는 특성을 고려해야 한다고 강조했다.

셋째, 냉전 후 새로운 안보 위협으로 등장한 테러리즘에 대응할 수 있는 역량을 제대로 갖추지 못했다. 9·11 이전까지는 테러가 발생할 때마다 CIA의 비밀공작을 중심으로 대응했지만, CIA 비밀공작은 정보수집 이상의 적극적 수준으로 확대되기 어려웠다. CIA가 준군사공작 기능도 갖고는 있었지만, 간부들은 이를 활용하는 데 무척 소극적이었다. 게다가 국방부의 도움 없이 CIA 자체 역량으로는 한계가 많아 적극적으로 추진하지도 못했다고 지적했다. 부시 행정부 들어서 좀 더 적극적 대응 방안이 논의되기는 했지만, 프레데터 드론을 언제·어떻게 활용할지 등을 두고 시간을 낭비하다 제대로 된 대응을 하지 못했다고 부언했다.

보고서는 FBI도 지부의 정보 수사관들 활동과 본부의 역량을 효율적으로 결합해 시너지를 내지 못했다고 지적했다. 또한 FAA도 공항 보안을 강화한다거나 대도시 상공에 비행 금지 구역을 새로 검토하는 등 적극적 대응 조치를 강구하지 못했다고 지적했다. 백악관의 NSC 역시 안보 부처 간 이견을 조정하려는 노력을 생각보다 원만하게 하지 못했다고 지적했다. 다시 말해 냉전이 끝난 후 테러리즘이 중요한 위협으로 대두했는데도, 정보기관과 군, 정부 각 기관 들이 새로운 위협에 대응할 수 있는 종합적 역량을 키우지 못했다는 것이다. 이들 기관들이 과거의 관행에만 안주해 소극적 대응으로 일관했다고 지적한 것이다.

넷째, 중요 국가적 위협에 각 기관들이 유기적으로 협조하기보다 기관별로 중구난방식으로 대응해 문제를 키웠다. 9·11테러 이전에 징후가 여러 곳에서 감지됐는데도 위협을 제대로 분석하지 못하고 기관

별로 피상적으로만 대응함으로써 국가적 대응에 실패했다는 지적이다. 병원에서 환자의 상태를 부위별로 진찰한 후 한 명의 의사가 종합 처방을 내리는 것처럼 정부 각 기관의 정보나 처리 내용을 종합해 판단하고 조율했어야 하는데 이런 역할을 하지 않았다는 것이다.

그뿐만 아니라 위협 요인이 대두됐을 때 전략적 대응 원칙과 우선순위에 따라 인력이나 자원을 조직적·효율적으로 투입해야 하는데, 그렇지 못했다고도 지적했다. 정보공동체 의장을 CIA 부장이 맡고 있었지만, 정보공동체 전체의 예산과 업무 우선순위를 관장하기보다는 CIA 자체의 업무에 매몰되어 정보공동체 전체의 업무 조율에 문제가 많았다는 것이다.

이런 문제점들을 감안해 위원회는 이슬람 급진 테러리즘에 대응할 수 있는 행정부 역량의 대폭적 제고를 주문했다. 새로운 위협을 재정의하고 이런 위협에 대응할 수 있는 포괄적 접근 방향을 새롭게 제안한 것이다. 특히, 정부의 대테러 역량 보강을 위해 16개 정보기관을 총괄할 수 있는 장관급 국가정보장 직제 신설을 제안했다. 이외에도, 국가대테러센터(NCTC, National Counterterrorism Center) 확대 운영, FBI 대테러 역량의 획기적 보강, 위협평가시스템(threat and readiness assessments) 운영 등을 우선적으로 권고했다. 이런 권고는 대부분 행정부에서 받아들여져 현재까지도 미국 대테러 역량의 기본으로 작동하고 있다. 실수를 다시 반복하지 않도록 시스템적으로 접근하는 미국식 합리주의가 더 안전한 나라를 만들어 가는 데 교훈으로 활용한 것이다.

2001년 9·11 직후 테러 지원 세력 응징을 목표로 아프가니스탄을 침공(10월 7일)한 미국은 2002년 1월 북한·이라크·이란을 '악의 축'으로 규정했다. 이어 이라크 대량살상무기(WMD) 제거를 통한 자국민 보호와 세계평화를 위한다는 명분으로 영국·오스트레일리아와 함께 2003년 3월 17일 48시간의 최후통첩을 보냈다. 그리고 이라크의 반응이 만족스럽지 못하자 3월 20일 오전 5시 30분 바그다드 주요 시설에 대한 미사일 공격을 시작으로 '이라크 자유' 작전을 개시했다.

전쟁 시작과 동시에 미군은 파죽지세로 진격해 4월 4일 바그다드 후세인 국제공항을 장악하고 4월 10일에는 수도 바그다드를 완전히 장악했다. 4월 14일엔 후세인의 고향이자 이라크 최후의 보루인 북부 티그리트 중심부를 장악함으로써 전쟁 개시 26일 만에 압도적 승리를 선언했다.

하지만 전쟁 승리 후 각종 수색작전과 조사에도 불구하고 미국이 개전 사유로 내세웠던 이라크의 대량살상무기는 어디에서도 발견되지 않았다. 냉전 붕괴 후 유일 초강대국 지위를 구가하던 미국의 국제적 지도력에 심각한 의문이 제기될 수밖에 없었다. 이란과 각축하던 후세인 정권을 붕괴시킴으로써 중동에서 힘의 불균형을 초래했고, 결국 이란이 지역 맹주로서 독주하는 길만 열어 준 셈이 됐다. 아프가니스탄의 탈레반을 제압하지도 못한 상태에서 이라크전쟁을 시작함으로써 아프가니스탄의 알카에다 세력 제거에도 실패하고, 후세인이 없는 이라크에서 더욱 급진적인 IS가 수니파 강경세력을 모아 인접 국가로 확대될 수 있는 여건만 제공했다. 4조 달러에 달하는 엄청난 전쟁 비용과 100억 달러 상당의 전후 복구 비용, 4000명 이상의 미군 희생을 치르고도 얻은 것은 별로 없는, 역효과만 엄청난 어리석은 전쟁을 치른 것이다.

이라크전쟁
대량살상무기와
어리석은 전쟁

이라크 대량살상무기 관련 정보의 비약

2003년 3월 이라크전쟁 발발 전까지 미국 정보기관들은 이라크의 대량살상무기(WMD, Weapons of Mass Destruction)에 대한 정보를 별로 갖고 있지 않았다. 1991년 제1차 걸프전 이후 이라크와의 외교 관계가 악화됐기 때문에 사담 후세인Saddam Hussein(1937~2006) 정권에 믿을 만한 협조자를 부식하지 못해 인간정보활동 수집 능력은 극히 제한적이었다. 중동 지역에 대한 통신·신호정보 수집 능력도 제한적이었으며, 아랍어와 아랍 문화에 익숙한 분석관들도 별로 없어 아랍어로 된 자료를 해석하고 평가할 수 있는 역량이 제한적이었다. 그래서 이라크에 대한 첩보는 후세인 정권에 반대해 해외로 도피한 망명 세력이나 간헐적 영상정보 등 제한된 출처에 의존할 수밖에 없었다. 더구나 이라크에 들어가 대량살상무기 프로그램 사찰 활동을 전개하던 유엔사찰단이 철수한 1998년 이후에는 중요 정보 출처를 상실함으로써 상황은 더욱 어려워졌다. 이런 상황을 반영해 CIA를 비롯한 정보기관들은 이라크 대량살상무기 정보를 정책 결정권자들에게 보고하면서 첩보가 빈약하고 출처가 신뢰할 만하지 못하다는 등 신중한 입장을 유지했다.

2002년 3월 17일, 이라크 상공을 정찰하던 미국 정보위성이 바그다드 동남쪽 무사이브Musayyib 화학 단지에 주차된 대형 흰색 탱크로리 차량을 포착했다. 잇따라 촬영된 위성사진에서는 단지 주변의 벙커와 경비 요원, 울타리 등 보안 시설의 윤곽이 더 선명하게 나타났다. 이에 일부 위성사진 분석관들은 화학물질 제독 차량으로 보이는 차량들이 무사이브 화학 단지 주변에서 분주하게 움직이는 것은 이라크가 화학무기를 유엔사찰단의 감시로부터 숨기려는 목적이라고 판단했다. 이런 주장에 대해 국무부 정보조사국(INR, Bureau of Intelligence and Research)을 비롯한 많은 분석관들은 판단을 유보하거나 동의하지 않았다. 정보공동체는 2002년 초여름까지 이에 대한 논의를 진행하면서 더 구체적 정보를 수집하려고 노력했다.

하지만 2002년 여름부터 정보기관의 이런 기조는 바뀌기 시작했고 급기야는 이라크가 화학무기와 생물학무기를 보유하고 있을 뿐만 아니라 핵무기 능력도 확보하기 바로 직전이라는 평가로 비약된다. 이런 정보기관 평가를 단적으로 나타내 주는 것이 2002년 10월 발표된 '이라크의 지속적 WMD 프로그램' 제하 국가정보판단서(NIE 2002-16HC)다. 이 보고서는 이라크가 500톤에 달하는 화학무기, 치명적인 생물성 병원체, 탄저균과 천연두균 등을 개발하는 이동식 생화학 실험실을 갖추고 있다고 주장했다. 게다가 이라크가 해외에서 핵물질마저 획득할 경우 1년 내에 핵무기도 갖게 될 것이라고 부언했다. 이후 정보기관들

2003년 2월 유엔 안보리에 출석해 이라크의 탄저균 샘플을 들고 설명하는 파월 국무장관

은 국가정보판단서의 판단을 더욱 사실로 만들어 주는 소위 '사탕발림 (sugarcoating)' 보고서를 올렸다. 이런 보고서들을 토대로 부시 대통령 은 이라크가 엄존하는 집합적 위협의 실체라고 주장하게 된다. 그리고 그해 12월 후속 국가정보판단서(NIE, National Intelligence Estimate)에서는 다음과 같이 더욱 분명한 결론을 도출한다.

이라크 대량살상무기 해체를 위한 지난 10여 차례의 국제사회 노력에도 불구, 이라크가 생물성 제재의 생산 능력을 대량으로 갖추고 생산 물질 을 은닉하는 등 생물학무기 프로그램을 공격적으로 확충해 오고 있다는 것이 새로 입수된 정보들을 통해 확인됐다. 우리는 이라크가 이미 밝혀진 생물학 제제의 생산 능력뿐만 아니라 세균성 및 독성 제제를 추가 생산할 수 있는 설비를 갖추려 하고 있는 것으로 판단하고 있다. 또한, 우리는 이라크가 페르시아 만 내에서 미국 및 동맹군의 안전을 위협할 수 있는 생물학무기 운반 수단(미사일)까지 갖추고 있는 것으로 평가하고 있다.

이런 정보 판단에 근거해 부시 대통령은 2003년 신년 시정연설에서 이라크의 대량살상무기 프로그램이 심각한 위협이라고 강조했다. 너무 늦기 전에, 더 적극적 조치가 필요함을 강조하기 위해 정보기관 일부의 반대에도 불구하고 사담 후세인이 아프리카 니제르Niger로부터 우라늄을 구입했다는 미확인 첩보까지 인용했다. 더 나아가 2003년 2월 파월Colin Luther Powel(1937~) 국무장관은 CIA 부장을 대동하고 유엔 안전보장이사회에 참석해 이라크의 대량살상무기 확보 의지가 너무나 분명해 의심할 여지가 전혀 없다고 주장했다.

그리고 한 달 후인 3월 20일 새벽 국제사회의 동의가 없는데도, 영국과 오스트레일리아군만을 상징적으로 포함시킨 채 미국은 일방적으로 이라크를 침공했다.

소수 불만 세력에 놀아난
인간정보 수집 활동

당초 이라크의 대량살상무기 프로그램을 미국에 처음 제기한 사람은 1995년 요르단으로 망명한 후세인 대통령의 사위 후세인 카멜Hussein Kamel이었다. 공화국수비대 엘리트 장교 출신으로 산업부 장관까지 역임하며 무기 개발을 담당했던 그는 이라크가 제1차 걸프전 이전에 대량살상무기 프로그램을 운용했다고 밝히면서 유엔사찰단과 CIA에 관련 자료와 위치정보를 제공했다. 그러면서도 그는 9월 22일 CNN과의 인터뷰에서 걸프전 후 대량살상무기 프로그램이 모두 폐기된 관계로 "본인이 자신 있게 말할 수 있는 것은 현재 이라크에 대량살상무기가 존재하지 않는다는 것이다"라고 강조했다. 하지만 당시 유엔사찰단은 후세인 대통령에게 은폐 대량살상무기 프로그램의 공개를 압박하기 위한 차원에서 그의 발언 중 과거의 대량살상무기 프로그램에 주로 초점을 맞췄다. 미국도 2003년 이라크 침공 시까지 과거 이라크의 대량살상무기 개발 책임자 증언이라면서 그의 발언을 자주 인용하면서도 자신들이 원하는 과거 부분에만 초점을 맞췄다.

이런 미국에 이라크 대량살상무기 관련 정보를 구미에 맞춰 제공해 준 조직이 당시 미국에서 활동하던 반反이라크 망명 단체인 INC(이라크국민회의, Iraqi National Congress)였다. 사실 INC는 걸프전 후 사담 후세인에 반대하는 여러 이라크 망명 세력이 결합해 1992년 조직했지만 CIA의 자금 지원을 받아 명맥을 겨우 유지해 오던 단체였다. 특히 INC 지도자로 선출된 찰라비Ahmad Chalabi(1944~2015)는 '네오콘neo-conservatives'으로 불리는 미국 정부 내 강경파들과 교류하면서 이들의 구미에 맞는 정보를 제공하기 위해 노력했다.

찰라비는 사담 후세인이 제거될 경우 자신이 금의환향해 정치적 야망을 펼칠 수 있다는 점을 염두에 두고 미국 정부 강경파들과 교류하

INC 의장인 찰라비(왼쪽)가 2003년 럼즈펠드 국방장관(가운데), 브레머 이라크 미군정 최고행정관과 이야기하는 모습

면서 후세인 정권을 가만 내버려 둬서는 안 된다는 논리를 설파했다. INC 소속 여러 단체와 인물 들은 자신들의 이해관계에 따라 서로 반목하기 일쑤였지만 후세인 정부의 전복을 바라는 입장에서는 서로 이해관계가 일치했다. 이런 배경에서 그들은 후세인 정권의 대량살상무기와 알카에다와의 연계 관계 등 여러 미확인 첩보를 미국에 전달했다. 대부분의 첩보가 결함투성이였지만 후세인 정권의 위험성에 대한 미국의 우려를 자아내기에는 충분했다. 더구나 첩보의 출처가 이라크인들이란 점은 미국 정부 내 강경파들을 더욱 솔깃하게 만들었다.

이라크 정세를 분석해 온 CIA는 그들의 첩보가 신빙성이 낮다고 대부분 일축했지만 국방부를 비롯한 일부 부처에서는 이들의 제보 내용을 무척 신뢰했다. 특히, 울포위츠Paul Dundes Wolfowitz(1943~) 국방부 부장관을 비롯한 네오콘들에게는 INC의 제보 내용이 CIA를 비롯한 정보기관들의 밋밋한 보고서보다 훨씬 설득력 있게 먹혀들었다. 강경파들은 무력 공격이 시작되기만 하면 이라크 내 반정부 단체들이 들고 일어날 것이라는 점과 전후 이라크 통치에서 INC가 무척 중요한 역할을 담당할 것이라는 점에 대해 이견이 없었다.(실제 이라크 해방 후 찰라비는 귀국해 석유부 장관과 부총리 등을 역임했다).

이런 상황에서 CIA는 2001년 10월 이탈리아 대외정보부(SISMI, Servizio per le Informazioni e la Sicurezza Militare)로부터 이라크가 아프리카 니제르에서 '옐로우 케이크yellow cake'으로 불리는 농축우라늄 500톤을 구입하려 했다는 첩보를 전달받는다. 2002년 9월에는 SISMI 부장이 직접 백악관을 방문해 이 첩보를 미국 측에 재차 전달했다. 이는 NSC를 비롯한 미국 지휘부가 이라크의 대량살상무기 프로그램에 대해 더욱 확신을 갖도록 만들었다. 그래서 DIA는 2002년 9월 정보평가서에서 "이라크가 우라늄 원광과 옐로우 케이크를 입수하기 위해 지속적으로 노력해 오고 있다"고 지적했다. 10월 발행된 정보공동체 명의 국가정보판단서에서도 이라크가 니제르와 아프리카 두 나라로부터 우라늄을 입수하기 위해 적극 노력하고 있다고 명시했다.

이런 정보에 대해 CIA 일부 분석관들은 가능성이 낮다고 평가했다. 2002년 초 정부 간부들이 니제르를 직접 방문해 니제르 우라늄이 이라크로 반출됐을 가능성이 없다는 내용을 확인하고 군 지휘부에 보고했지만 군은 이를 심각하게 받아들이지 않았다. 이라크전쟁이 끝난 후 그 첩보가 전직 이탈리아 정보기관 요원에 의해 조작된 것으로 확인됐지만 2002년 당시에는 이 첩보를 재고해 보려는 사람이 많지 않았다. 자신들이 확신하는 내용과 다른 정보에 대해서는 사실이더라도 신빙성을 부여하고 싶지 않았던 것이다.

그럴싸한 말장난에 놀아난 국가정보

보다 확실하게 미국의 구미에 맞는 첩보를 제공해 준 이는 1999년 11월 이라크에서 독일로 망명한, '커브볼Curveball'이란 암호명을 가진 사람이었다. 이라크에서 방송 분야 일을 하던 도중 공금횡령 혐의를 받아 관광 여권을 갖고 독일로 도피해 망명을 신청한 커브볼은 망명에 유리한 여건을 조성하기 위해 화학을 전공한 경험을 바탕으로 가상의 이야기를 만들었다. 독일 정보기관 심문 과정에서 자신이 이라크의 이동식 생물무기 연구 설비 제조 공장에서 엔지니어로 근무했다고 진술한 것이다. 자신이 방문한 생물무기 공장과 관련된 시설이나 인물에 대한 정보를 독일 연방정보국(BND, Bundesnachrichtendienst)에 그럴싸하게 진술했다. 특히, 이라크 대량살상무기 프로그램과 이동식 생물무기 실험 장비에 대해서는 관련 지식을 총동원해 거짓말을 했다. 그런 정보에 대한 대가로 독일 거주 허가를 받고 평생 일하지 않고 먹고 살 수 있을 정도의 돈도 벌게 되자 이제 거짓말을 되돌릴 수도 없었다.

커브볼로부터 이라크 대량살상무기 프로그램에 대한 정보를 입수한 독일 BND는 커브볼 진술 내용을 DIA에 전달했다. 커브볼의 정보를

DIA로부터 전달받은 CIA 분석관들은 내용의 신빙성에 의문을 제기하면서 커브볼에 대한 직접 신문이 필요하다고 결론 내리고 이를 BND에 요청했다. 특히, 그가 주장한 이동식 실험 장비의 구조와 시스템이 기존 정보와 일치하지 않고 진술에도 일관성이 부족하다는 점에 의문을 가졌다. 하지만 커브볼은 자신의 거짓 이야기가 누설될 것을 우려해 외국 정보기관과의 대화를 절대 원하지 않는다면서 면담을 거부했다.

커브볼의 진술 내용을 검증하지는 못했지만 미국 정보공동체는 2000년부터 그의 진술 내용을 대부분 사실로 받아들이기 시작했다. 이라크가 유엔사찰단의 사찰을 피하기 위해 이동식 차량을 이용해 생물학 제제를 만들고 있다는 내용이 정부 보고서에서 거의 기정사실로 받아들여진 것이다. 이라크 침공 직전인 2003년 2월 5일, 콜린 파월 국무장관이 유엔 안전보장이사회에 출석해 이라크 대량살상무기 프로그램의 위험성을 주장할 때에도 커브볼의 진술 내용은 가장 중요한 근거가 됐다.

당시 파월 장관은 커브볼 진술 내용을 바탕으로 이라크의 이동식 생물무기 연구 시설의 컴퓨터그래픽 이미지를 들고 나와 국제사회의 즉각적 대응을 촉구했다. 하지만 파월 장관이 주장한 이동식 생물무기 생산 시설은 이라크전쟁 후 조사한 결과 우유 저온살균 장치 및 수소 생산 트레일러로 밝혀졌다. 당시 이라크에서 활동 중인 유엔사찰단이 커브볼 제기 시설을 방문하고 그의 진술 내용에 신빙성이 부족하다는 문제를 제기하기도 했지만, 당시 미국은 이에 주의를 기울이지도 않았다.

이라크전쟁이 끝난 후 부시 대통령 지시로 조사위원회를 구성하고 정보공동체는 독일을 방문해 커브볼이 완전 사기꾼이자 거짓말쟁이

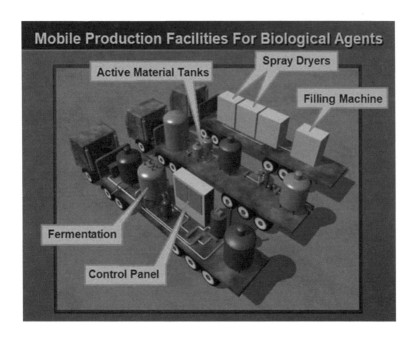

2003년 2월 파월 국무장관이 유엔 안보리에서 이라크의 이동식 생물학무기 생산 시설이라고 주장한 컴퓨터그래픽 이미지

란 사실을 확인했다. 하지만 이미 너무 늦은 상황이었다. 커브볼은 한참 후인 2011년 2월 언론 인터뷰에서 이라크 생물무기 프로그램에 대한 자기 진술이 거짓이었다고 실토했지만 미국 정보기관의 체면은 이미 땅에 떨어진 뒤였다.

그런데 재미있는 것은 커브볼이 자신의 거짓 진술이 이라크전쟁의 원인이 됐다는 사실에 놀라면서도 그런 거짓말로 인해 사담 후세인이 결국 축출됐다는 것에는 자부심을 느낀다고 진술한 것이다. 2011년 2월 15일, 영국 《가디언Guardian》 지와의 인터뷰에서 그는 본명을 알완

알자나비Rafid Ahmed Alwan al-Janabi로 밝히고 "그들이 기회를 제공해 줘 후세인 정권 타도를 위해 이라크 생물무기 트럭과 비밀 공장들에 대한 이야기를 꾸며 내 이용할 수 있었다"라고 언급했다. 엄청난 예산과 인원을 가진 미국 정보공동체가 한 사람의 어설픈 거짓말에 완전히 놀아났다는 것이 다시 한 번 공개되는 순간이었다. 미국 정보기관들 입장에서는 그가 미국 내 거주자라면 어떻게 해서든지 그의 입을 틀어막고 싶었을 것이다.

인지 함정에 빠진
정보 분석

세계에서 가장 많은 정보 예산을 쓰면서 강력한 해외정보 수집 능력을 자랑하는 CIA를 비롯한 미국 정보공동체는 왜 그렇게 이라크의 대량살상무기 문제를 제대로 분석하지 못했을까? 인간정보활동에서 몇 사람의 핵심 정보 제공자에게 어느 정도 의존했더라도 세계 최고의 과학기술정보 수집 수단을 갖고 있기 때문에 충분히 사전에 문제를 인식할 수 있었을 텐데도 말이다.

미국 NSA는 영국·캐나다·오스트레일리아·뉴질랜드 등 영어권 국가들과 공동으로 운영하는 에셜론이란 네트워크를 통해 전 세계의 거의 모든 유무선통신과 인터넷망을 감청한다. 이라크 침공 전 이라크군의 움직임이나 유엔사찰단 사찰에 대응하는 이라크 정부의 움직임에 대해 미국은 이런 통신정보를 통해서도 어느 정도 파악할 수 있었다. 예를 들어, 2002년 중반에는 이라크 정부 관리가 산하 부서들에 전달한, 유엔사찰단 도착과 관련해 "우리는 모든 것을 철수시켰고 아무것도 남아 있지 않다, 확실히 아무것도 없게 하라"고 지시하는 발언을 감청했다. 그리고 유엔사찰단이 후세인 대통령궁에 대한 사찰을 요구했을 때에는 이라크 관리들이 절대 내부 사찰을 허용할 수 없다면서 강력 반발하는 상황이 발생했다. 이라크 입장에서는 대통령궁에 대한 사찰이 자존심 문제였지만, 유엔사찰단 입장에서는 숨겨야 할 것이 없다면 군이 감추려고 하는 것 자체가 무척 이상하다고 판단할 수 있는 상황이었다. 이런 정황들을 바탕으로 미국은 이라크가 확실히 유엔사찰단을 기만하면서 대량살상무기 프로그램을 숨긴다고 더욱 확신하게 되었다.

게다가 위성 영상을 통해 확인한 정보에서도 대량살상무기 생산이나 저장으로 의심되는 시설들이 나타났다. 집중적 영상 수집을 통해 이라크가 그런 시설들을 무척이나 삼엄하게 경계하는 것을 보면서 미 정보기관들은 더 큰 의구심을 갖게 됐다. 그런 이유들로 인해 의회에서 이라크에 대한 무력 사용 허용 여부 투표를 하루 앞둔 2002년 10월 1일, '이라크의 지속적 WMD 프로그램' 제하의 국가정보판단서는 다음과 같이 결론을 내렸다.

우리는 이라크가 UN 결의 및 규제에도 불구하고 WMD 프로그램을 지속적으로 운용해 오고 있다고 판단한다. 사담 후세인 정부는 화학 및 생물학무기를 소유하고 있을 뿐만 아니라 UN이 금지한 사정거리 이상의 미사일 역량도 갖추고 있다. 만약, 이를 제지하지 않고 방치한다면 이라크는 향후 10년 내에 아마 핵무기까지 갖게 될 것이다.

하지만 이라크전쟁이 끝난 후 이라크 대량살상무기는 1991년 걸프전 이후 모두 폐기되어 당시에는 전혀 없던 것으로 밝혀졌다. 이라크 관료들이 "확실하게 아무것도 남기지 말라"고 지시한 것은 유엔사찰단의 요구에 순응하고 있음을 보여 주기 위한 이라크의 실제적 조치임에도 불구하고, 미국은 이를 애써 나쁜 방향으로 해석했다. 이라크가 대통령궁에 대한 수색 요구를 일종의 모욕으로 받아들이고 거부했는데도 미국은 이를 뭔가 숨기려는 의도라고 판단했다. 전쟁 후 확인해 보니 대량살상무기를 숨겼다고 의심됐던 시설은 군수품이나 문서 저장고 등으로 사용되고 있었다. 이런 시설을 드나들던 탱크로리 차량은 우유 저온살균 장치이거나 물을 운반하는 차량으로 확인됐다. 하지만 당시 미국은 이런 차량들이 생화학물질 정화제 운반 트럭이라고 속단했던 것이다.

이라크의 대량살상무기에 대해 모호한 첩보가 계속 난무하는 상황에서 정보기관 분석관들은 자기도 모르게 인지적 함정(cognitive trap)에 빠져 버렸다. 애매한 상황에서 가능한 나쁜 상황에 대비하려는 심리가 작용해 대량살상무기 존재 가능성이 크다고 판단한 것이다. 이런 편향된 사고는 중동 현지 문화에 대한 이해가 부족한 상황에서 후세인 정권의 배타적 태도에 자극받아 더욱 확고한 사실로 굳어졌다. 다른 문화권의 문제를 현지 시각으로 이해하기보다는 자신들의 잣대나 사고의 틀로 판단하는 '거울 이미지'의 함정에 빠진 것이다.

반대로, 이라크가 상황을 너무 안이하게 판단해 미국이 강수를 두도록 스스로 자초한 측면도 있다. 미국이 전쟁 준비를 착착 진행하고 있는데도, 미국과 무력 충돌까지 가지 않고 상황을 넘길 수 있다고 안이하게 판단한 것이다. 만약, 당시 사담 후세인이 상황의 심각성이나 미국의 확고한 의지를 인식했다면 자신이 축출되거나 죽게 되는 상황으로 방관하지는 않았을 것이다. 의심을 살 만한 대량살상무기 프로그램을 실제 가지고 있지 않다는 사실을 보다 적극적으로 해명했을 것이다.

이라크전쟁 후 미국과 이라크 두 나라 관계자들이 서로의 정보 실패를 확인할 수 있는 확실한 계기가 마련된 것은 2004년 6월이었다. 2003년 11월 이라크 북부에서 생포된 사담 후세인과 그의 고위 참모들을 FBI를 비롯한 미국 정부가 직접 심문한 것이다. 이 심문에서 후세인은 이라크의 대량살상무기 프로그램에 대해 거짓 선전전을 전개했다고 실토했다. 당시 미국을 어느 정도 고려하긴 했지만 보다 직접적으로는 숙적 이란이 자신들의 대량살상무기 프로그램을 우려하도록 만들고, 이란이 함부로 자신들을 얕보지 못하도록 하기 위해 연막전술을 전개했다는 것이다. 다시 말해 당시 이라크 지휘부로서는 미국에 대한 우려 못지않게 인접국 이란의 위협을 더욱 크게 의식했다는 것이다. 그래서 후세인 정부는 재래식무기뿐만 아니라 대량살상무기 측면에서도 모호성을 유지하는 전략을 계속 사용할 수밖에 없었다는 주장이다. 당시 이라크 지휘부의 이런 입장이나 심리 상태를 이해하지 못한 미국의 정보관들 입장에서는 타 문화권에 대한 정보 분석의 중요성과 어려움을 다시 한 번 절감해야 했던 순간이다.

정책 정당화에 이용당한
정보

이라크전쟁 후 미국의 싱크탱크인 카네기 국제평화재단
(Carnegie Endowment for International Peace)은 2004년 1월 보고서를 통해 "이라크가 WMD를 폐기 또는 이동했거나 은닉했을 가능성은 없다"고 평가하고, "부시 행정부가 이라크의 WMD 위협을 조직적으로 왜곡했다"고 결론을 내렸다. 부시 행정부가 정보를 정책 결정 과정에서 합리적 결정을 내리는 데 활용하기보다는 이미 결정한 정책을 정당화하고 국민들을 설득하는 데 의도적으로 이용했다는 것이다.

이라크전쟁 후 공개된 많은 자료들에 따르면, 미국은 아프가니스탄 전쟁이 시작된 지 얼마 지나지 않아 다음 공격 목표로 이라크를 이미 선정하고 시기만을 저울질한 것으로 나타났다. 럼즈펠드Donald Rumsfeld(1932~) 국방장관이 아프가니스탄전쟁 시작 3개월 후인 2001년 11월, 중동 지역을 관장하는 프랭크스Tommy Ray Franks(1945~) 중부군 사령관에게 전달한 메모에 따르면, 미 국방부는 군사작전의 중심을 아프가니스탄에서 이라크로 이미 옮기기 시작했다. 이 메모에서 럼즈펠드는 INC와 전후 처리 문제에 대해 공감대가 형성되었다고 설명했다. 아울러 미국이 이라크에 대한 전쟁을 시작할 명분으로 이라크 북부의 미군 보호 구역에 대한 이라크의 공격, 9·11테러와 이라크 간의 연계성, 또는 유엔사찰단과 이라크 간의 마찰 등을 활용해 볼 것을 제안하면서 군사작전 준비를 지시했다. 영국의 SIS 부장이 워싱턴 출장에서 이런 분위기를 감지하고 돌아와 2002년 7월 다음과 같은 내용을 토니 블레어Tony

Blair(1953~) 총리에게 보고할 정도였다.

　　미국 입장에 상당한 정책 변화가 있는 것으로 감지된다. 이라크에 대한
　　군사작전은 이제 불가피한 것으로 평가되고 있다. 부시 대통령은 이라
　　크를 WMD 및 테러리즘과 연계시켜 군사작전을 정당화하면서 후세인
　　을 제거하려 하고 있다. 이라크에 대한 정보 평가 및 사실들은 이런 부시
　　정부의 정책을 정당화하는 방향으로 의도적으로 맞춰지고 있다.

　이라크전쟁 후의 전후 처리 문제와 관련해서도, 부시 행정부 고위관
료들은 이라크 침공의 부정적 파장을 어느 정도 고려했다. 럼즈펠드 국
방장관이 2002년 10월 15일 작성해 국방부 고위간부들에게 돌렸다는
'눈송이(snowflake)' 메모는 이런 행정부의 우려를 잘 보여 준다. 이 메
모에서 럼즈펠드는 전쟁에서 이라크 민간인들의 희생이 생각보다 클
수 있고, 전쟁 후 대량살상무기 프로그램을 발견하지 못할 수도 있으며,
후세인 제거 후 이라크를 안정화시키는 데도 예상했던 2~4년보다 긴,
8~10년이 걸릴 수 있으며, 미국의 군사·경제적 부담으로 작용할 가능
성도 있다는 점을 우려했다. 그러면서 그는 국방부 산하 기관의 지휘관
들이 이런 부작용을 최소화할 수 있도록 적극 노력해 달라고 주문했다.
　하지만 부시 정부 내 강경파들은 이라크에 대한 군사 조치 이전에
이런 부정적 파장을 심사숙고해 일일이 대책을 마련하기보다는 일단
침공하고 관리하는 방안을 더 선호했다. 특히, 국제사회가 누차 지적한
것처럼 이라크 석유 자원에 대한 기대가 무척 크게 작용했다. 군사작
전에 성공한 후에 친미 임시정부가 될 INC를 이용해 몇 개월 내에 석

유 시설을 재가동함으로써 막대한 재정수입을 창출할 수 있다고 예상했다. 또한 재정수입을 통해 국가 재건에 대한 이라크 국민들의 적극적 호응도 얻을 수 있다고 판단했다. 이라크전쟁 후 직면하게 될 이슬람 종파 간의 분쟁, 반대파들의 불복종이나 게릴라전, 이라크 국민들의 민족주의적 저항 등은 부차적 문제로 생각하며 별로 주의를 기울이지 않았다. 희망적 기대가 너무 앞섰고 자신감이 충만했기 때문이다.

정책을 결정하는 고위관리들이 이런 인식을 갖고 있는 상황에서 각종 첩보를 객관적으로 검증해 신중히 판단하려는 정보기관 분석관들의 입장은 존중되기 어려웠다. 고위관료들이 9·11테러 후 높아진 대량살상무기에 대한 국민적 우려와 알카에다의 위협을 부각시켜 대테러 전쟁에서 승리하는 데 정책적 우선순위를 두었기 때문이다. 이런 상황에서 고위관료들은 정보기관이 판단한 정보를 정책 결정 과정에 활용하면서도 자신들이 원하는 부분만 선별해 수용하는 소위 '체리 따기(cherry-picking)'를 일삼았다. 그뿐만 아니라 국방부 네오콘들은 정보기관의 미지근한 지원이나 판단 정보에 만족하지 못하고 국방부에 별도의 대테러정책평가그룹(the Policy Counterterrorism Evaluation Group)을 만들어 운용하기도 했다. 이 평가그룹은 사담 후세인 정권과 알카에다 간의 연계성을 입증하는 데 주력했지만 사실상 전쟁 찬성론자들의 선전기관 역할을 수행했다. 더 직접적으로는 CIA 등 정보공동체가 이라크와 알카에다 간의 협력 실태를 제대로 직시하지 못한다고 힐난하면서 입맛에 맞는 정보를 생산하도록 압력을 넣었다.

이라크전쟁 후 의회의 조사 과정에서 다양한 요인들이 정보 실패의 원인으로 지적됐다. 정보공동체의 조잡한 분석 기법, 첩보 관리 역량의 부실, 정책 결정권자들의 정보기관에 대한 암묵적 압력, 정보의 정치화 등이다. 하지만 가장 초점이 맞춰진 부분은 안보 정책 결정 과정에서 정보가 핵심적 판단 근거가 되지 못하고, 정책 결정권자들에 의해 이미 결정된 정책을 홍보하는 데 동원됐다는 점이다. 다시 말해, 정보의 정치화로 인해 심각한 정보 실패가 발생했다는 것이다.

이에 대해, 부시 행정부는 이라크 대량살상무기에 대한 인식을 전임 클린턴 행정부와 민주당이 장악한 국회, 그리고 서방 정부 및 정보기관들과 기본적으로 공유했기 때문에 의도적 조작은 결코 아니라고 항변했다. 그러면서도 이라크 대량살상무기에 대한 정보기관의 보고가 이라크전쟁을 수행하기로 결심한 최고 수뇌부의 정책 결정을 번복하지는 못했다고 인정했다. 다시 말해, 후세인 축출이 가져올 중동의 정치 지형 구조에 대한 변화, 중동 지역 내 자유주의 사조의 주입, 석유 등 경제적 이권의 재편 등 눈앞의 정치적 목표 달성을 정당화하는 데 정보가 의도적으로 활용됐다는 점을 인정한 셈이다.

결론적으로 이라크 대량살상무기 프로그램에 대한 정보 실패는 CIA를 비롯한 정보공동체의 실패라기보다 부시 행정부 네오콘들이 정책을 정당화해 추진하는 데 정보를 이용한 '정보의 정치화(politicization of intelligence)'였다. 정보 실패의 귀책사유가 정보기관에 있다기보다는 정보를 사용하는 고위 정책 결정권자들에게 더 많다고 할 수 있다.

물론 정보기관들도 정책 결정권자의 잘못된 정책 결정을 시정할 수 있는 정보 보고를 하지 못했다는 책임에서 결코 자유로울 수는 없다. 그래서 CIA 테닛 부장은 정보 실패에 대한 책임을 지고 2004년 6월 사임해야 했다. 명목상으로는 '일신상 이유'를 내세웠지만, 사실은 정보 실패에 대한 비난 여론을 잠재우고 럼즈펠드 국방장관과 부시 대통령에 대한 비난으로 상황이 악화되는 것을 막으려는 조치였다. 정보 실패가 발생할 경우, 책임 소재와는 상관없이 비난의 화살을 정보기관이 떠안아야 한다는 현실을 다시 한 번 확인해 주는 사건이었다. 하지만 그의 사임에도 불구하고, 엄청난 희생과 막대한 비용을 지불하고 받아든 이라크전쟁의 허망한 결과에 대해서는 어느 누구도 책임지고 사과하지 않았다. 2003년 2월 유엔 안보리에서 이라크 침공의 불가피성을 역설했던 미국은 이후 국제사회에 어떤 공식적 사과문도 내놓지 않았다. 참으로 무책임하고 허망한 부시 행정부 정보 실패의 결말이었다.

이라크전쟁 당시 우리나라도 미국의 파병 요청에 따라 2003년 5월 전후 복구와 의료 지원을 명분으로 서희부대와 제마부대를 파병했다. 전쟁 후 치안 유지에 어려움을 겪던 미국이 또 다시 전투병 파병을 요청했을 때인 2004년 8월, 약 3000명으로 구성된 자이툰부대를 파병하기도 했다. 당시 시민단체는 우리 젊은이들을 미국의 명분 없는 전쟁이자 사지로 내모는 일은 절대 용납할 수 없다며 강력 반발했다. 반면, 일부 보수단체는 한미동맹 강화 차원에서 미국의 요청대로 독자적 작전 수행 능력을 갖춘 대규모 전투부대 파병이 바람직하다고 주장했다. 양쪽의 주장이 팽팽하게 대립하는 가운데 노무현 정부는 파병 부대를 평화 재건 임무로 제한하고 활동 지역도 위험이 덜한 북부 쿠르드족 자치주 아르빌Arbil로 선정해 파병했다. 덕분에 자이툰부대는 2008년 12월 완전 철수할 때까지 별다른 인명 피해 없이 무사히 평화 재건 임무를 마칠 수 있었다. 한미동맹 정신을 살리면서도 미국의 명분 없는 전쟁에 개입해 피를 흘리는 아픔도 피해갈 수 있던 우리 정부의 바람직한 대응이었다.

정 보 의
성공·실패
요인과 과제

3

인류의 역사는 전쟁의 역사다. 그리고 시대를 막론하고 모든 전쟁에서 정보는 어떤 형태로든 승패를 좌우하는 핵심 역할을 수행해 왔다. 적을 제대로 이해하고, 적이 무엇을 준비하고 있으며, 어떤 능력을 갖고 있는지 아는 것은 엄청난 도움을 주기 때문이다. 또한 이길 수 있는 전략·전술을 도출하고 전쟁을 승리로 이끌 수 있는 지식을 제공하기 때문이다.

물론 정보가 전쟁 승리의 충분조건은 아니다. 적이 어떤 역량을 갖고 있고 현재 무엇을 하려는지에 대한 사전 지식 자체가 승리를 보장할 수도 없다. 아무리 좋은 정보라도 지휘관의 의문과 불안감을 완벽히 해소해 주지 못하며 문제를 말끔히 해결하는 비책을 제공해 주지도 못한다. 정보는 효율적·합리적 작전을 수행할 수 있는 지식을 제공함으로써 전쟁 승리에 기여하는 부차적인 것이기 때문이다. 전쟁이란 궁극적으로 생각이 아니라 행위고, 머릿속에서 진행되는 지적인 활동이 아니라 폭력이 동반되는 가장 치열한 형태의 물리적 충돌이기 때문이다.

하지만 인간은 정치적 목적 달성을 위해 전쟁을 수행하면서도 최소의 희생으로 최대의 효과를 추구하는 이성적 존재다. 여기서 정보는 적에 대한 지식, 즉 희생을 줄이는 합리적 판단과 바람직한 대응책을 강구할 수 있도록 해 준다. 승리를 보장해 주지는 않더라도 적절한 정보 없이는 전쟁에서의 희생을 감당할 수 없고 승리를 달성할 수도 없다. 정보는 전쟁 승리를 위한 충분조건은 아니지만 핵심 필요조건이다.

특히 적이 누구인지 언제 어디서 어떻게 공격할지 예측이 어려운 21세기 정보전쟁 시대에는 이런 정보의 역할이 더욱 중요하다. 향후 더 치열해질 것으로 예상되는 미래 정보전쟁에서도 정보는 계속 중요한 역할을 차지할 것이다. 따라서 역사 속에서 정보가 어떤 역할을 수행해 왔는지를 살펴보고 앞으로 어떤 준비가 필요할지 점검해 보는 것은 미래 정보전쟁을 대비하는 첫걸음이 될 것이다.

전쟁과 정보

전쟁과 정보활동

인류 역사에서 전쟁은 크게 세 단계 과정을 거쳐 진화했다. 농업혁명 시대 전쟁은 정보에 기반한 전사들 간의 투쟁 형태로 전개됐다. 산업혁명이 도래하면서 전쟁은 대량 파괴를 특징으로 하는 형태로 변화했다. 근대국가의 출현과 함께 대규모 군사력 동원이 가능해지면서 자신들의 사회를 보호·확장하기 위해 대량 살상을 동반한 전쟁으로 발전했고 횟수도 더욱 빈번해졌다. 그러다가 정보화 시대가 도래하면서 전쟁은 정보전쟁 형태로 빠르게 변화하고 있다. 전쟁에서 적을 이긴다는 것의 궁극적 의미가 이제 더 이상의 물리적 대량 살상이 아니라 핵심 데이터와 자산의 불능화를 포함한 우세 확보에 초점이 맞춰지고 있다. 정보의 우세를 통해 싸우지 않고 승리하거나 최소한의 희생으로 최대의 효과를 거두는 것이 중요한 목표로 자리 잡게 된 것이다. 물론 이런 정보전쟁이 아직 산업화 시대 군대를 보유한 국가에는 제한적으로 적용되는 것이 사실이지만, 정보화의 확산과 함께 미래 전쟁에서 정보는 더욱 중요한 영역을 차지할 것이다.

전쟁 양상의 변화와 함께 군사정보활동도 시대와 과학기술, 전쟁 양상 변화에 따라 변화·발전되었다. 고대나 중세의 전투에서는 지휘관이 자신의 시야에 있는 병력만 잘 지휘하면 승리가 가능했다. 원거리에 떨어진 병력을 지휘하고 싶어도 사실상 불가능했기 때문에 시야에 있는, 통솔 가능한 병력만으로 싸워야 했다. 하지만 19세기 중반 철도와 텔레그래프telegraph가 출현하면서부터 전장의 범위는 과거와 비교가 되지 않을 정도로 확대됐다. 그러면서 전쟁 지휘부는 이제 병사들과 함께 이동하지 않고도 텔레그래프로 원거리 병력을 지휘하고, 철로를 이용해 필요한 지역에 병력을 신속히 이동시킴으로써 상황에 신속히 대응했다. 군사력을 필요에 따라 집중·분산시키면서 국가의 전략 목표에 따른 전략 자산의 운용이 가능해지고, 또 그것이 승패를 가르는 중요한 역할을 수행하게 된 것이다. 이에 따라 단순한 전장 상황에 대한 정보를 넘어 보다 차원 높은 정보가 요구되기 시작했다. 전투 현장 지휘관의 판단을 지원하는 정보도 필요하지만, 전체 전쟁 상황을 총체적으로 평가하고 합리적·전략적으로 대응함으로써 승리로 이끄는 데 필요한 전략정보 서비스의 역할이 중요해진 것이다. 이에 따라 서구 선진국을 중심으로 군 지휘부에 총참모부 제도가 만들어지기 시작하고 그중에서도 정보가 점점 중요한 영역으로 자리 잡았다.

제1차 세계대전 기간에는 무선통신이 정보의 중요한 소통 수단이자 수집 수단으로 본격 등장했다. 지상전은 물론이고 해군 함대의 운용에서 무선통신은 해전의 양상 자체를 획기적으로 변화시켰다. 시각신호에 의존하던 기존의 군 지휘 체제가 라디오 통신을 활용함으로써 작전 범위와 효율성 측면에서 획기적으로 발전했다. 하지만 무선통신의 광범위한 사용은 자신의 움직임을 적에게 손쉽게 노출시키는 부작용도 초래했다. 과거처럼 정보원을 적지에 보내지 않고 적으로부터 발신된 전파만 감청·해독해도 정보 수집이 가능해진 것이다. 이에 적에게 자신의 통신 내용을 숨기고 적을 잘못된 방향으로 유도하기 위한 암호기술과 기만정보활동도 함께 발전했다. 무선통신의 양이 방대해지면서 이를 체계적으로 수집·분석해 대응하는 조직적 역량도 중요해졌다. 또한 정보 수집을 통해 전장에서 실시간으로 활용함으로써 전쟁을 유리하게 이끄는 실시간 정보처리 능력의 구비가 중요해졌다. 이에 따라 단순한 수집 위주의 정보 조직으로는 처리하기 어려운 상황이 전개되면서 각국은 정보 업무를 보다 전문화된 영역으로 발전시켜 나가기 시작했다.

제2차 세계대전은 정보가 전쟁의 판도를 바꾸는 중요한 요소임을 증명하면서 정보전이 더욱 치열하게 전개되는 계기가 됐다. 무선통신뿐만 아니라 레이다와 음파탐지기, 고주파 방향탐지기 등 정보통신기술이 광범위하게 활용되면서 실시간 정보가 전장의 판세에 더욱 더 중요한 영향을 미치기 시작했다. 대서양 전선에서는 독일의 에니그마암호를 해독한 연합국이 독일의 무제한 잠수함 작전을 극복하고 노르망디상륙작전을 성공시키는 등 전쟁을 유리한 방향으로 이끌었다. 태평양 전선에서는 미국이 일본 해군의 암호 해독을 바탕으로 1942년 6월 미드웨이해전을 승리로 이끌고 이듬해 적장 야마모토 이소로쿠 제독마저 제거하는 등 전쟁의 승기를 확실하게 굳혔다.

또한, 단순한 정보 수집이 아니라 적을 속이고 이간질시키며 역용하는 등 정보활동이 더욱 복잡·다양하게 발전하는 계기가 되기도 했다. 정보통신기술의 발전과 더불어 정보 수집 능력이 비약적으로 향상되면서 각국에서 정보 조직이 더욱 확대·전문화되는 계기가 됐다. 그동안 군 내부의 한 조직이나 기관에서 수행하던 정보 업무가 군사정보, 보안·방첩정보, 해외정보, 통신정보, 영상정보 등으로 더욱 세분화되어 전문기관으로 발전하기 시작한 것이다. 이에 대부분의 국가에서는 전문 국가정보기관을 별도로 설립해 정보를 정부 조직의 공식 편제에 넣거나 최고 통치권자의 직속 기관으로 만들어 정보를 국가안보의 중요한 영역으로 발전시켰다.

냉전 기간에는 정보가 상대방의 적대적 행동을 억지하고 방어하는데 좀 더 적극적으로 활용됐다. 핵무기와 화학무기 등 대량살상무기의 출현으로 무기 체계의 파괴력이 획기적으로 커진 상황에서 정보는 공포의 균형을 유지함으로써 냉전이 열전으로 확대되지 않고 유지될 수 있도록 하는 핵심 역할을 수행했다. 이 기간에는 적에 대한 정보활동을 통해 자국 안보에 부정적으로 작용할 사안을 사전에 대응하기 위한 정보전쟁이 그 어느 때보다 치열하게 전개됐다. 1962년 U-2기 정찰정보를 바탕으로 쿠바 미사일 위기를 유리한 방향으로 극복한 미국 케네디 행정부의 사례나 이후 미·소 간 전개된 각종 간첩 사건들이 이러한 정보전쟁의 강도를 말해 준다. 정보가 전쟁에서 승리하기 위한 것뿐만 아니라 평시에도 전쟁을 억지하고 위기를 관리하는 차원에서 더욱 중요한 역할을 담당하게 된 것이다. 이에 따라 정보의 수집뿐만 아니라 적의 역량과 의도 변화를 종합적으로 분석·평가해 위기가 노정되기 전에 선제 대응하는 정보 분석의 역할이 점점 중요한 영역으로 자리 잡았다.

냉전 이후에는 안보 개념이 군사 중심에서 경제와 과학기술 영역으로 확대되면서 정보활동의 대상도 더욱 확대되었다. 특히, 9·11테러 이후 대테러 영역이 중요한 정보활동의 한 축으로 등장했다. 냉전 기간 동안 형성된 적과 전선에 대한 개념이 더 이상 적용되지 않을 정도로 새로운 안보 상황이 조성되면서 군복을 입지 않은 내부의 적과 잠재적 적들에 대한 대응이 점점 중요해진 것이다.

특히, 과거 국가 간 전쟁에서 존재하던 최소한의 도덕적 정당성마저 포기한 채 핵·화학무기까지 무차별적으로 사용하는 '메가테러리즘 mega-terrorism or super-terrorism'이 국가안보의 심각한 위협으로 대두되었다. 또한, 정보통신기술의 획기적 발전과 인터넷의 보편적 활용에 따라 사이버 분야 정보전도 더욱 치열한 양상을 보이고 있다. 국경 없는 인터넷 가상공간이 무한정 확대되면서 국가 간의 정보전뿐만 아니라 개인·기업·단체 등이 복합적으로 참여하는 정보 게임이 복합적·다층적으로 전개되고 있는 셈이다. 단순한 정보 유통을 넘어 민간 영역에서도 각자의 이해관계에 따른 공격과 방어가 치열하게 전개됨으로써 총체적 국가안보의 중요한 전선으로 사이버 영역이 부상하고 있다.

이런 다양한 형태의 전쟁을 위해 다방면에서 수행되는 정보활동은 크게 다음과 같이 세 차원으로 분류할 수 있다. 첫째, 전장(battlefield)에 대한 정보활동이다. 특정 지역이나 공격 목표를 관할하는 적에 대한 정보활동이다. 예를 들면, 특정 요새나 시설을 어떤 병력이 방어하고 누가 지휘하는지, 관할 병력의 사기나 능력은 어느 정도인지, 현장의 지형·지물은 어떻게 구성되고 어떤 특징이 있는지, 해당 지역의 탱크나 화력 장비는 어느 정도이고 유사시 얼마나 더 동원 가능한지 등의 현장 정보를 말한다.

둘째, 전술적 차원의 정보활동이다. 특정 전투나 군사작전과 관련해 필요한 정보활동을 말한다. 예를 들면, 작전 대상 목표와 그 부대의 능력, 보유 무기·장비의 현황과 제원, 보급로의 구성과 보급 시설 위치, 접근 도로나 다리의 여건, 현재 상태 등의 정보다. 이러한 전술정보는 나폴레옹 시대의 전쟁처럼 중세와 근대 전쟁에서 특히 중요한 역할을 수행했다. 1차 대전 시 유틀란트Jutland해전이나 2차 대전 시 미드웨이해전처럼 적의 함대 구성이 어떻게 되고 어떤 항로를 택해 어떤 방식으로 공격할지를 아는 것이 승패를 가르는 중요한 요소가 된 사례가 여기에 해당한다.

셋째, 전략적 차원의 정보활동이다. 특정 전투 현장이나 전쟁 대상 부대에 해당되는 정보보다 전체 전쟁 지역이나 해당 국가, 동맹의 움직임, 특히 적국의 총체적 능력과 의도에 관한 정보로서 가장 높은 수준의 정보활동을 말한다. 이러한 전략정보는 과학기술과 사회가 발전하면서 전쟁에 동원되는 인원과 장비의 수, 무기 체계의 파괴력 등이 증가하고, 대응 수단도 군사력 위주에서 경제·외교·문화 등 다양한 영역을 함께 동반하게 됨에 따라 더욱 중요해졌다. 전쟁 상대국의 군사·외교·경제력을 포함한 총체적 역량과 의도를 정확히 파악하고 대응하는 전략적 차원의 정보활동이 더욱 중요해진 것이다.

이와 같은 세 차원의 정보활동이 시대 변화와 과학기술의 발전, 전쟁 양상의 변화와 함께 정보의 중점 영역을 변화시키고 있다. 중세 이전에는 전장에 대한 정보가 무척 중요했지만 현대에는 전략적 차원의 정보활동이 더욱 중요해질 수밖에 없는 이유가 여기에 있다. 특히, 냉전이 종료된 현대에 정보는 안보 개념의 확대와 함께 더욱 복잡하고 다양한 영역으로 확대되었다. 위협을 느끼는 대상이 다양해지고, 국가 간 경쟁의 패러다임이 안보 중심에서 경제·기술과 같은 영역으로 빠르게 확대되면서, 군사정보 중심에서 과학기술·테러·에너지·환경 등의 분야로 더욱 확대되고 있기 때문이다.

정보 수집 수단의
진화

정보는 수집 방법에 따라 크게 인간정보, 기술정보, 공개출처정보로 분류된다. 먼저, 인간정보활동은 흔히 'HUMINT'라고 불리는데, 정보원이나 첩자에 의해 정보를 수집하는 방식으로서 인류 역사와 함께 성장해 온 가장 오래된 정보활동이다. 이러한 방식으로 수집된 정보는 훔치거나 복사한 적의 문건, 전달받은 사실, 현장에서 파악한 내용 등 형태가 다양하다. 다른 어떤 수단보다도 적의 의도와 능력을 효율적으로 파악할 수 있다는 장점이 있지만, 음모와 배신·협박·속임수 등 각종 술수가 동원되는 불신의 영역이기도 하다. 또한, 대부분 적지에 들어가 입수해야 하므로 엄청난 위험을 감수해야 한다. 특히, 전쟁 시 인간정보활동의 위험성은 더욱 커진다. 앞의 사례에서 살펴봤듯이 2차 대전 시 일본이 러시아 간첩 조르게를 붙잡아 교수형에 처하고, 3차 중동전쟁 직전 시리아가 이스라엘 모사드의 정보 요원 코헨을 체포해 가차 없이 교수형에 처한 사례들이 이를 말해 준다. 그동안 영화나 TV에서 무척 폼 나는 활동으로 소개되어 대중들이 잘못 이해하는 분야이기도 하지만, 중요한 만큼 위험성이 큰 활동이다.

두 번째는 과학기술의 발달과 함께 중요성을 더해 가고 있는 기술정보활동이다. 흔히 'TECHINT'라고도 불리며, 항공기·인공위성·인터넷·도청 장치·레이다·레이저 등 각종 과학기술 장비를 동원해 정보를 수집하는 활동이다. 제1차 세계대전 시 항공기가 전쟁에 이용되면서 항공정찰이 적의 배치와 이동 상황을 파악하는 중요 수단으로 사용되기 시작했고, 제2차 세계대전 때 정찰과 사진 촬영을 목적으로 하는 항공기가 별도 제작되어 활용되기 시작했다. 냉전 시에는 훨씬 높은 고도에서 고성능 카메라로 촬영이 가능한 SR-71, U-2, MIG-25 등의 정찰기가 사용되었다. 현대에는 인공위성을 이용한 위성정찰이 보편적으로 활용되는 가운데 각종 무인항공기까지 동원한 전 방위적 정보활동이 이루어지고 있다. 이러한 영상과 이미지를 통한 정보 수집 이외에 또 다른 중요 기술정보 수집 활동 중 하나가 바로 통신·신호정보활동이다. 이는 모든 과학기술 장비가 누출할 수밖에 없는 각종 전파나 데이터를 탐지해 활용하는 것이다. 2차 대전 시 무선통신과 레이다 장비가 대량 확산된 것을 계기로 중요한 정보 수집 수단으로 사용되고 있다. 현대에는 컴퓨터나 정보통신 네트워크 기술 발달과 함께 인터넷과 휴대전화 감청을 통한 정보 또한 중요하게 활용되고 있다.

세 번째로는 오늘날 더욱 중요성이 더해 가고 있는 공개출처정보(Open Source Information)다. 영문 머리글자를 따서 'OSINT'라고도 불리는데 신문, 방송, 인터넷, 유료 정보지, 학술지, 국제회의 등 공개된 출처로부터 수집한 정보를 말한다. 이러한 공개출처정보는 언제 어디서나 쉽게 얻을 수 있다는 장점이 있다. 오늘날 국제사회가 점점 민주화·세계화·정보화·제도화되면서 과거처럼 위험한 비밀정보활동을 통하지 않고도 얻을 수 있는 정보의 양이 많아졌기 때문이다.

그래서 우리는 흔히 비밀정보활동이 이제 더 이상 필요치 않다고 생각하기 쉽다. 하지만 정말 중요하고 우리가 필요로 하는 핵심정보는 공개되지 않는다는 점을 인식할 필요가 있다. 적은 우리가 알고 싶어 하는 정보를 감추거나 의도를 숨기면서 상대방을 속이는 거짓정보를 일부러 흘리는 경우가 많다. 정보의 홍수 속에서도 비밀정보활동이 계속 필요할 수밖에 없는 이유다. 또한 공개정보는 양이 방대하기 때문에 비교·분석을 통해 의미 있는 내용으로 전환하는 분석 작업을 거치지 않으면 활용하기 어렵다. 공개정보 속에는 사실과는 거리가 멀고 의도적으로 조작했거나 무의미한 정보들도 비일비재하기 때문이다.

정보의 수집 수단이 다양해지고 사회가 복잡해지면서 적에 대한 정보도 의미 있는 내용이 되려면 오랜 기간 수집·비교·분석·평가하는 과정을 거쳐야 한다. 정보 수집 수단의 발달 못지않게 자신의 행동이나 의도를 상대에게 노출시키지 않도록 하는 기술도 발전하고 적을 속이기 위한 기술도 나날이 발전하고 있기 때문이다. 설령 중요해 보이는 정보를 입수했더라도 정말 믿을 수 있는 정보인지를 확신할 수 없기 때문에 곧바로 사용하기보다는 전문가의 영역에서 다각도로 분석·평가해야 한다.

그런 반면에 사회가 발전하면서 특정 국가나 사회 내에서 장기간에 걸쳐 점진적으로 변화하는 경제·사회적 요인들을 분석해 변화를 예측하는 일은 더욱 어려워졌다. 이런 이유로 냉전 이후 정보기관들은 엄청난 인력과 예산에도 불구하고 종종 중요 의제를 예측하는 데 실패했다고 비난받는다. 특히 베를린 장벽과 소련 체제의 붕괴, 이슬람 급진주의 세력의 대두, 2008년 금융 위기 등 사회의 중요한 변화를 사전에 충분히 예측하거나 경고하지 못했다는 지적이 많다. 분석과 예측의 어려움은 21세기 정보전쟁에서 더욱 두드러지는 현상이 될 것이다. 정보기관들이 빠르게 변화하는 안보 환경에 맞춰 역량을 전략적으로 배치하고 조직과 인원을 더욱 전문화해야 하는 이유다.

21세기
정보 환경의 변화

냉전체제가 종식된 21세기 들어 안보 환경은 과거와 다른 양상을 보이고 있다. 전통적 군사 안보 중심에서 포괄 안보 중심으로 확장됨으로써 경제 및 과학기술, 산업 보안, 국제 테러, 환경 등 비군사 영역이 국가안보에서 점점 중요한 자리를 차지하고 있다. 위협이라고 느끼는 가치와 대상이 점점 확대되면서 국가가 지키고 보호해야 할 요소도 점점 많아지고 있는 것이다. 이에 따라 정보의 영역과 대상, 정보기관의 기능에 이르기까지 정보의 생태계 자체도 계속 바뀌고 있다. 그리고 안보 환경의 변화 속도도 세계화·정보화·민주화가 가속화되면서 더욱 빨라지고 있다.

탈냉전 이후 가속화되는 세계화는 대량살상무기, 사이버 범죄, 민족

분쟁, 테러리즘, 마약 밀매, 환경 파괴, 전염병 확산 등 초국가적 위협의 범위와 유형을 빠르게 확대시켰다. 이러한 초국가적 위협은 개인과 이익집단, 다국적 기업, 테러리스트 등 각종 비국가 행위자들이 주도해 만들어 내므로, 과거 국가 중심의 전통적 위협과는 양상이 다르다. 이는 국가정보의 수집과 분석 대상이 과거보다 훨씬 확대되고 있음을 의미한다. 동시에 국가정보의 역량이 분산됨으로써 정보 생산의 효율성이 쉽게 저하될 수 있는 위험성을 내포하고 있다. 따라서 정보기관이 전략적으로 역량을 안배해 변화된 목표에 효율적으로 대응해야 하는 필요성이 높아졌다.

컴퓨터와 정보통신 네트워크의 비약적 발전에 따른 정보화도 21세기 안보 환경 변화를 가속화시키는 중요한 요소다. 정보통신의 비약적 발달로 국경 없는 가상세계에서의 활동이 많아져 전통적 의미의 국가 간 경계는 희석되었다. 인터넷을 통한 정보의 폭과 깊이가 날로 확대되어 이제 정보기관조차 전통적 방식의 비밀활동보다 공개정보활동을 통해 원하는 정보를 더 많이 얻을 수 있다. 이에 따라 그동안 정보기관에 의존하던 정보 사용자들도 독자적으로 특정 사안에 대한 정보를 나름대로 평가하고 판단할 수 있다. 정보기관들이 비밀정보 생산을 통해 정보 사용자들의 정보 채널을 독점하는 구조가 더 이상 가능하지 않게 된 셈이다. 이러한 정보화와 경쟁적 정보 출처의 확대로 정보기관들도 신뢰성 있는 정보 생산을 위해 부단히 노력하지 않으면 외면당하거나 도태될 수밖에 없다.

민주화도 21세기 안보와 정보 환경을 변화시키는 중요한 기폭제다. 민주화가 심화되면서 정부의 안보 정책에 대한 여론의 견제는 날로 강화되었다. 정부의 비밀성을 견제하는 의회의 정보기관 감시가 강화되었으며 안보 정책에 대한 언론의 감시와 일반 대중의 관심도 증가해 정보기관의 활동을 제약하고 있다. 국가안보와 정보기관 특수성을 내세워 그동안 수행하던 비밀활동이나 일부 비합법활동들이 이제는 민주적 통제 아래에서만 가능해지면서 정보기관의 활동은 더욱 어려워졌다. 그런데 비밀과 보안을 생명으로 하는 정보기관의 특성상 정당한 활동조차도 민주적 가치와 인권에 위협이 된다고 오해를 받기도 한다. 따라서 아무리 좋은 목적을 가진 정보활동이더라도 민주적 가치와 인권을 최대한 존중하는 방식으로 수행되어야 한다. 민주국가에서 국민의 신뢰와 지지 없이 국가 정보기관이 합리적 존립의 근거를 확보할 수는 없기 때문이다.

세계화·정보화·민주화는 21세기 국가안보 환경을 빠르게 변화시키면서 과거와는 다른 새로운 형태의 위협을 야기하고 있다. 국가안보나 국익을 침해하는 위협의 주체가 다양해져 위협의 진단과 대처도 과거보다 훨씬 불확실한 상황 속에서 이루어질 수밖에 없다. 안보를 위협하는 요소에서도 핵전쟁이나 대규모 군사적 충돌보다 테러나 대량살상무기 확산과 같은 비대칭 위험이 더욱 중요해졌다. 위협의 주체도 과거에는 적국 중심이었으나 이제는 테러 단체를 포함한 비국가 행위자들로 확대되었다. 과거처럼 국경선을 잘 지킨다고 안보가 확보되는 것이 아니라 국내·외에 산재한, 보이지 않는 적들도 상대해야 하는 상황이 된 것이다. 국가 간 경쟁에서 경제와 과학기술 영역이 차지하는 비중이 점점 커지면서 국가경쟁력을 결정하는 금융 및 과학기술, 에너지, 환경 같은 요소들이 국가안보에서 점점 중요한 영역을 차지하고 있다.

이러한 안보 환경 변화와 함께 안보 목표를 달성하기 위한 정보활동에도 많은 변화가 요구된다. 국가안보의 핵심적 과제로서 전쟁에서 승리하는 것 못지않게 전쟁을 사전에 예방하고 억지하는 것이 중요해졌다. 무기 체계의 획기적 발달로 과거처럼 전쟁의 승자가 모든 것을 독식하는 구조가 아니라, 승리하더라도 결국은 손해를 보는 상처뿐인 영광이 될 수 있기 때문이다. 따라서 정보활동의 목표도 국가안보의 위기 징후를 모니터링하고 이를 억지·관리하는 데 보다 중점을 둘 수밖에 없다.

더욱 치열해지는
사이버전

21세기의 안보 환경에서 특히 괄목할 만한 현상 중 하나는 정보화와 세계화의 획기적 진전으로 인해 사이버 분야에서 국가 간의 정보전이 치열하게 전개된다는 점이다. 컴퓨터와 정보통신기술이 발전하면서 오늘날 국가의 모든 체계적 대응 시스템은 컴퓨터에 의해 운용·통제된다. 이런 현상은 시간이 갈수록 더욱 확대되는 추세다. 국가안보 영역에서도 위기 발생 시 국가 역량을 신속히 동원하고 효율적으로 대응하기 위해 사이버 영역에 대한 의존을 더욱 확대해 나가고 있다. 그런 반면, 반대 세력 입장에서 해당국에 대한 정보활동에서 사이버 영역은 비용 대비 가장 효율적 정보활동의 대상일 뿐만 아니라 유사시 가장 우선적으로 무력화해야 하는 대상이다. 사이버 영역에서 안보가 확보되지 않으면 국가안보 자체가 불가능할 정도로 사이버 영역의 안보는 중요해졌다.

그런데 정보 수집은 물론이고 사이버전 차원에서 이뤄지는 공격과 방어는, 물리적 차원과는 근본적으로 다른 특징을 갖고 있다. 공격 후에도 흔적을 남기지 않는 은밀성, 접속 매체에 유해 바이러스를 확산시키는 감염성, 일정 조건이 충족되기를 기다렸다가 공격하는 잠복성 등이 그것이다. 게다가 시간적·공간적 비대칭성으로 인해 사이버 공격에 대한 징후 탐지와 대응 간에는 필연적으로 비대칭성이 수반될 수밖에 없다. 이러한 사이버 공간의 특성으로 오늘날 국가안보에는 물리적 대응 위주인 과거와는 다른 접근이 필요하다. 특히 우리의 경우 외부와 단절된 정보화 후진국 북한이 사이버 공간의 특성을 이용해 정보화 선진국인 우리 시스템을 놀이터 삼아 자유자재로 정보활동을 전개할 뿐만 아니라 수시로 사이버 공격을 자행하고 있다. 국가안보적 차원에서 사이버 영역에 더욱 각별한 관심과 노력을 기울여야 하는 이유다.

사이버 영역에서의 정보전은 크게 공격과 방어 두 유형으로 나뉜다. 먼저, 방어형은 해킹이나 전자적 공격에 대해 방어 대책을 수립하고 방어 기술을 개발해, 국가 정보통신 기반을 보호하는 개념이다. 적성국이나 이들의 지원을 받는 단체나 개인, 또는 불특정 해커 들이 전력, 통신, 교통 체계와 같은 국가의 중요 네트워크에 침입해 기능을 무력화하거나 오작동하지 못하도록 방어 체계를 최대한 강력하게 구축하는 것이다. 우리나라를 포함한 대부분의 민주국가에서 사이버전 대응은 주로 방어형 활동에 집중한다. 방어를 공격형으로 전환할 경우 자칫 외교적 마찰이나 주변국과의 잡음이 우려되기 때문이다. 그렇지만 사이버전 영역에서 이루어지는 공격과 방어의 개념이 점점 모호해진다는 점을 감안해 상당수 국가들이 자위권 차원에서 적극적 의미의 사이버전 방어 전략도 채택하고 있다.

공격형 사이버전은 해킹이나 바이러스 등 정보전에서의 공격 무기를 이용해 상대방 네트워크를 마비시키거나 컴퓨터 내 자료를 입수, 변경, 파괴해 공격 대상의 정보통신 기능을 무력화시키는 것이다. 예를 들면, 미국 오바마 행정부 아래에서 CIA와 이스라엘 모사드가 합동 공작을 통해 이란의 핵시설을 스턱스넷Stuxnet(발전소·공항·철도 등을 파괴할 목적으로 제작된 컴퓨터바이러스)으로 공격했다. 이 공격을 통해 이란의 핵 개발이 1~3년 지연되도록 한 것이다. 또한, 지난 2008년 러시아와 조지아 간의 군사 분쟁(2008년 8월 8~11일) 직전, 조지아 정부와 공공기관의 컴퓨터 네트워크가 러시아의 공격을 받았던 사례는 물리적 전쟁과 사이버전이 얼마나 밀접히 연계되어 있는지를 잘 보여 준다.

이런 대규모 사이버 공격 이외에도 소규모 사이버 공격이 무척 많은 불특정 다수에 의해 수시로 발생한다. 지금도 세계 각지에서 이런 소규모 정보전은 매일같이 일상적으로 발생한다. 과거 해킹이나 취약점을 이용해 공격하던 불법적 행위를 넘어서 최근에는 인터넷에서 특정 정치 여론을 형성하거나 특정 국가나 단체에 대항하는 압력 수단으로서도 사이버 영역이 적극 활용되고 있다. 자신과 노선을 달리하는 정부나 기업·단체 등의 인터넷 웹사이트를 해킹해 내용을 위·변조하거나 네트워크를 무력화시키는 등 정치적 목적의 핵티비즘Hacktivism 활동도 빠르게 확산되고 있다. 전쟁 반대나 특정 정당, 특정 정치인에 대한 반대 정보를 전달하는 수준을 넘어 가짜 메시지 유포나 웹페이지 변조 등을 시도하는 정보전이 일상적으로 일어나고 있는 것이다. 이에 편승해 각국 정보기관들도 자국의 이해관계가 걸린 사안에 대해 이런 현상들을 보다 적극적으로 활용한다.

최근 이런 활동을 가장 공격적으로 실행하는 나라가 러시아다. 러시아가 영국에 망명해 케임브리지에 거주하던 반체제 인사 블라디미르 부코프스키Vladimir Konstantinovich Bukovsky(1942~)를 사실상 사회적으로 매장시킨 사건이 대표적이다. 2015년 4월 몸이 아파 집에 누워 있던 부코프스키의 집에 갑자기 영국 경찰이 들이닥쳤다. 경찰은 그의 집 물건에서 아동 포르노 등 금지된 이미지가 있다는 제보를 받았다면서 컴퓨터 등을 압수해 가져갔다. 그에 대한 영국 경찰의 수사가 시작되자 러시아 국영방송은 기다렸다는 듯이 그를 아동 포르노 애호가라며 비난했다. 이어 그는 아동 포르노를 제작하고 소유한 혐의로 영국 당국으로부터 기소됐다.

하지만 영국 검찰은 2015년 5월 부코프스키의 컴퓨터에 정체불명의 제3자가 접근했을 수 있다면서 공판 연기를 요청했다. 러시아 해커가 그를 음해하기 위해 포르노 파일을 심었을 가능성을 제기한 것이다. 부코프스키도 무죄를 강력히 주장하면서 러시아 해커들이 자기 컴퓨터에 아동 포르노 파일을 심었기 때문에 자신은 새로운 형태의 '콤프로마트kompromat'에 당한 희생자라고 주장했다. 콤프로마트는 과거 KGB가 정적이나 공격 대상을 부끄럽게 만들어 정치적 생명을 끝내는 데 사용한 대표 수법이었다. 하지만 부코프스키의 주장에도 불구하고 그에 대한 사회적·인격 살인은 이미 이루어진 뒤였다.《뉴욕타임스》는 2016년 12월 이 사건을 보도하면서 러시아가 단순히 정보를 빼내는 수준을 넘어 다양한 형태의 사이버 공격을 전개하고 있다고 주장했다.

　러시아의 이런 사이버전 수법이 공식적으로 확인된 사건이 2016년 미국 대통령 선거에서 민주당 힐러리 클린턴Hillary Rodham Clinton(1947~) 후보에 대한 조직적 사이버 공격이다. 이 사례는 오늘날 민주주의가 온라인의 거짓 정보 또는 선전·선동에 얼마나 취약한지를 여실히 보여 준다. 미국 16개 정보기관을 총괄하는 국가정보국(ODNI, Office of the Director of National Intelligence)은 이 사건을 조사해 2017년 1월 의회에 제출한 보고서에서 러시아 푸틴Vladimir Vladimirovich Putin(1952~) 대통령이 미국 대통령 선거를 직접 겨냥해 작전 지시를 했다는 '강한 확신'이 있다고 명시했다. 보고서는 푸틴 대통령의 힐러리 전 국무장관에 대한 개인적 원한이 대선 개입의 주요 원인 중 하나였다고 지적했다. 힐러리가 국무장관으로 있던 2011년 러시아 총선을 조직적 부정선거라고 규정한 후 러시아 내에서 대대적 반정부 시위가 발생했는데 이에 대한 푸틴의 보복이라는 것이다.

　보고서에 따르면, 푸틴은 오랜 기간에 걸쳐 치밀하게 복수극을 준비했다. 먼저 2013년 8월 러시아 관영 뉴스 채널 《RT》가 위키리크스Wikileaks 창립자인 줄리언 어산지Julian Assange(1971~)를 만나 협력 관계를 구축하고, 러시아군 총정보국(GRU) 등이 2015년 7월부터 2016년 6월까지 미국 민주당 고위 관계자들 컴퓨터를 해킹해 자료를 대량으로 빼냈다. 러시아는 이렇게 빼낸 힐러리와 측근들의 자료를 2016년 6월 이후 위키리크스와 러시아 해커 조직인 'DC리크스닷컴' 및 '구시퍼 2.0' 등을 통해 공개했다. 푸틴 대통령도 그해 9월 '위키리크스에 폭로된 자료는 중요한 내용'이라면서 측면에서 지원했다. 이런 분위기에서

《RT》가 '힐러리의 돈과 IS(이슬람국가)의 자금원은 같다'는 등의 주장을 만들어 더욱 확산시켜 나갔다. 푸틴 대통령이 미국 대선에 영향을 미칠 목적으로 활용한 이런 방식은 핵이나 대륙간탄도미사일(ICBM, intercontinental ballistic missile) 등 무기가 아니라 바로 트위터와 유튜브, 위키리크스 등을 활용한 사이버전이었다.

러시아의 교묘한 사이버전은 이러한 활동으로 끝나지 않을 것이다. 그리고 이런 활동을 전개하는 나라는 러시아만으로 국한되지도 않을 것이다. 디지털 위험 조사 업체 스토로츠프리드버그Stroz Friedberg는 2017년 1월 '2017 사이버 보안 예측' 보고서에서 러시아, 중국, 이란, 북한 등이 사이버전 역량을 더욱 높여 가고 있다고 분석했다. 이들이 미국뿐 아니라 유럽, 남미 등 여러 나라에서 치러질 선거에 개입해 국제정세에 큰 영향을 줄 것이라고 예상했다.

우리나라는 비대칭 전력 양성 차원에서 사이버전 역량을 지속적으로 강화해 나가고 있는 북한을 상대해야 한다. 국방부가 2017년 1월 발간한《2016 국방백서》에 따르면 북한은 사이버전 인력을 기존 6000명에서 6800명으로 늘리면서 공격적 활동을 전개하고 있다. 표면화되거나 확인되지 않는 수많은 사이버전이 지금도 우리 주변에서 무수하게 진행되고 있는 것이다. 사이버전은 그동안 진행된 여러 사례에 대한 '학습 효과'를 바탕으로 더욱 교묘하게 발전할 것이다. 물리적 방어력 증강에 못지않게 사이버전 역량을 적극적으로 강화해야 하는 이유가 여기에 있다.

앞으로 다가올 미래를 예측하는 일은 어렵지만 현재의 IT기술 발전 속도를 가늠해 변화의 방향을 미리 예상하는 일은 충분히 가능하다. 미국의 여론조사 업체 퓨리서치센터는 2016년 12월 미국의 성인 1502명을 대상으로 설문조사를 한 결과, 응답자의 71퍼센트가 사이버 공격을 미국의 가장 큰 위협이라고 답했다고 밝혔다. 향후 다가올 새로운 전쟁의 주무대가 사이버 공간이 될 것이라는 것이다. 이런 요인들을 감안해 사이버 공간에서의 변화를 이해함으로써 개인과 기업, 그리고 국가에 이르기까지 앞으로 어떤 변화가 닥쳐올지를 더욱 체계적으로 준비해야 한다. 단기적 관점이 아니라 장기적 관점에서 사회와 국가안보에 대한 위협을 예상하고 그에 상응한 정보 보호 체계 등을 효율적으로 갖춰 나가야 한다.

세계 각국은 치열한 정보전쟁에서 승리하기 위해 엄청난 인원과 예산을 투입해 국가 정보기관과 부문 정보기관을 운영한다. 피아 식별이 갈수록 모호해지는 현대 정보 환경 속에서 정보기관이 보다 전문적 시각으로 정보를 적시에 보고할 경우 국가안보를 수호하고 국익을 극대화하는 데 도움이 되리란 기대 때문이다. 그러나 현실에선 정책 결정 과정에서 정보가 소기의 역할을 다하지 못해 정보 실패나 바람직하지 못한 정책 결과로 귀착되는 경우가 비일비재하다. 앞에서 살펴본 다양한 사례들이 이를 잘 설명해 준다.

정책 결정 과정에서 정보가 바람직하지 못하게 활용되는 원인에는 여러 가지가 있다. 정책 결정권자들이 보고받는 정보가 수준 이하거나 너무 모호해 정책에 반영하지 못하는 경우도 있다. 정보기관 입장에서는 정책 결정권자들이 자신들 보고에 귀를 기울이지 않거나 너무 경시한다고 불평하는 경우도 많다. 그리고 제3자적 입장에 있는 학계나 언론에서는 정책 결정권자와 정보기관 간의 바람직하지 못한 협력 관계가 문제라고 지적하기도 한다. 정보가 정책 결정 과정에서 어느 정도 영향력을 행사하는지는 국가별로, 그리고 그 국가가 처한 시대적 상황에 따라, 지도자나 행정부의 성향에 따라 천차만별이다. 특정 국가나 정부의 역사·문화·관료적 환경에 따라 다양한 요인이 다르게 작용하기 때문이다.

하지만 바람직하지 못한 정보의 활용을 관료사회 자체의 내부 문제로 치부하고 덮어 버릴 수는 없다. 안보 정책과 국익을 수호해 나가는 과정에서 정보의 역할이 막중하기 때문이다. 정보가 정책 결정 과정에서 활용되거나 활용되지 못하는 중요 영향 요인은 무엇인지 살펴보고자 한다. 그래서 정보를 생산하는 정보기관과 이를 사용하는 정책 결정권자 사이의 바람직한 협력 관계를 위해 요구되는 과제를 검토해 보고자 한다. 이를 통해 정보가 정책 결정 과정에서 국가안보와 국익에 대한 기여도를 높여 나갈 수 있는 방안을 고찰해 본다.

바람직한
국가정보의 방향

안보 정책 결정 과정에서
정보의 역할

정보활동은 안보 정책 결정 과정에서 정책 결정권자가 올바른 정책을 결정할 수 있도록 적시에 정확한 정보를 제공하는 것을 목표로 한다. 국가 정책 결정 과정에서 현상과 문제점을 파악해 합리적으로 결정할 수 있도록 기본적 판단 근거와 대안을 제공하는 것이다. 또한 안보 정책의 입안과 집행 과정에서 필요한 정보를 제공함으로써 안보 정책의 성공에 기여하는 것이다. 여기서 '정책 결정'이란 가능한 대안을 선정해 정책 결정권자의 가치관과 선호에 따라 대안을 최종 선택하는 행위를 말한다. 안보 분야에서는 정책을 결정하는 사람, 정책 결정에 활용되는 의사 결정 체계, 위험 요소와 사용 가능한 대안이라는 세 요소에 따라 결정 내용이 좌우된다. 셋 중에서 정보활동은 첫 번째인 정책 결정권자에게 세 번째 요소에 대한 사전 지식을 제공함으로써 국가 정책에 기여하는 역할을 수행한다. 비밀로 분류된 보고서뿐만 아니라 정책 결정권자가 합리적 정책을 결정하고 집행하도록 각종 보좌 역할을 수행하는 것을 모두 포함한다.

이러한 역할을 수행하기 위해 정보기관(정보 생산자)은 다양한 종류의 정보를 다양한 형태로 정책 결정권자(정보 소비자 또는 정보 사용자)에게 수시로 보고한다. 이런 정보를 기반으로 정책 결정권자는 '합리적' 정책 결정을 위해 자신의 견해나 성향에 맞는 정보를 취사선택해 활용한다. 하지만 정책 결정권자의 '합리적' 의사결정에는 너무 많은 변수가 개입되어 합리적이지 못한 결정으로 종종 귀결되기도 한다. '합리적'이란 판단의 범위도 정책 결정권자들의 가치관이나 성향에 따라 차이가 많기 때문이다. 그리고 다양한 변수만큼 최종 정책의 결과도 다르게 나타난다.

앞에서 살펴본 사례 중, 스탈린은 제2차 세계대전 초기 독일 침략에 대한 정보기관의 보고를 자신의 견해와 다르다는 이유로 대부분 외면해 버렸다. 2003년 미국의 이라크 침공 직전 미국의 부시 대통령의 경우는 정보기관의 보고서 중에서 자신의 정책 의제와 일치하는 부분만을 의도적으로 확대 해석해 활용했다. 다시 말해 정보기관이 아무리 좋은 보고를 하더라도 정보 소비자인 최종 의사결정권자가 어떻게 받아들이느냐에 따라 천차만별의 결과가 나타나는 것이다. 따라서 정보를 활용한 정책 수립과 최종 결과 간의 상관관계를 살펴보기 위해서는 다양한 변수를 포괄해 설명할 수 있는 이론적 분석 틀을 이해하는 일이 필요하다.

정보기관이 생산한 정보는 기본적으로 '사실 부분(factual portion)'과 '분석 부분(evaluative portion)'으로 구성된다. 사실 부분은 상대국 혹은

적의 정치·경제·군사 상황에 대한 사실적 기술을 말한다. 분석 부분
은 사실을 기반으로 분석관이 평가·추론하는 과정을 거친 다음, 상대
방의 의도와 미래 행동 방책을 전망하고 대응 방안을 제안하는 것이다.
이러한 사실과 평가라는 정보 생산자의 최종 결과물이 정책 결정 과정
에서 사용자에 의해 수용되거나 기각되는 패턴을 이해하기 쉽게 표로
나타내 보면 다음과 같이 표현할 수 있다.

[표 1] 정책 결정 과정에서 정보의 역할 요인별 결과 구분

		사실 부분	
		기 각	수 용
평가 부분	수용	N/A 현실에서는 발생치 않는 구간, 평가를 수용하면서 사실을 기각할 수는 없기 때문	높은 수준의 정보 수용
			정보의 정치화
	기각	전적인 정보 소외	부분적 정보 수용

높은 수준의 정보 수용

정보 소비자가 생산된 정보를 적극적으로 수용해 정책에 반영하는
것으로, 모든 정보 생산자가 궁극적으로 도달하고자 하는 희망 영역이
다. 이 영역에서 정보 소비자는 생산된 정보의 사실 부분뿐만 아니라
분석 부분까지 수용함으로써 정책 결정 과정에서 정보는 중요한 영향
력을 갖게 된다. 정책 결정권자가 인지적 폐쇄성을 갖지 않고 자신의
정책 우선순위와 일치하지 않는 정보에 대해서도 수용성이 높아야 하
며 정보 생산자가 전문성과 신뢰성을 인정받아야만 가능하다. 그렇다
고 정보 생산자가 사용자의 정책 우선순위에 맞추기 위해 적당히 타협

해야 하는 것은 절대 아니다. 이런 두 조건 아래에서 정보 생산자의 전문성이 높고 행정부 내에서의 위상도 높으면 정책 결정 과정에서 정보가 미치는 영향력은 더 배가될 수 있다.

이 영역에 해당하는 사례가 많지는 않지만 유사 사례를 찾는다면, 2차 대전 시에 영국 처칠 수상의 전략적 정보 활용 사례를 들 수 있다. 처칠은 보어전쟁을 통해 정보의 중요성을 누구보다 먼저 인식하고 국가 차원에서 체계적 정보 수집과 분석 시스템을 갖추기 위해 노력했다. 오늘날 영국 보안부(SS)와 비밀정보부(SIS)의 모체가 된 MI-5와 MI-6의 설립에 관여하고, 통신정보부대인 'Room 40' 운영에도 각별한 관심을 기울였다. 수상으로 재임하는 동안에는 독일군 암호 수집·분석 시설이 있는 브레츨리파크를 직접 방문해 관계자들을 독려하고, 여기서 해독해 보고하는 정보를 보고받기 위해 아무리 바빠도 일정 시간을 할애하려 노력했다. 또한 정보기관에서 보고하는 정보 보고서를 담황색 박스에 담아 놓고 중요 지휘관들과의 미팅에서 유용하게 활용했으며, 이런 울트라정보를 스스로 '황금 달걀'이라고 평가하면서 유용하게 활용했다. 이런 처칠의 정보 활용 결과로 나타난 대표적 성공 사례가 노르망디상륙작전의 시간과 장소를 숨겨 적을 기만한 포티튜드 작전이다. 정보의 중요성에 대한 최고 정보 사용자의 이런 인식과 효율적 활용, 솔선수범하는 보안 유지 자세는 영국이 2차 대전 초기의 열세를 극복하고 인류 역사상 가장 치열했던 전쟁을 승리로 이끈 원동력이었다.

정보의 정치화

일체화된 집단 사고의 영향으로 정보활동 실패가 빈번하게 일어나는 영역이다. [표 1]에서처럼 이 영역은 정보 사용자가 사실 부분을 수용하면서도 평가 부분에서는 자신의 정책 우선순위와 일치하는 내용만을 취사선택해 활용하는 영역이다. 정보 생산자도 소비자의 선호 정책과 일치하지 않는 정보는 보고하지 않거나 정보 소비자의 기존 정책 노선과 결정을 지원하는 역할에만 안주하려 한다. 그래서 정보 생산자는 새로운 정보가 발생해도 변화된 해석을 제시하지 못하고 정책 결정권자의 기존 정책이나 상황 인식을 강화시키는 역할만 수행하는 안타까운 영역이다.

대표적인 사례로, 2002년 미국 부시 행정부 네오콘들이 이라크 침공을 거의 기정사실화한 상태에서 이라크의 대량살상무기 관련 정보를 자신들의 정책 목표를 정당화하고 국민들을 설득하는 데 활용한 사례다. 미국이 2003년 3월 이라크를 침공하기 전까지 미국 정보기관들은 이라크 대량살상무기에 대한 구체적 정보를 별로 갖고 있지 못했다. 1991년 1차 걸프전 후 이라크와의 악화된 관계 때문에 인간정보활동 수집망이 극히 위축되었고, 현지 문화와 언어에 정통한 정보관이 별로 없어 통신정보 수집·처리 능력도 제한적이었다. 그래서 CIA를 비롯한 정보공동체는 이라크 대량살상무기 정보를 보고하면서도 신중한 입장을 유지했다. 하지만 2002년 여름부터 정보기관들의 이런 기조는 고위층의 상황 인식을 지원하는 방향으로 점차 바뀌고 급기야는 이라크가 생화학무기를 소유하고 있을 뿐만 아니라 핵무기 능력도 확보하기 직전에 있다는 평가로 비약됐다. 정보기관들은 정책 결정권자들의 인식을 더 사실적으로 만드는 '사탕발림(sugarcoating)' 보고서를 양산했고 정책 결정권자들은 자신들이 원하는 부분만 선별해 활용하는 '체리 따기(cherry-picking)'를 일삼았다. 이런 정보의 정치화를 통해 부시 행정부는 이라크가 집합적 위협의 실체라는 확신에 빠져 국제사회의 우려에도 불구하고 이라크를 침공했다. 하지만 이라크 점령 후 대량살상무기에 대한 증거는 찾을 수 없었다. 막대한 희생과 비용을 쏟아붓고도 실망스런 대차대조표를 받아야 했던 국내적 평가는 차치하고 미국은 국제적 지도력에도 심각한 타격을 받을 수밖에 없었다.

부분적 정보 수용

정책 결정 과정에 있는 중요 행위자들이 보고된 정보를 완전하게 기각하지 않고 자신들의 기본적 판단 자료로 활용하기는 하지만 전적으로 신뢰하지도 않는 영역이다. 사실 부분을 수용하면서도 평가 부분에서는 수용하지 않거나 자신들의 의도에 맞게 변형하는 경우가 이에 해당한다. 그래서 소비자가 정보 서비스에 관심을 가지면서도 제시된 제안이나 결론과는 다르게 해석해 생산자가 본래 의도했던 방향과 다른 결과로 귀착되는 경우가 종종 발생한다.

이런 부분적 정보 수용의 대표 사례로 키신저Henry Alfred Kissinger(1923~)가 국가안보보좌관과 국무장관을 역임할 때 CIA 등 정보기관 보고를 참고하면서도 분석이나 대안 모색에서는 다른 방향을 취함으로써 정보기관의 보고와는 다른 정책 결과를 가져왔던 것을 들 수 있다. 하버드 대학 교수 출신으로 외교·안보 분야에서 누구보다 뛰어난 전문성을 가진 키신저는 정보기관 보고를 참고하면서도 목표 달성을 위한 방법에서는 자신의 견해나 판단을 우선시했다. 예를 들어, 그는 국가안보보좌관 시절인 1969~1973년 소련과의 전략무기제한협정

(SALT, Strategic Arms Limitation Talks)을 추진하면서 닉슨 대통령과 협의한 결과에 따라 가능한 CIA를 배제하려고 노력했다. 소련과의 협상을 위해서는 CIA의 기본정보가 필수였던 관계로 CIA를 활용하기는 했지만 데탕트나 SALT를 탐탁지 않게 생각하던 CIA를 가능한 배제하려고 노력한 것이다. 그래서 그는 CIA의 조직 중에서도 과학기술차장보가 보고하는 영상·신호정보 등 객관적 사실 보고는 수용했다. 하지만 분석차장보가 보고하는 평가·의견 부분은 가능한 우회하거나 자신의 판단에 따라 취사선택하려는 경향을 보였다.

이런 '부분적 정보 수용'이 '정보의 정치화' 영역과 다른 점은 정책 결정권자가 자신의 기대나 우선순위와 다른 정보더라도 정보 보고에 관심을 갖고 본다는 것이다. 정보기관 입장에서도 사용자의 우선순위와 다른 정보를 보고하는 데 주저하지 않고 정보의 정치화가 이루어지지 않도록 나름대로 노력을 기울인다. 그런데도 이 영역의 문제는 정책 결정권자가 정보기관 전문성을 별로 신뢰하지 않거나, 정보기관 책임자와 사용자 간의 원만하지 않은 인간관계 등의 문제로 정보가 소기의 역할을 다하지 못한다는 점이다. 이런 부분적 정보 수용은 특정 국가나 정부 특성에 따라 차이가 있지만 대부분의 국가에서 무척 흔하게 발생한다. 하지만 결코 바람직하다고 할 수 없기 때문에 정보기관 입장에서는 경각심을 갖고 이런 영역에 안주하지 않도록 다각적으로 노력해야 한다.

전적인 정보 소외

정보가 정책 결정 과정에서 일정한 역할이나 영향력을 전혀 발휘하지 못하는, 정보 생산자 입장에서는 가장 피하고 싶은 영역이다. 정보의 분석·평가 부분뿐만 아니라 사실 부분조차 받아들여지지 않음으로써 정보 생산자에게는 최악의 상황이다. 대부분 최종 정책 결정권자의 폐쇄적 정보 수용성에 기인하지만 정보기관이 사용자의 상황 인식이나 정책 우선순위를 이해하지 못한 상태에서 자신들의 평가와 정책 대안만을 우직스럽게 보고하는 상황에서도 종종 발생한다. 이런 상황이 지속될 경우 정책 결정권자는 정보기관 책임자와의 접촉을 피하거나 제한하려 하고 정보기관 이외의 여타 출처를 찾으려는 경향을 보인다. 그러나 이런 상황은 정책 결정권자 본인에게도 무척 부담스러울 수밖에 없기 때문에 정보기관 책임자의 해임으로 종종 귀결된다.

전적인 정보 소외 사례로는 제2차 세계대전 초 독일의 소련 침공 가능성을 지적한 정보기관 보고를 계속 묵살한 스탈린의 경우가 해당된다. 스탈린은 레닌이 죽고 권력을 장악해 나가는 과정에서 반대파들을 무자비하게 숙청했다. 이런 공포정치 속에서 일반 관료들은 물론이고, 측근인 정보기관장들조차 스탈린의 눈치를 보면서 비위 맞추기에 급급했다. 같은 조지아 출신으로 스탈린의 오른팔로 불린 NKGB 부장 겸 내무장관 베리야조차 스탈린이 두려워 사실을 사실대로 보고하지 못할 지경이었다. 스탈린의 견해와 다른 내용을 보고해 미움을 사는 모험을 감행하기보다 그의 기존 인식을 확인해 주는 내용만 보고함으로써 그의 총명함을 증명하려고 노력한 것이다. 그래서 역사상 최고의 간첩 중 하나로 평가받는 조르게뿐만 아니라 많은 독일 주재 첩보원들이 보고한 독일의 러시아 침공 계획은 스탈린에게 보고되지도 못하고 사장되거나 엉뚱한 방향으로 해석되어 보고됐다. 하지만 독일의 소련 침공은 정보원들이 보고한 대로 1941년 6월 22일 이루어졌다. 방어 준비가 거의 없던 관계로 전쟁 초 소련은 제대로 싸워 보지 못하고 엄청난 인적·물적 피해를 입을 수밖에 없었다. 엄청난 희생을 치른 악전고투 끝에 소련은 독일의 침공을 가까스로 막아 내고 전쟁을 승리로 이끄는 데 기여하지만, 정보를 제대로 활용하지 못한 데 따른 대가를 혹독하게 치러야 했다.

이렇듯 전적인 정보 소외는 정책 결정권자 본인은 물론이고 국가 전체를 엄청난 재앙으로 몰아넣는다. 사방이 적으로 둘러싸인 밀림에서 나침반도 없이 오로지 감으로만 나아가려 하거나, 적과의 전투에서 눈을 감고 주먹을 휘두르는 것과 다를 바 없기 때문이다. 따라서 이 영역은 정보기관뿐만 아니라 정책 결정권자 입장에서도 가장 경계해야 한다.

정보 선택을 좌우하는
영향 요인

생산된 정보가 정책 결정 과정에서 어느 정도 영향력을 행사하는지는 국가별로, 그리고 그 국가가 처한 시대적 상황에 따라 천차만별이다. 정책의 성과 거양을 위한 결정권자의 합리적 노력에도 불구하고 정보가 바람직하게 활용되지 못하거나 정보 보고가 충분히 수용되지 못한 사례는 앞서 살펴본 것처럼 여러 형태로 나타날 수 있다. 물론, 여러 이유에도 불구하고 정보가 정책 결정 과정에서 소기의 역할을 다하지 못한 데 대한 일차적 책임은 정보기관에 있다. 하지만 정보기관이 양질의 정보를 적시에 제공하는 문제는 정보기관의 조직과 예산, 인사와 운용 시스템, 교육 훈련, 직원 사기 등 복합적 역량에 좌우된다. 그리고 대부분의 역량은 단기적 노력으로 달성하기 어려워 오랫동안 엄청나게 노력해야 한다. 그래서 정보의 생산자와 소비자 관계에서 우위에 있으면서 나머지 절반에 대한 책임을 지고 있는 정보 소비자의 역할을 결코 경시할 수는 없다. 정책 결정권자로서 정보 소비자는 국가안보 정책의 성공에 대한 정치적 책임을 비롯한 무한 책임을 져야 하기 때문에 오히려 책임이 더 크다고 할 수 있다. 그래서 의미 있는 분석을 위해서는 정책 결정권자의 정보 수용과 활용성을 저해하는 요인에 어떤 것들이 있는지 좀 더 구체적으로 살펴볼 필요가 있다.

정책 결정권자의 성향과 정보 수용성

정보의 궁극적 소비자인 최고 정책 결정권자의 성향은 정책 결정 과정에서 정보 수용성에 영향을 미치는 가장 중요한 요소다. 정보의 생산자와 소비자 관계에서 생산자의 전문성과 성향 등 요인들이 경시될 수는 없지만, 궁극적 소비자인 정책 결정권자가 보고된 정보를 수용할지 여부는 물론이고 어느 정도 수준으로 수용할지 등이 절대적 영향을 미치기 때문이다. 앞에서 살펴본 네 가지 정보 활용 패턴 중에서 처칠의 정보 활용 태도와 성향이 가장 바람직한 사례지만 네 가지 패턴 모두에서 정책 결정권자의 성향이 성공과 실패에 지대한 영향을 미쳤다.

생산된 정보가 정책 결정 과정에 영향을 미치기 위해서는 정보 소비자가 자신의 의견과 다른 정보라도 수용할 수 있는 조건이 되어야 한다. 왜냐하면 정보 소비자가 보고된 정보에 폐쇄적 인식을 갖고 있을 경우, 정보가 정책 결정권자의 정책 의제와 일치하거나 정책 의제가 충분히 형성되어 있지 않은 초기 상황에서만 제한적으로 받아들여지기 때문이다. 인식론적 편향을 가진 정보 소비자는 의식적으로나 무의식적으로 자신의 기존 인식이나 기대와 다른 새로운 정보를 거부하는 경향을 갖는다. 폐쇄형 소비자는 이념이나 개인 성격으로 인해 고정관념 또는 유사 사건과 비유 등을 통해 현실을 단순화해 받아들이는 경향을 가진다. 반대로 개방형 소비자는 이념적 틀보다는 실용주의적 입장에서 현실 세계의 복잡성을 인정하고 수용하려는 경향을 보인다.

이런 최종 정보 소비자 성향의 중요성을 감안해 학자들은 정보 사용자의 바람직한 다섯 가지 요건을 제시한다. 즉, 자신과 다른 의견도 받아들일 수 있는 '외향성(extraversion)', 새로운 사실을 수용해 흥분하지 않고 결정할 수 있는 '정서적 안정성(emotional stability)', 껄끄러운 조언자와도 의견 일치를 볼 수 있는 '수용성(agreeableness)', 공직자의 가치를 우선하는 '도덕성(conscientiousness)', 정보 생산자의 경험과 전문성을 받아들이는 '개방성(openness)'이다.

또 다른 연구에서는 최종 정보 사용자로서 미국 역대 대통령의 스타일과 성향을 다음과 같이 다섯 가지로 나누어 구분한다. CIA 부장 출신으로 대통령이 된 시니어 부시와 같은 '정보 전문가', 레이건처럼 정보 경험이 없더라도 책·언론·영화 등을 통해 정보기관을 이해하고 지원해 주는 '교육받은 지원자', 닉슨처럼 다른 공직 경험을 통해 정보기관을 이해하고 정보기관 보고를 받지만 별로 신뢰하지는 않는 '교육받은 감독자', 트루먼처럼 정보기관 보고 자체를 잘 받으려 하지 않을 뿐만 아니라 보고받은 내용도 별로 신뢰하지 않는 '자유로운 비판자', 정보 업무에 대한 경험이나 이해가 거의 없고 보고서도 자세히 읽지 않으면서도 정보를 자신의 정책 추진에 편의적으로 활용한 주니어 부시와 같은 '맹목적 신봉자'. 그리고 이런 다섯 가지 정보 사용자 유형 중에서 '정보 전문가'를 제외한 나머지 유형 모두가 사실상 효율적으로 정보기관을 통제하거나 활용하는 데 어려움을 겪었다고 지적한다. 대부분의 최고 정보 사용자들이 취임 당시 정보기관의 능력과 업무 메커니즘에 대한 이해가 부족했고, 무엇을 잘할 수 있고 무엇이 부족한지 등에 대한 이해가 부족해 정보기관을 정책 결정 과정에서 유용하게 활용하지 못했다는 것이다.

정보 생산자의 성향과 능력

정책 결정 과정에서 정보 수용성을 좌우하는 직접적 요소 중에 중요한 다른 하나는 정보 생산을 담당하는 정보기관장의 성향과 능력이다. 6일전쟁 사례에서 살펴본 이스라엘군 산하 정보부 AMAN의 야리브 부장이 대표적 성공 사례에 해당한다. 야리브 부장은 부임 전 전투부대와 해외 근무 등으로 다양한 현장을 경험했을 뿐만 아니라 오랫동안 미국과 프랑스에서 공부한 관계로 정보나 상황 판단 능력에서 경쟁자들에 비해 월등했다. 게다가 조직의 역량을 최대로 활용하면서 정부 내의사 결정 과정에서 자신의 입지를 튼튼히 하고 정보의 영향력을 최대로 확대했다.

정보 생산자의 성향은 크게 둘로 분류할 수 있는데, 하나는 정보적 자질과 능력을 바탕으로 정보를 정책 결정권자에게 바르게 보고하고 자문에 응하는 정보 전문가 유형이다. 다른 하나는 정책 결정권자에게 정치적 또는 감정적 지지를 제공하기 위해 정보를 보고하는 추종자형 생산자다. 여기서 전문성을 준수하는 원칙적 생산자는 상황을 전문적 지식과 객관적 시각을 기반으로 분석하되 이념이나 개인적, 또는 조직의 주관적 이해관계를 내세우지 않고 정책 결정권자가 선호하지 않는 정보도 기꺼이 보고하는 생산자를 말한다. 반면에 추종자형 생산자는 정책 결정권자가 추진하는 정책에 자신감을 갖도록 기존 정책 노선을 지원하거나 정책 결정권자의 결정에 정보 전문가로서의 지식을 배가시킴으로써 기존 결정에 대한 확신을 주는 역할을 수행한다. 추종형 생산자는 정보 생산자와 소비자 관계를 돈독하게 하는 데 기여할지 모르지만 정책 결정 과정에서 정보가 소기의 역할을 수행하지 못하게 할 개연성이 크다. 앞의 사례에서 스탈린에게 사실을 사실대로 보고하지 못한 NKGB 부장 베리야와 군 정보기관 RU 부장 골리코프 장군이 대표적이다.

그런데 정보 생산자인 정보기관장이 소비자와 어떤 관계를 형성하느냐 여부는 정보기관의 수집과 분석 능력에 크게 좌우된다. 영국이 독일의 에니그마암호 해독을 통해 얻은 정보를 바탕으로 전략적 우세를 만든 과정, 그리고 이스라엘이 시리아의 군사적 상황에 대해 AMAN의 정보 판단을 바탕으로 정책 방향을 설정해 성공적으로 대응해 나간 과정이 이러한 사례에 해당한다. 이렇듯 수집과 분석 능력 모두 정보의 수용성을 좌우하는 중요한 요소임에 틀림없다. 하지만 정책 결정 과정에서는, 특히 현재와 같이 정보화·세계화·민주화 등으로 비밀활동 비중이 점차 줄고 공개정보 비중이 갈수록 확대되는 상황에서는, 수집된 첩보를 정확히 분석·평가해 적절한 시기에 정책 결정권자의 성향과 의제에 맞게 지원하는 분석 역할이 더욱 중요하다고 할 수 있다.

정보 생산자가 소비자에게 얼마나 어필하고 받아들여질 수 있느냐는 오랫동안 형성된 생산자의 평판과 위상에 따라서도 결정된다. 미국 CIA가 국가정보기관인 관계로 정부 내 다른 어느 정보기관보다도 해외정보에 영향력이 있고, 이스라엘 AMAN이 정부 내 영향력과 신뢰도가 높은 국방부 산하 기관이기 때문에 군사적 상황 판단에서 신뢰를 받아 영향력을 행사할 수 있던 배경 등이 여기에 해당한다.

이처럼 정보기관의 위상에 영향을 미치는 요인은 많지만 크게 개인 차원과 조직 차원으로 분류할 수 있다. 개인 차원에서는 소비자가 생산자에 대한 신뢰성이 높을수록, 특히 정보기관장의 능력과 신뢰성에 대한 믿음이 높을수록, 정보에 대한 소비자의 수용성이 높아지는 특징이 있다. 조직 차원에서는 정부 조직 내 정보기관이 차지하는 위상에 따라 정책 결정 과정에서 정보 수용성에 차이가 존재하고, 이는 경쟁 정보기관과의 관계에서도 상당히 영향을 받는 것으로 나타난다.

생산자와 소비자의 유기적 협력과 상호 존중

정보의 성공과 실패 원인을 따지기 이전에 성공을 위한 가장 기본적 상호 관계는 생산자와 소비자가 각자의 역할을 명확히 인식하고 유기적으로 협력하는 것에서 출발한다고 할 수 있다. 상호 관계가 어떻게 형성되어, 그리고 정부 전체 메커니즘 속에서 어떻게 작동되느냐 여부가 성공과 실패를 좌우하는 기본 틀을 만들기 때문이다.

이라크 대량살상무기에 대한 정보 실패 이후 미국에서는 실패 원인을 규명하고 바람직한 정보의 역할을 찾기 위해 다양한 논의를 진행했다. 이러한 과정에서 테닛 전 CIA 부장은 정책 결정권자에 대한 생산자의 역할이 정치 중립적 정보 제공뿐 아니라 정책 결정권자가 정책을 개발하고 소통하는 모든 과정에서 실수하지 않도록 하는 것까지 포함한다고 언급했다. 다시 말해 공식·비공식 모든 정책 결정 과정에서 정보 생산자가 적극적 역할을 수행해야 한다는 것이다. 그 반면에 상당수 전직 CIA 분석관들은 생산자가 공식·비공식 정책 결정 과정에 지나치게 개입해서는 안 되고 정책 중립성을 유지하는 가운데 정보 제공 역할만 수행해야 한다고 주장했다. 이러한 논쟁 이후 백악관을 비롯한 미국 정부와 학계에서 형성된 일반적 의견은 대체로 테닛의 의견에 동의하는 경향을 보인다. 국가안보 정책 결정의 모든 과정에서 생산자가 공식·비공식 지원 역할을 수행해야 한다는 점을 인정한 것이다. 게다가 정보 생산자 역할이 정책 수립 과정에 한정되지 않고, 정책이 결정된 후 추진되는 각 단계에서도 궁극적 목표를 달성할 수 있도록 유용하게 지원하는 것까지 포함된다는 데 동의한다.

안보 정책이 결정되는 다양한 메커니즘 속에서 정보가 공식·비공식적으로 유의미한 역할을 수행하는 것은 현실적으로 무척 어렵다. 그렇더라도 기본적으로 요구되는 것은 정보 생산자와 소비자 간에 상호 서비스 가능한 역할의 범위와 한계 등 문화적 차이를 인식하고 상호 존중하는 가운데 소통을 원활하게 할 수 있는 시스템을 구축·운영하는 것이다.

정책 결정 과정에서 정보 소비자들의 일반적 불만은 보고서가 너무 길고 불필요한 내용으로 장황할 뿐만 아니라 미래 사실에 대한 예측이나 대응 방안 제시가 너무 모호하거나 구체적이지 못해 별 도움이 안

된다는 것 등이다. 게다가 특별히 도움이 되는 내용도 없으면서 보안에 대한 규정만 까다로워 부담스럽기까지 하다는 등의 비판도 있다. 그 반면, 정보 생산자는 소비자가 사용한 정보에 대해 평가하거나 피드백이 없고 필요한 추가 정보를 요청하지도 않으면서 불평만 한다고 한다. 이런 상황에서 사용자를 위한 정보를 작성하다 보니 사용자의 기대와 다른 보고서가 될 수밖에 없다고 불평한다. 이러한 양측의 다양한 불평에도 불구하고 모두가 공통으로 동의하는 것은 상호 원만한 의사소통이 필요하다는 점이다. 상대방의 입장을 이해하는 가운데 균형과 절제를 통해 객관성을 잃지 않도록 노력해야 한다는 것이다.

이라크 대량살상무기 프로그램에 대한 정보 실패 이후 미국 의회가 조사 과정에서 많은 문제점을 지적했음에도 불구하고 CIA를 비롯한 미국 정보공동체가 어느 정도 체면을 유지할 수 있던 이유는 정보 보고 과정에서 객관성을 유지하기 위해 나름대로 노력한 덕분이다. 상원 정보특별위원회(the Senate Select Committee on Intelligence)가 조사에서 정보기관 보고서가 정치적 압력에 굴복해 정보 판단을 변경 또는 조작했다는 어떠한 증거도 찾지 못했다고 평가했기 때문이다. 그러나 CIA를 비롯한 정보기관이 직접 정책 결정권자들과 타협하지는 않았더라도 정보 보고에 포함된 특유의 뉘앙스나 함축적 의미 등을 통해 정책 결정권자들의 판단을 잘못된 방향으로 유도했다는 비난으로부터 완전히 자유로울 수는 없다는 점 또한 상기할 필요가 있다.

정보의 정치화

이라크 대량살상무기에 대한 정보 실패는 정보의 정치화로 인해 발생하는 대표적인 사례다. 실패의 원인에는 생산자와 소비자 모두에게 어느 정도 귀책사유가 있다. 하지만 활동과 판단 행위 자체가 모두 정치적 함의를 갖는 관계로 정보 소비자는 정보의 정치화 문제에 대해 주의가 부족할 수밖에 없다. 따라서 정치적 책임 문제와는 별개로 실무 차원에서는 정보 생산자에게 귀책사유가 더 많다고 볼 수 있다. 정부의 관료체제 내에서 하급자일 뿐만 아니라 실무자인 정보 생산자가 정치화 예방을 위해 주도적으로 노력하는 일은 당연하기 때문이다. 따라서 정보 생산자는 자발적 정보 제공의 전 과정뿐만 아니라 사용자의 요청에 따른 정보 제공 시에도 정치화 가능성을 항상 염두에 두어야 한다.

정보 실패는 "정부가 국익에 부적절하거나 비생산적 조치를 취하도록 상황을 오인"하는 것으로 정의된다. 이는 다양한 변수들에 의해 발생하지만 크게 세 가지로 대별된다. 첫째는, 9·11테러를 예방하지 못한 미국 정보기관의 경우처럼 정보 수집·분석 과정에서 조직 역량의 부족 또는 기관 간의 협력 부족으로 인해 발생하는 실패다. 두 번째는, 2003년 이라크전 개전 과정에서 부시 행정부가 보여 준 대량살상무기 프로그램 정보 왜곡처럼 생산자 혹은 소비자가 정보를 의도적으로 과장·왜곡·날조함으로써 발생하는 소위 정치화에 따른 실패다. 마지막 세 번째로는 2차 대전 시 독일군 지휘부가 영국의 더블크로스 작전에 속아 노르망디상륙작전에 대응하면서 엉뚱한 결정을 내린 것처럼 적의 부정과 기만(denial and deceit)에 속아 잘못된 판단을 하는 경우다. 그런데 이러한 사례 중 가장 문제되는 것이 '정보의 정치화'다. 이는 정보 생산자와 소비자 모두에게서 언제든 발생할 수 있지만, 정보 실패가 발생하면 소비자는 어떤 경우에도 정치적 책임을 면할 수가 없다. 정보 소비자의 바람직하지 못한 의도가 개입됐다는 기본 전제가 작용하기 때문이다.

한편 정보 생산자가 완전한 의미에서 정치 중립성을 유지하는 일은 거의 불가능하다. 왜냐하면 정보기관의 활동 자체가 정부 정책의 성공을 위한 활동과 거의 일체화된 특징을 가지기 때문이다. 특히, 정부의 특정 부처에 속한 부문 정보기관은 부처가 추진하는 정책을 지원하는 역할이 강조되기 때문에 중립성을 유지하기 더욱 어렵다. 그래서 중요해지는 것이 국가정보기관의 정치 중립이다. 국가정보기관이 생산한 정보가 특정 정당이나 정책에 대한 편향성을 보일 경우 행정부의 정보 실패뿐만 아니라 궁극적으로는 최고 정책 결정권자의 정치적 책임으로 귀결되어 정권 붕괴로 연결될 수도 있다. 사태가 심각할 경우 국가 전체로도 엄청난 손실을 입을 수 있다.

정보 생산자의 정치화 예방을 위해 제3자인 국회나 언론 등의 감시 역할이 중요하다. 그러나 거의 대부분의 활동 자체가 비밀인 정보기관 특성과 국회 정보위 감독의 정파성 등을 감안할 때 제3자의 감시에는 사실상 한계가 있다. 견제와 감시 역할을 한다고 해도 대부분 사후 처방에 집중될 수밖에 없다. 따라서 정보 소비자가 정보를 정치적으로 이용하지 않겠다는 확고한 의지를 갖는 것이 무엇보다 중요하다. 이러한 최종 정책 결정권자의 바람직한 결정 사례로 언급되는 것이 1960년 미국 대통령 선거 시 야당인 케네디 진영이 소련과의 미사일 격차 문제를 제기했을 때 아이젠하워 대통령이 CIA 보고서의 공개를 거부하면서 정보가 정치에 연루되는 것을 차단했던 일이다. 당시 아이젠하워의 조치는 여당인 닉슨 후보의 선거 패배로 귀결되었지만 정보기관의 정치 연루를 방지한 모범 사례로 아직까지 회자된다.

그 반면, 정보를 정치적으로 이용한 대표적 사례는 1964년 8월 미국의 통킹 만 사건을 통한 베트남전쟁 확전이다. 대통령 선거에서 재선을 목표로 했던 존슨 대통령이 북베트남의 실질적 공격이 별무했는데도 불구하고 의회에서 통킹 만 결의안을 주도하면서 공세를 강화해 나간 것이다. 이를 통해 존슨은 대통령 선거에서 압도적 승리로 당선되지만 베트남전쟁의 수렁 속으로 미국을 더 깊숙이 몰아넣고 결국 미국민 전체가 엄청난 비용을 지불해야만 하는 상황으로 악화됐다.

이렇듯이 정보의 정치화는 정치적 판단을 우선시하는 정책 결정권자들에게 항상 강한 유혹이지만 개인적으로 치명적 손상을 감수해야 한다. 무엇보다도 국가 전체적으로 돌이킬 수 없는 재앙을 초래할 수도 있다. 정보를 생산하는 정보기관과 이를 사용하는 정책 결정권자 모두가 항상 유념해 유혹에 빠지지 않도록 유의해야 하는 이유다.

바람직한 국가정보활동을 위한 과제

정보는 정책 결정 과정에서의 영향력을 통해 국익과 안보 정책에 기여한다. 정보기관 자체적으로 아무리 훌륭한 능력과 체제를 갖추었다고 해도 정책 결정 과정에서 정보가 적절히 영향력을 행사하지 못한다면 아무 소용이 없다. 정부 내에서 정보기관과 정보 사용자 사이가 항상 좋을 수만은 없다. 하지만 정보 생산자와 소비자는 서로 다른 팀이 아니라 하나의 외교·안보 팀이라는 공동 운명체 의식을 갖고 국가 정책 성공을 위해 노력하는 바람직한 협력 관계를 만들어 나가야 한다. 정보 생산자와 소비자 간의 유기적 협력 관계를 위해 필요한 요건들을 소비자의 과제, 생산자의 과제, 공통 과제로 나누어 살펴보면 다음과 같다.

소비자의 과제 : 정보 보고에 대한 이해와 효율적 활용

소비자와 생산자 관계는 동등한 관계라기보다 행정부의 계층 구조에서 소비자가 압도적 우위에 있는 관계로 제품(정보)을 언제 구매해 어떻게 활용할지를 마음대로 결정하는 사실상 소비자 시장(buyer's market)이다. 따라서 정보 소비자가 정보기관을 얼마나 이해하고 얼마나 유용하게 활용하느냐 하는 문제가 바람직한 양자 관계 형성에서 제일 중요하다. 그러나 선거를 통해 선출되거나 정치적으로 임명된 고위 정보 소비자가 사전 교육 없이 정보기관 업무 메커니즘을 이해하고 정보를 유용하게 활용하기를 기대하는 것은 사실상 불가능하다. 소비자가 정보기관을 효율적으로 이용해 국가 정책 성공 가능성을 높이기 위해 노력하는 것이 바람직하다. 하지만 현실적으로 그런 가능성을 기대하기는 어렵기 때문에 생산자인 정보기관이 다양한 노력을 통해 이를 유도해 나가는 것이 훨씬 더 현실적이다. 정보 소비자인 정책 결정권자 차원에서, 그리고 생산자가 유도해야 하는 사용자의 바람직한 자세로서, 아래와 같은 방안들을 우선 검토할 필요가 있다.

정보기관 업무 범위와 역량에 대한 소비자의 이해 제고

정보 소비자가 정보기관을 잘 활용하지 못하는 이유 중 하나는 정보기관이 무엇을 할 수 있고 할 수 없는지에 대한 명확한 이해가 부족하기 때문이다. 할 수 있는 업무라도 어떤 과정을 통해 결과물(보고서)이 만들어지고 그 결과물이 어떤 한계를 갖는지 등에 대한 이해도 부족하다. 특히, 공직 경험 없이 선거를 통해 선출된 고위 정보 사용자가 이런 경향이 강하다. 정보가 어떤 과정을 통해 수집·분석되고 보고서로 만들어지며, 그런 보고를 어느 정도 신뢰해야 하는지 등에 대한 이해가 부족한 것이다. 만약, 최고 정보 사용자가 정보기관 활동을 충분히 이해한다면, 미국 레이건 대통령의 경우처럼 정보 업무 경험이 없어도 '교육받은 지원자'로서 정보 활성화를 지원하며 정보기관을 활용할 수 있다.

따라서 정보 소비자에게 제품(정보) 생산 공장(정보기관)의 능력과 한계를 설명하는 것은 상호 이해의 첫걸음이다. 이를 위해 CIA 분석국에서 정보 사용자들을 대상으로 '정보 보고서 활용 설명서(handbook)'를 작성해 활용하거나 각종 회의를 통해 상호 이해를 확대해 나가는 사례 등을 원용해 볼 수 있다. CIA가 작성해 배포한 설명서는 정보의 순환 과정, 정보 수집 기관과 생산 기관, 보고서의 종류와 형태, 정보공동체의 관리·운영, 국가안보 비밀 분류 체계, 주요 정보 사용 기관 등을 구체적으로 명시해 정책 결정권자들이 필요시 활용하게끔 한다. 미국 내 16개 정보기관을 총괄 조정·감독하는 ODNI에서 발행한 '국가정보 사용자 가이드'도 산하 정보기관들의 업무 내용과 운영 체계 등을 상세히 설명해 사용자들이 참고하도록 하고 있다. 영국도 《국가정보 체계(National Intelligence Machinery)》란 책자를 통해 정부의 정보 담당 기관들의 임무와 활동 내용, 합동정보위원회(JIC, Joint Intelligence Committee) 와 기타 위원회의 역할 등을 구체적으로 명시해 필요시 적극 활용하도록 하고 있다. 정보기관이 과거처럼 보안을 이유로 감추려고만 하지 않고 필요한 것은 알려서 사용자들이 필요시 적극 활용할 수 있도록 하는 것이다.

특히, 정부가 새로 출범하는 경우 이러한 정보기관의 노력이 더 필요하다. 대부분의 정보 소비자가 정보 업무에 대한 사전 지식이 없는 문외한인 관계로 정보 수집 체계가 어떻게 이루어지고 이를 바탕으로 한 분석 보고서에는 어떠한 한계가 있는지 등에 대한 이해가 거의 없기 때문이다. 일반적으로 첩보영화나 언론에서 피상적으로 그려지는 것처럼 정보기관이 무엇이든 할 수 있다거나 미래를 점치는 점쟁이가 아니라는 점을 인식시키고 현실적 활용 방안을 이해시킬 필요가 있다.

물론, 치열한 정보전을 전개해야 하는 현실에서 정보 공개에는 신중을 기해야 한다는 목소리도 있다. 하지만 이미 언론을 통해 알려진 내용만이라도 종합하고 정리해 안내서를 만들 수 있고, 보안이 우려될 경우 대외비로 작성해 배포하는 등 보완책을 병행할 수도 있다. 이제 선거를 통한 정권 교체가 일반화되고 공직 경험이나 정보기관에 대한 이해가 부족한 고위 정보 사용자가 늘고 있는 상황이기 때문에 이런 노력은 더 이상 지체해서는 안 된다.

정보 사용자의 관심과 시간 확보

아무리 제품이 좋아도 소비자의 관심을 끌지 못하고 사용 시간을 확보하지 못하면 의미가 없다. 다양한 기회를 활용해 정보 소비자들에게 제품을 판매하고 소비자들이 자신의 제품을 선택해 활용하도록 유도해야 한다. 정책 결정권자가 정보를 보고받아 자신의 판단에 따라 어떤 수준에서 수용하고 어떻게 활용할지를 결정할 수는 있지만, 우선적으로 필요한 것은 정보 보고를 읽거나 청취하는 시간을 배정하고 관심을 기울여야 한다. 이런 차원에서 정보 소비자는 아무리 바빠도 하루 일과의 특정 시간, 일주일의 특정 요일, 혹은 특별한 일정에 앞서 정보 보고를 청취·숙독하는 시간을 갖는 것이 필요하다.

미국에서는 대통령이 정보기관 모닝브리핑(PDB, President's Daily Brief)으로 하루를 시작하기 때문에 "워싱턴의 아침은 PDB로 시작된다"는 말이 있을 정도다. 미국은 대통령이 해외를 순방할 때는 정보브리퍼가 동행해 필요시 브리핑을 실시하는 등의 제도도 운용한다. 우리 입장에서는 정보 목표와 현안의 범위가 제한적이기 때문에 미국식 제도를 반드시 따를 필요는 없지만 정책 결정권자가 정보 보고를 수용하는 시간과 기회를 좀 더 확대할 필요가 있다. 또한, 단순히 대통령 보고뿐만 아니라 통일·외교·안보 정책조정회의와 NSC 고위급회의 등 정책 결정의 중요 과정에서도 정보 보고 혹은 브리핑을 심도 있는 논의의 출발점이 될 수 있도록 만들 필요가 있다.

정보 우선순위와 활용 결과에 대한 사용자의 소통 강화

정보는 소비자가 제품을 외면하면 대체 소비 시장이 없기 때문에 엄청난 예산을 들여 운영하는 생산 공장의 활동 자체가 무의미해진다. 그런데 얼핏 보면 생산자가 손해일 것 같지만 국가기관인 정보기관이 도산할 가능성은 없기 때문에 궁극적으로 정보를 제공받지 못해 정책 실패의 위험부담을 떠안게 되는 소비자가 손해를 본다. 그래서 생산자와 소비자 모두 적극적 소통을 통해 최선의 협력 관계를 함께 만들어야 한다.

이를 위해 우선, 정책 결정 초기 단계에서부터 정책 결정권자는 자신이 중요하게 생각하는 정책 의제나 정보 목표 우선순위를 정보기관에 분명히 전달하고 가능한 자주 정책과 관련된 질문을 하면서 정보기관을 활용하려 노력해야 한다. 자신이 현재 알고 있는 내용이 무엇이며 무엇을 추가로 필요로 하는지 등을 분명히, 그리고 자주 전달하면 정보기관이 제한된 여건에서도 수집·분석 목표를 수요자 요청에 맞게 조정함으로써 투자 대비 효과를 극대화할 수 있기 때문이다. 또한 사용자가 정보기관 보고 내용을 수용하기 어렵다면 왜 그런지 어느 정도 피드백을 해 줘야지만 정보기관도 정보 실패를 방지할 수 있는 최소한의 대책을 강구할 수 있다.

보통 고위 정보 사용자들은 현안 업무나 각종 회의 등으로 미래 사용 정보를 위한 요구 사항을 충분히 검토할 시간이 없고, 요청하더라도 특별한 기대를 갖기 어렵다는 선입견으로 먼저 요청하지 않는 경향이 있다. 그러나 바람직한 관계를 위해서는 사용자가 자신이 원하는 제품을 생산자에게 직접 주문하는 일을 주저하지 말아야 한다. 해외 순방이나 외국 고위인사 접촉 등을 통해 지득하게 되는 특이정보나 의문사항 등도 생산자에게 수시 알려주고 평가를 의뢰해 대응하는 등 적극적으로 정보기관을 활용할 때 맞춤형 정보 지원이 더 활성화될 수 있기 때문이다.

또한, 소비자는 사용한 정보에 대한 평가와 추가 진전 상황을 생산자에게 수시 피드백해 주어야 한다. 그래야만 생산자가 제품에 대한 장단점을 재검토해 보다 발전적인 대응책을 강구하게 되고 그렇게 함으로써 제품의 질적 향상이 가능해진다. 사용자가 피드백에 인색할 경우 생산자가 좀 더 적극적으로 사용자의 반응을 확인하면서 부족한 점을 개선하려는 노력도 필요하다.

정보에 대한 사용자의 보안 유지

정보기관은 보안을 생명으로 한다. 보안은 정보기관 자체 생존을 위해서도 필요하지만 궁극적으로는 출처를 보호하고 양질의 정보를 제공하기 위해서도 절대적으로 필요하다. 그런데 정보 소비자는 정치의 연장선상에서 정책을 다루므로 보안에 대한 인식이 부족할 뿐만 아니라 보안보다는 정책 성공을 우선시하는 경향이 강하다. 그래서 정치적 어려움을 타개하거나 대국민 설득 등을 위해 정보기관 보고를 이용하려는 유혹에 빠지기 쉽다. 그런 경향이 반복될 경우 정보기관은 보안 유지를 위해 정보 보고에서 민감한 내용을 삭제하거나 수위를 낮추는 방식을 선택할 수밖에 없고 이는 결국 정보 보고의 질적 저하로 연결된다. 따라서 정보 소비자는 정보 보고를 정치적으로 이용하려는 유혹을 이겨 내고 보안을 최대한 유지하려는 자세를 견지해야 한다.

물론, 정보 생산자도 정보 보고에서 불필요하고 과도한 비밀 분류를 자제할 필요가 있다. 출처를 꼭 보호할 필요가 있는 정보나 일반 문서로 분류했을 때 발생할 예상 문제점 등을 사전에 충분히 검토해 비밀 등급을 합리적으로 부여함으로써 소비자가 정보 보고를 통해 지득한 내용을 정책 추진 과정에서 융통성 있게 활용하도록 여지를 넓혀 줄 필요가 있는 것이다.

생산자의 과제 : 정보 보고의 품질 향상과 유기적 관계 유지

정책 결정 과정에서 정보가 효율적으로 사용되기 위해서는 생산자가 소비자에게 자신의 제품을 판매해야 하지만, 소비자가 제품을 구입할지 안 할지, 구입해서 어느 정도, 그리고 어떻게 활용할지 여부는 전적으로 제품의 품질에 달려 있다. 그런데 제품의 품질 향상을 위한 정보기관의 능력은 여러 요인에 따라 좌우된다. 그래서 능력 향상 문제는 무척 어려운 과제일 뿐만 아니라 처방에서 효과를 보기까지 시간도 무척 오래 걸린다. 따라서 여기서는 그런 다양한 요인을 모두 검토할 수 없음을 감안, 소비자에게 전달하는 제품을 최종 생산하는 분석 분야의 능력, 특히 그중에서도 소비자와의 바람직한 관계 형성에 초점을 맞춰서 다음과 같이 과제를 제시한다.

정책 분야에 대한 분석관의 이해 제고

정보 생산자는 정보를 수집·분석해 유의미한 정책적 시사점과 대응 방안으로 제시하는 역할을 수행한다. 이 과정에서 분석관들은 국가 정책 과제와 정보 소비자의 성향 등을 최대한 고려해 정보 보고의 의제를 선택해 보고서를 작성하고 소비자에게 전달한다. 문제는 보고서가 소비자의 우선순위나 선호도를 잘못 파악함으로써 활용되지 못하는 상황이 종종 발생한다는 점이다. 분석관들이 정책 결정 과정에서 정보 보고의 수용성 확대를 위해 소비자의 정책 영역에 대한 이해를 제고할 필요가 있는 것이다.

이를 위해서는 분석관들이 정책 영역에서 일하면서 정책과 정보의 상관관계를 직접 경험하고 정보가 효과적으로 수용되기 위한 방향을 찾는 것이 효과적이다. 하지만 현실적으로 분석관의 정책 분야 근무가 극히 제한되기 때문에 정보기관 입장에서는 분석관 교육 또는 정책기관 단기 연수 등을 통해 정책 분야 이해를 제고할 수 있도록 노력할 필요가 있다.

핵심 정보 소비자 구분과 맞춤 정보 제공

대체로 정보기관은 특정 소비자를 위해 정보를 제공한다기보다 정부 유관 기관에 공통으로 해당하는 보고서를 배포하는 데 익숙하다. 그러다 보니 출처 보호 등을 이유로 분석 보고의 깊이가 제한될 수밖에 없고 사용자에게 어필하지 못하는 측면이 있다. 따라서 정보 소비자의 수를 제한하더라도 선택과 집중을 통해 양질의 서비스를 제공하는 방향으로 노력할 필요가 있다. 이를 위해 핵심 정보 소비자가 누구인지 명확히 파악해 가능한 맞춤형 서비스를 실시하는 것이 바람직하다. 일반적으로 핵심 소비자는 고위급인 경우가 대부분이지만 반드시 고위급이 아니더라도 정책 결정 과정에서 핵심 역할을 수행하는 인사라면 정보의 수용성 확대를 위해 소비자의 범주에 넣어 국가 정책 성공을 위해 함께 노력해야 한다. 그리고 이러한 핵심 정보 소비자의 수요와 성향 등을 고려해 소통을 확대할 수 있는 협조 채널을 구축하고 유기적으로 협조하는 것이 바람직하다.

소비자와의 유기적 관계 형성 노력

정책 영역에 근무하는 고위 정보 소비자는 대부분 바쁜 현안에 매몰된 경우가 많으므로 정보 보고에 관심을 돌릴 여유가 별로 없고 소통에도 적극적이지 않은 경우가 대부분이다. 게다가 정보 생산자와 소비자 관계는 소비자가 압도적으로 유리한 위치에 있는 시장이다. 따라서 적극적 관계 유지와 소통을 위한 노력은 소비자보다 생산자에게 더욱 중요하다.

이러한 노력은 다양한 계층과 영역에서 생산자와 소비자 상호 간에 이루어져야 하지만 현실적으로 실무선에서는 한계가 있다. 따라서 고위 분석관과 정보기관 간부들이 정책 결정 과정에서 핵심 역할을 수행하는 소비자들과 공식 접촉 또는 비공식 오만찬 등을 다양하게 가짐으로써 소통을 확대해야 한다. 또한, 유기적 협력 관계 구축을 위해 실시간 협력 체제를 좀 더 다양하게 만들 필요도 있다.

공통 과제 : 정보의 정치화 예방

정보 생산자는 국가 정책 결정권자만을 실질 소비자로 두고 있기 때문에 정책 결정 과정에 사용될 수 있는 유용한 판단 근거를 제공해 존재 가치를 계속 입증해야 한다. 그래서 정보기관의 기관장은 정보의 최종 소비자인 동시에 자신의 임명권자에게 도움이 되는 정보 보고를 통해 신임을 받아야 한다는 부담을 항상 짊어질 수밖에 없다. 이 때문에 원론적으로는 정보와 정책 간의 구분이 중요하다고 인식하면서도 현실에서는 둘 사이 경계를 넘나들거나 중간에서 줄타기하려는 모험을 감행하는 경우가 많다. 특히, 생산자와 소비자 모두의 영역에서 정책 이슈를 관리하는 고위급에서 이런 현상이 무척 강하기 때문에 정보의 정치화에 대한 유혹은 항상 상존한다.

그래서 중요한 것은 최종 소비자의 선호도가 자신의 직무적 양심이나 의견과 일치하지 않을 때 정보기관의 장이 어떠한 선택을 하느냐 여부다. 환영받지 못하는 '객관적' 보고서를 올리면 정책 결정 과정에서 영향력을 상실하게 되고, 잘못된 요구에 타협하게 되면 자신의 직무 의무를 위반해야 하기 때문에 무척 어려운 결정이다. 정보기관 책임자의 임명 과정에서 직무에 대한 전문성뿐만 아니라 건전한 국가관과 엄격한 도덕성을 중요하게 평가해야 하는 이유가 바로 여기에 있다.

정보 보고서를 작성하는 분석관들도 정책 영역에 있는 소비자들과 소통을 다양하게 확대하는 과정에서 정치화 함정에 쉽게 빠질 수 있다. 전통적으로 정보기관은 정책 결정 과정의 고위 인사들과 협력하는 과정에서 그들이 원하는 정보를 제공하기 위해 노력해 왔기 때문이다. 그러나 생산자와 소비자 관계의 지나친 밀착은 이라크 대량살상무기 사례에서 확인한 것처럼 정보 실패를 야기하기 쉽고 이는 단순한 정부 정책의 실패뿐만 아니라 국가 전체적으로 엄청난 손해를 야기하기도 한다. 따라서 정보 생산자는 행정부 정책 결정 과정에 있는 소비자뿐 아니라 국회와 언론, 그리고 국민 전체로부터 신뢰를 받을 수 있도록 항시 객관성을 잃지 않도록 노력해야 한다.

정보의 정치화 예방을 위해 CIA에서 운용 중인 '정치화 옴부즈만제(politicization ombudsman)' 등을 정보기관 자체적으로 도입해 활용하는 방안도 검토해 볼 필요가 있다. 물론 CIA 내에서도 이 제도에 대한 객관성 논란이 있지만 보고서 작성 단계에서부터 정보와 정책 간의 바람직한 관계를 고민하고 정치화를 예방하기 위해 노력하는 중요한 출발

점은 될 수 있다. 또한, 중요한 분석 보고서인 경우 정보기관 대표 의견
으로 보고서를 작성하더라도, 헌법재판소 판결문에 소수 의견을 병기
하는 것처럼 핵심적 반대 의견도 일부 병기해 정책 결정 과정에서 대
안으로 검토할 수 있도록 하는 방법도 검토할 필요가 있다.

정책 결정 과정에서 정보의 바람직한 역할에 대해 언제 어디서나 적
용이 가능한 사전적 결론을 내리는 일은 현실적으로 불가능하다. 그렇
기 때문에 정보 생산자와 소비자 관계는 정치·안보 환경에 따라서, 그
리고 새로 출범하는 정부 구성원의 변화에 따라서 늘 새로운 모습으로
변화를 거듭했다. 그러나 바람직한 양자 관계에서 변함없이 중요한 것
은 서로에 대한 현실적 기대와 한계를 인식하고 존중하는 가운데 효율
적 협력의 틀을 만드는 것이다. 최근에는 비밀 출처 중심의 정보기관
보고가 아니라도 공개정보가 워낙 광범위하게 실시간 전파되는 관계
로 정보 소비자 입장에서는 선택의 폭이 무척 넓어졌다. 그러나 정보기
관의 역할과 특성을 이해하지 못하고 피상적 공개정보만을 좇는다면
국가의 안보 정책은 암흑 속에서 실행되거나 적의 정보전에 놀아날 위
험에 직면한다는 점을 인식해야 한다.

마찬가지로 정보 생산자도 정책 결정 과정에서 소비자 입장을 이해
하고 정보 제공을 통한 현실적 기여를 확대할 수 있도록 더욱 노력해
야 한다. 이러한 자세를 바탕으로 정보 생산자와 소비자가 상기 과제들
을 시행하면서 적극 협력한다면 정부 정책의 성공뿐 아니라 평화 번영
의 시대를 앞당기는 데 더 기여할 수 있을 것이다.

참고문헌

1 성공한 정보, 승리의 열쇠가 되다

제1차 세계대전 : 치머만 사건과 영국 정보전의 승리

Barbara Tuchman, *The Zimmermann Telegram*, Ballantine Books, 1958

Burton Hendrick, *The Life and Letters of Walter Hines Page*, Doubleday, 1925

Joachim Von Zur Gathen, *Zimmermann Telegram : The Original Draft*, Taylor&Francis, 2007

Samuel R. Spencer, Jr., *Decision For War, 1917: Zimmerman Telegram*, William Bauhan Incorporated, 1968

Thomas Boghardt, "*The Zimmermann Telegram* : Intelligence, Diplomacy, and America's Entry into World War I", *Studies in Intelligence* Vol.57, No.2, June 2013

태평양전쟁 : 미드웨이해전을 승리로 이끈 미국의 정보력

노나카 이쿠지로 외, 박철현 옮김, 《일본 제국은 왜 실패하였는가?》, 주영사, 2009

Dallas W. Isom, *Midway Inquest : Why the Japanese Lost the Battle of Midway*, Indiana University Press, 2007

Frederick Parker, *A Priceless Advantage : US Navy Communications Intelligence and the Battles of Coral Sea, Midway, and the Aleutians*, US National Security Agency Center for Cryptologic History, 1993

Paul Jaeger, *Operational Intelligence at the Battle of Midway*, US Naval War College, 1998

Stephanie A. Markam, *Intelligence and Surprise : The Battle of Midway*, Pickle Partners Publishing, 2015

Walter Lord, *Incredible Victory : The Battle of Midway*, Open Road Media, 2012

제2차 세계대전 : 보디가드 작전과 더블크로스 시스템

Ben Macintyre, *Double Cross : The True Story of the D-Day Spies*, Broadway Books, 2013

Ernest Tavares, Jr., *Operation Fortitude : The Closed Loop D-Day Deception Plan*, US Air University, 2001

F.H. Hinsley · Alan Stripp, *Code Breakers : The Inside Story of Bletchley Park*, Oxford University Press, 1993

John Masterman, *The Double-Cross System : The Incredible True Story of How Nazi Spies Were Turned into Double Agents*, The Lyons Press, 2000

Ralph Erskine · Michael Smith, *The Bletchley Park Codebreakers*, Biteback Publishing, 2011

중동전쟁 : 6일전쟁과 이스라엘의 압도적 승리

Ami Gluska, *The Israeli Military and the Origins of the 1967 War*, Routledge, 2007

Doron Geller, *Israel Military Intelligence: Intelligence During the Six-Day War*, in Jewis Virtual Library(www.jewishvirtuallibrary.org), 1967

Michael Oren, *Six Days of War*, Rosetta Books, 2004

Kenneth Pollack, "Air Power in the Six-Day War", *Journal of Strategic Studies*, Vol.28, No.3, pp.471-503, June 2005.

Ohad Leslau, "The Effect of Intelligence on the Decisionmaking Process", *International Journal of Intelligence and CounterIntelligence*, Vol.23, pp.426-448, 2010.

냉전 : 소련과 동구권 붕괴를 촉진시킨 CIA의 비밀공작

티모시 월튼, 이길규 외 옮김, 《정보분석의 역사와 도전》, 박영사, 2015

Bruce Berkowitz, *US Intelligence Estimates of the Soviet Collapse : Reality and Perception*, Brookings Institution Press, 2008

Center for the Study of Intelligence, Ronald Reagan, Intelligence, and the End of the Cold War, 2008

Milton Bearden · James Risen, *The Main Enemy: The Inside Story of the CIA's Final Showdown with the KGB,* Presidio Press, 2004

Peter Schweizer, *Victory : The Reagan Administration's Secret Strategy that Hastened the Collapse of the Soviet Union,* The Atlantic Monthly Press, 1994

William Daugherty, *Executive Secrets : Covert Action and the Presidency,* University Press of Kentucky, 2004

2 실패한 정보, 패배의 굴욕을 안기다

제2차 세계대전 : 독일의 침공에 무방비로 당한 스탈린

Christopher Andrew and Vasili Mitrokhin, *Sword and the Shield : The Mitrokhin Archive and the Secret History of the KGB,* Basic Books, 1999

David Murphy, *What Stalin Knew : The Enigma of Barbarossa,* Yale University Press, 2005

Max Hastings, *The Secret War : Spies, Codes and Guerrillas 1939-1945,* William Collins, 2015

Paul Boller, Jr. · John George, *They Never Said It : A Book of Fake Quotes, Misquotes, and Misleading Attributions,* Oxford University Press, 1989

Robert Whymant, *Stalin's Spy : Richard Sorge and the Tokyo Espionage Ring,* I.B. Tauris Publishers, 1996

Simon Montefiore, *Stalin : The Court of the Red Tsar,* Vintage, 2005

태평양전쟁 : 진주만 기습에 당한 미국의 굴욕

David Kahn, *The Codebreakers,* Macmillan, 1967

Ephraim Kam, *Surprise Attack : The Victim's Perspective,* Harvard University Press, 1988

John Costello, *The Pacific War,* Rawson, 1982

Richards Heuer, Jr., *Psychology of Intelligence Analysis,* Center for the Study of Intelligence, 1999

Robert Piacine, Pearl Harbor : *Failure of Intelligence?*, US Air University, 1997

베트남전쟁 : 구정 대공세와 미군의 정보 실패

Don Oberdorfer, *Tet!* : *The Turning Point in the Vietnam War*, Johns Hopkins
University Press, 2001

James Wirtz, *The Tet Offensive* : *Intelligence Failure in War*, Cornell University
Press, 1994

Joseph Swaykos, *Operational Art in the Tet Offensive* : *A North Vietnamese
Perspective*, US Naval War College, 1996

Merle L. Pribbenow II, "General Vo Nguyen Giap and the Mysterious Evolution of
the Plan for the 1968 Tet Offensive", *Journal of Vietnamese Studies* 3, Summer
2008

CIA 홈페이지(Library/Center for the Study of Intelligence/1967-1968 : CIA, the Order-of-Battle
Controversy, and the Tet Offensive)

대테러 전쟁 : 9 · 11 테러와 미국 정보기관의 치욕

전웅, 〈9 · 11 테러, 이라크전쟁과 정보실패〉,《국가전략》제11권 4호, 세종연구소, 2005

티모시 월튼, 앞의 책, 2015

Amy B. Zegart, "September 11 and the Adaptation Failure of the US Intelligence
Agencies", *International Security*, Vol.29, No.4, Spring 2005

Heather Mac Donald, "Why the FBI Didn't Stop 9/11", *City Journal*, Autumn 2002

Joshua Rovner, "Why Intelligence Isn't to Blame for 9/11", *Audit of the Conventional
Wisdom* 05-13, MIT Center for International Studies.

Joshua Rovner · Austin Long, "Intelligence Failure and Reform : Evaluating the
9/11 Commission Report", *Breakthroughs*, Vol.Xiv, No.1, MIT Security Studies
Program.

The National Commission on Terrorist Attacks upon the United States, *The 9/11
Commission Report*, W.W. Norton, 2004

Timothy Naftali, *Blind Spot* : *The Secret History of American Counterterrorism*, Basic
Books, 2005

Timothy Walton, *Challenges in Intelligence Analysis* : *Lessons from 1300 BC to the
Present*, Cambridge University Press, 2010

전웅, 앞의 글, 2005

티모시 월튼, 앞의 책, 2015

Aram Roston, *The Man who Pushed America to War* : *The Extraordinary Life, Adventures, and Obsessions of Ahmed Chalabi*, Nation Books, 2008

Joshua Rovner, *Fixing the Facts: National Security and the Politics of Intelligence*, Cornell University Press, 2011

Paul Pillar, "Intelligence, Policy, and the War in Iraq", *Foreign Affairs*, March/April 2006

"Defector admits to WMD lies that triggered Iraq war", *The Guardian*, Tuesday, 15 Feb 2011

"The Iraq War Ten Years Later: Declassified Documents Show Failed Intelligence, Policy Ad Hockery, Propaganda-Driven Decision-Making", *Global Research*(http://www.globalresearch.ca/the-iraq-war-ten-years-after-declassified-documents-show-failed-intelligence-policy-ad-hockery-propaganda-driven-decision-making/5327819), 2016. 2. 18. 검색